やさしく学ぶ

航空無線通信士試験

吉村和昭・著

改訂
2版

Hz

AIRPORT

OHM
Ohmsha

(((まえがき。

　無線従事者は，「総合無線従事者」，「海上無線従事者」，「航空無線従事者」，「陸上無線従事者」，「アマチュア無線従事者」の5系統に区分され，合計23種類あります．

　航空無線従事者には，航空無線通信士（以下「航空通」）と航空特殊無線技士（以下「航空特」）の2資格があり，航空通は操縦士や航空交通管制官などに必要な資格，航空特は自家用航空機操縦士などに必要な資格です．

　航空通の試験科目は，「無線工学」「法規」「英語」「電気通信術」の4科目です．「電気通信術」の試験では実技がありますが，その他の試験は筆記により行われます．年間の受験者数は，3500～4000名程度で合格率は概ね40％程度です．科目別の合格率は年度や試験期により若干変化しますが，「無線工学」，「法規」，「英語」が概ね45～60％程度，「電気通信術」が85％程度です．3年間有効な科目合格制度もありますので，必ずしも一度に4科目に合格しなくても科目合格を積み重ねて合格することも可能です．

　合格への近道は直近の数年間に出題された問題を複数回解き，傾向を把握することです．

　「無線工学」と「法規」は過去問と同じような問題が度々出題されますので，本書は，過去に繰返し出題された国家試験の問題を題材とし，問題を解くのに必要最小限の知識をできる限り簡潔に解説しました．「無線工学」の計算問題は基礎事項を習得していなければ正解を得ることが困難ですので，基礎事項を学習してから過去問を解いてみて下さい．

　「英語」は，過去問と同じ問題は出題されませんが，航空に関する専門用語を知らないと解けない問題もありますので，本書に掲載している過去に出題された専門用語の対訳表をご活用ください．

　「電気通信術」は試験の形式とフォネティックコードを覚えれば，あとは練習あるのみです．本書はフォネティックコードと試験のポイントを掲載していますので，本番までしっかり練習しておきましょう．

　改訂2版では，最新の国家試験問題の出題状況に応じて，問題の追加・変更を行っています．それに合わせて，本文のテキスト解説だけでなく，問題の解説についても見直しを行い，わかりにくい部分や計算過程についての解説を増やしています．

また，各問題にある★印は出題頻度を表しています．★★★はよく出題されている問題，★★はたまに出題される問題です．合格ラインを目指す方はここまでしっかり解けるようにしておきましょう．★は出題頻度が低い問題ですが，出題される可能性は十分にありますので，一通り学習することをお勧めします．

　本書が皆様の航空通の国家試験受験に役立てば幸いです．

2020 年 10 月

吉 村 和 昭

目 次

1編 無線工学

2編 法 規

付 録

1編

無線工学

1章 電気物理

この章から **1** 問出題

本章の内容は無線工学を学ぶ基礎になる分野ですが，出題される範囲は狭く，クーロンの法則，電界の強さ，フレミングの左手の法則と右手の法則，電気磁気に関する単位記号などが出題されています．

1.1 クーロンの法則

図 1.1 のように，2 つの点電荷 Q_1〔C〕，Q_2〔C〕が距離 r〔m〕離れている場所にあるとき，「**電荷に働く力 F〔N〕は，Q_1, Q_2 の積に比例し，r^2 に反比例する**」これをクーロンの法則といいます．Q_1, Q_2 が**同種の電荷の場合は反発力（斥力）**，**異種の電荷の場合は吸引力**が働きます．

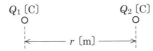

■図 1.1　距離 r〔m〕にある 2 つの点電荷 Q_1〔C〕，Q_2〔C〕

クーロンの法則を式で表すと次のようになります．ただし，F〔N〕は電荷に働く力，k は比例定数です．

$$F = k\frac{Q_1 Q_2}{r^2}\ \text{〔N〕} \tag{1.1}$$

式（1.1）を次のように表現することもあります．k は比例定数で 9×10^9〔N·m²/C²〕，ε_0 は真空中の誘電率で $\varepsilon_0 = \dfrac{1}{36\pi} \times 10^{-9} = 8.855 \times 10^{-12}$〔F/m〕，$\varepsilon_s$ は誘電体（絶縁体）の比誘電率を表します．

$$F = 9 \times 10^9 \times \frac{Q_1 Q_2}{r^2} = \frac{Q_1 Q_2}{4\pi\varepsilon_0\varepsilon_s r^2}\ \text{〔N〕} \tag{1.2}$$

問題 1 ★★★　　　　　　　　　　　　　　　　　　　　→1.1

次の記述は，図 1.2 に示すように距離が r〔m〕離れた二つの点電荷 Q_1〔C〕及び Q_2〔C〕の間に働く静電力 F〔N〕について述べたものである．◻◻◻内に入れるべき字句の正しい組合せを下の番号から選べ．

(1) 静電力 F の大きさは，r が一定のとき，Q_1 と Q_2 の ◻ A ◻ に比例する．

(2) 静電力 F の大きさは，Q_1 及び Q_2 が一定のとき，r の ◻ B ◻ に反比例する．

2

(3)（1），（2）を静電気に関する ▢ C ▢ の法則という.

	A	B	C
1	積	2乗	クーロン
2	積	3乗	クーロン
3	積	2乗	フレミング
4	和	2乗	フレミング
5	和	3乗	クーロン

■図1.2

解説 2つの点電荷 Q_1〔C〕，Q_2〔C〕が距離 r〔m〕離れている場所にあるとき，それらの電荷に働く力 F〔N〕は，Q_1 と Q_2 の**積**に比例し，r^2（r の **2乗**）に反比例します．これを**クーロンの法則**といいます．

答え▶▶▶ 1

1.2 電 界

電界の強さとは，電界内に単位正電荷（1 C）を置いたときにこれに作用するクーロン力（静電力ともいう）をいいます．電荷 Q〔C〕から距離 r〔m〕離れた点の電界は次式になります．

$$F = k\frac{Q \times 1}{r^2} = E \tag{1.3}$$

図1.3 に示すように，点 A に電荷 $+Q_1$〔C〕，点 B に電荷 $+Q_2$〔C〕が距離 r〔m〕離れている場所に存在するとき，点 A から x〔m〕の距離にある点 P の電界の強さは次のように計算します．

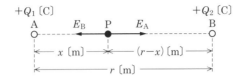

■図1.3　電界強度

点 P に単位正電荷（$+1$ C）を置き，点 A にある電荷 $+Q_1$〔C〕とのクーロン力 F_A〔N〕を計算すると，$+Q_1$ による電界 E_A〔V/m〕の大きさを次式で求めることができます．このとき反発力が働きますので，電界 E_A の方向は右向きにな

ります.

$$F_A = k \frac{Q_1 \times 1}{x^2} = E_A \tag{1.4}$$

同様に，点Bにある電荷$+Q_2$〔C〕とのクーロン力F_B〔N〕を計算すると，$+Q_2$による電界E_B〔V/m〕の大きさを次式で求めることができます．このとき反発力が働きますので，電界E_Bの方向は左向きになります.

$$F_B = k \frac{Q_2 \times 1}{(r-x)^2} = E_B \tag{1.5}$$

したがって，点Pの電界の強さは，「$E_A > E_B$のときは，$E_A - E_B$」，「$E_A < E_B$のときは$E_B - E_A$」，「$E_A = E_B$のときはゼロ」になります.

 電界の強さを求めるには，求める場所に単位正電荷（+1 C）を置いて，クーロン力を計算します．このクーロン力（静電力）のことを電界といいます.

問題 2 ★　　　　　　　　　　　　　　　　　　　　　　➡1.2

　図1.4に示すように，真空中の点aに置かれた$+Q$〔C〕の点電荷から2 m離れた点bにおける電界の強さの値が1 mV/mであるとき，点aから1 m離れた点cにおける電界の強さの値として，正しいものを下の番号から選べ．ただし，電界は，$+Q$によってのみ生じるものとする.

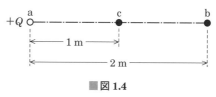

■図1.4

1　1 mV/m　　2　2 mV/m　　3　4 mV/m　　4　8 mV/m　　5　10 mV/m

解説　1 mV/m = 0.001 V/mです．点bにおける電界の強さは，点bに+1 C（単位正電荷という）を置いたときに作用するクーロン力のことなので，式(1.3)に$E = 0.001$ V/m，Q〔C〕，$r = 2$ mを代入すると

$$0.001 = k \frac{Q \times 1}{2^2} \ \text{〔V/m〕} \ \cdots ①$$

ここで，点 c における電界の強さを E_c とし，式（1.3）に $E = E_c$，$r = 1\,\mathrm{m}$ を代入すると

$$E_c = k\frac{Q \times 1}{1^2} = kQ \ \mathrm{[V/m]} \quad \cdots ②$$

式①より，$kQ = 0.004$ となります．これを式②に代入すると

$$E_c = kQ = 0.004\,\mathrm{V/m} = \mathbf{4\ mV/m}$$

答え▶▶▶ 3

問題 3 ★★★ ➡ 1.2

次の記述は，真空中に置かれた点電荷の周囲の電界の強さについて述べたものである．□□□内に入れるべき字句の正しい組合せを下の番号から選べ．ただし，**図 1.5** に示すように，Q〔C〕の電荷がおかれた点 P から r〔m〕離れた点 R の電界の強さを E〔V/m〕とする．

(1) 電界の強さとは，電界内に単位正電荷（1 C）を置いた時にこれに作用する □A□ をいう．

(2) 図 1.5 に示すように，点 P から $r/2$〔m〕離れた点 S の電界の強さは，□B□〔V/m〕である．

(3) 点 S の電界の強さを E〔V/m〕にするには，点 P に置く電荷を □C□〔C〕にすればよい．

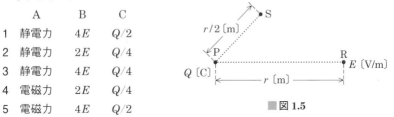

	A	B	C
1	静電力	$4E$	$Q/2$
2	静電力	$2E$	$Q/4$
3	静電力	$4E$	$Q/4$
4	電磁力	$2E$	$Q/4$
5	電磁力	$4E$	$Q/2$

■図 1.5

解説 （1）電界の強さは，電界内に単位正電荷（+1 C）を置いたとき，これに作用する**静電力**（クーロン力）をいいます．

(2) Q〔C〕から r〔m〕離れた点の電界の強さが E〔V/m〕なので式（1.3）より次式が成立します．

$$E = k\frac{Q \times 1}{r^2} \quad \cdots ①$$

点 P から $r/2$〔m〕離れた点 S の電界の強さを E_S〔V/m〕とすると

$$E_S = k \frac{Q \times 1}{\left(\dfrac{r}{2}\right)^2} = 4k\frac{Q \times 1}{r^2} = 4E \ [\text{V/m}] \ \cdots ②$$

(3) 点 S の電界の強さ E_S [V/m] を E [V/m] にするには，式②の E_S を 1/4 倍すればよい．そのためには，電荷 Q を 1/4 倍すればよいので，**$Q/4$ [C]** となります．

答え▶▶▶3

1.3　フレミングの左手の法則

　図 1.6 に示すように，左手の三本の指を互いに直角に開き，中指を電流 (I) の方向，人差し指を磁界 (B) の方向に一致させると，親指は電磁力 (F) の方向に一致します．この法則を**フレミングの左手の法則**といいます．

　磁界 (B) の中にあるコイルに電流 (I) を流すと回転力 (F) が生じるモータやアナログメータの原理は，フレミングの左手の法則で説明できます．

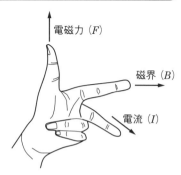

■**図 1.6　フレミングの左手の法則**

フレミングの左手の法則は FBI の法則と憶えます．（F は電磁力，B は磁界，I は電流）

関連知識　フレミングの右手の法則
　図 1.7 に示すように，右手の三本の指を互いに直角に開き，人差し指を磁界 (B) の方向，親指を力 (F) の方向に一致させると，中指は起電力 (I) の方向に一致します．この法則をフレミングの右手の法則といいます．磁界 (B) の中にあるコイルを回転させると電流を取り出すことができる発電機の原理は，フレミングの右手の法則で説明できます．

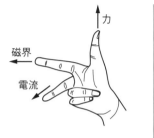

■**図 1.7　フレミングの右手の法則**

問題 4 ★ ➡1.3

次の記述は，フレミングの左手の法則について述べたものである．□□□内に入れるべき字句の正しい組合せを下の番号から選べ．

(1) フレミングの左手の法則では，磁界の中に磁界の方向に対して直角に導体を置き，その導体に直流電流を流したときの導体に働く電磁力の方向を知ることができる．

(2) **図 1.8** のように，左手の親指，人差指及び中指を互いに直角になるように広げ，□ A □で磁界の方向を，□ B □で電流の方向を指し示すと，□ C □が電磁力の方向を指し示す．

親指
人差指
中指
左手

■図 1.8

	A	B	C
1	中指	親指	人差指
2	中指	人差指	親指
3	親指	人差指	中指
4	人差指	中指	親指
5	人差指	親指	中指

解説 フレミングの左手の法則は親指（F），人差指（B），中指（I）なので，問題の順番で表すと，磁界（B）は**人差指**，電流（I）は**中指**，電磁力（F）は**親指**となります．

答え▶▶▶ 4

問題 5 ★★★　　　　　　　　　　　　　　　　　　　　　→ 1.3

　次の記述は，**図1.9**に示すように，磁極 NS 間に，磁界 H の方向に対して直角に置かれた直線導体 L に直流電流 I〔A〕を図の a から b に流した時に生じる現象について述べたものである. 　　　　内に入れるべき字句の正しい組合せを下の番号から選べ. ただし，磁界 H は，紙面に対して平行とし，L は，紙面上に置かれているものとする. なお，同じ記号の 　　　　内には，同じ字句が入るものとする.

(1) L は，電磁力を受ける. その方向は，フレミングの 　A　 の法則で求められる.

(2) フレミングの 　A　 の法則では，磁界の方向を 　B　，電流 I の方向を 　C　 で示すと，親指の方向が電磁力の方向になる.

(3) したがって図の場合，L は紙面の 　D　 の方向の力をうける.

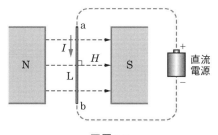

▓図1.9

	A	B	C	D
1	右手	人差指	中指	裏から表
2	右手	中指	人差指	表から裏
3	左手	人差指	中指	表から裏
4	左手	人差指	中指	裏から表
5	左手	中指	人差指	表から裏

解説　フレミングの**左手**の法則より，左手の三本の指を互いに直角に開き，**中指**を電流 (I) の方向，**人差し指**を磁界 (B) の方向に一致させると，親指は電磁力 (F) の方向（**裏から表**）に一致します.

答え ▶ ▶ ▶ 4

問題 6 ★★★　　　　　　　　　　　　　　　　　　　　　→1.3

　次の記述は，**図 1.10** に示す回路において，直線導体 L が磁石（NS）の磁極間を移動したときに生ずる現象について述べたものである．□内に入れるべき字句の正しい組合せを下の番号から選べ．ただし，L は一定速度 v〔m/s〕で磁界に対して直角を保ちながら図の左側から右側に移動するものとする．

(1) L には，起電力が生ずる．この現象は □ A □ といわれる．

(2) 起電力の方向は，フレミングの □ B □ の法則によって求められる．

(3) (2) の法則によれば，その起電力によって抵抗 R に流れる電流の方向は，図の □ C □ である．

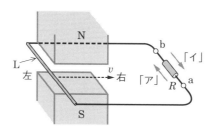

■図 1.10

	A	B	C
1	磁気誘導	左手	「イ」（b から a）
2	磁気誘導	右手	「イ」（b から a）
3	磁気誘導	左手	「ア」（a から b）
4	電磁誘導	左手	「ア」（a から b）
5	電磁誘導	右手	「イ」（b から a）

解説　導体が磁石間を移動する（磁束が変化する）ときに起電力が生じる現象を**電磁誘導**といい，この起電力の向きはフレミングの**右手**の法則で表されます．図 1.10 において，起電力（F）は左から右に，磁界（B）は N から S（上から下）の向きになるので，電流（I）は紙面奥から手前（**イの方向**）の向きになります．

答え▶▶▶5

1.4 電気磁気で使用する単位

電気磁気で使用する単位をまとめたものを**表1.1**に示します。

■表1.1 電気磁気で使用する単位記号

量	単位記号
電界の強さ	V/m（ボルト毎メータ）
起電力	V（ボルト）
磁界の強さ	A/m（アンペア毎メータ）
磁束	Wb（ウェーバ）
磁束密度	T（テスラ）
電流	A（アンペア）
電気抵抗	Ω（オーム）
インダクタンス	H（ヘンリー）
静電容量	F（ファラド）
力	N（ニュートン）

Point

単位に関する問題が出題されます。表1.1は憶えましょう。

関連知識 国際単位系（SI）

基本単位は、長さ〔m〕（メートル）、質量〔kg〕（キログラム）、時間〔s〕（秒）、電流〔A〕（アンペア）、熱力学温度〔K〕（ケルビン）、物質量〔mol〕（モル）、光度〔cd〕（カンデラ）の7つです。電圧、電力、抵抗、静電容量などはすべてこの7つの基本単位で表すことができます。

問題 7 ★★★　　　　　　　　　　　　　　　→1.4

次の語句は、電気磁気量の名称とその国際単位系（SI）の単位記号の組合せを示したものである。このうち誤っているものを下の番号から選べ。

　　　　名称　　　　単位記号

1　静電容量　　　〔C〕

2　インダクタンス　〔H〕

3　磁界の強さ　　　〔A/m〕

4　電界の強さ　　　〔V/m〕

5　力　　　　　　　〔N〕

解説 静電容量の単位は〔F〕です。　　　　　　　　　　　　答え▶▶▶ 1

2章 電気回路

抵抗 (R) の直並列計算とオームの法則, コイル (L) とコンデンサ (C) の性質, RL 直列回路, RC 直列回路に交流電圧を加えたときの計算方法を学びます. 電気回路で出題される範囲は限定的で, RL 直列回路, 交流電力 (皮相電力, 有効電力, 無効電力の関係), 並列共振回路等の問題が出題されています.

2.1 直流回路

電気には,「直流」と「交流」があります. 直流は電池など「**電圧と電流の方向が常に一定**」の電気のことをいいます.

図 2.1 に示すように, R〔Ω〕(オーム) の抵抗に矢印の方向に I〔A〕(アンペア) の電流が流れると, 図の + − の方向に V〔V〕(ボルト) の電圧が生じます. これを抵抗による**電圧降下**といいます. 実際の抵抗器の例を**図 2.2** に示します.

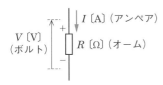

■図 2.1　電圧を生じる方向

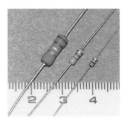

■図 2.2　抵抗の例

Point

オームの法則は次式で表せます.

$$V = RI \qquad I = \frac{V}{R} \qquad R = \frac{V}{I}$$

このとき V, R, I の間に, $V = IR$ の関係が成り立ちます. 抵抗 R の両端の電圧が V の場合, 抵抗に流れている電流 I を求めると, $I = V/R$ となります. 抵抗に電流 I が流れており, 抵抗の両端の電圧降下が V のとき, 抵抗の値 R は, $R = V/I$ になります. これらを**オームの法則**といい, 電気では最も基本的な法則です.

2.1.1　抵抗の直列接続

図 2.3 のように抵抗を接続する方法を, **直列接続**といいます. その回路の合成抵抗 R_S は, 次式で表すことができます.

$$R_S = R_1 + R_2 〔Ω〕 \tag{2.1}$$

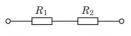

■図 2.3　抵抗の直列接続

抵抗の直列接続の合成抵抗は足し算で求めます.

回路を流れる電流を求めるために，回路の合成抵抗を計算する必要があります.

2.1.2　抵抗の並列接続

図 2.4 のように抵抗を接続する方法を，**並列接続**といいます．その回路の合成抵抗 R_P は，次式で表すことができます.

$$R_\mathrm{P} = \frac{1}{\dfrac{1}{R_1} + \dfrac{1}{R_2}} = \frac{R_1 R_2}{R_1 + R_2} \ [\Omega] \tag{2.2}$$

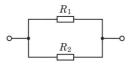

■図 2.4　抵抗の並列接続

2 本の抵抗を並列接続した場合の合成抵抗は，積／和で求めることができます（ただし，2 本の並列のみで3 本以上は成立しないので注意）.

問題 1　★★★　　　　　　　　　**→ 2.1.2**

次の図 2.5 に示す抵抗 R_1 及び R_2 の並列回路において，直流電源 E から流れる電流 I の値として，正しいものを下の番号から選べ.

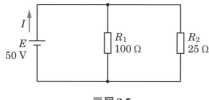

■図 2.5

1　3.0 A　　2　2.5 A　　3　2.0 A　　4　1.5 A　　5　1.0 A

解説　回路の合成抵抗を R_T とすると

$$R_T = \frac{R_1 R_2}{R_1 + R_2} = \frac{100 \times 25}{100 + 25}$$

$$= \frac{2\,500}{125} = 20\,\Omega$$

したがって，電流 I はオームの法則より

$$I = \frac{E}{R_T} = \frac{50}{20} = \mathbf{2.5\,A}$$

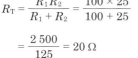

Point

2 本の抵抗の並列合成抵抗は，
$$\frac{2\,本の抵抗の積}{2\,本の抵抗の和}$$
で求めます．

2 章

〔別解〕

抵抗 R_1 を流れる電流を I_1，抵抗 R_2 を流れる電流を I_2 とすると

$$I_1 = \frac{E}{R_1} = \frac{50}{100} = 0.5\,A$$

$$I_2 = \frac{E}{R_2} = \frac{50}{25} = 2\,A$$

よって，$I = I_1 + I_2 = 0.5 + 2 = \mathbf{2.5\,A}$

答え▶▶▶2

出題傾向　$E = 100\,V$，$R_1 = 100\,\Omega$，$R_2 = 50\,\Omega$ のように数値を変えた問題も出題されています．

2.2　交流回路

2.2.1　正弦波交流電圧

交流は，「**電圧の大きさと電流の向きが，時間により変化する**」電気のことです．

その代表的なものが**図 2.6** に示す正弦波交流電圧です．この正弦波交流電圧の瞬時値 v〔V〕は，振幅を V_m〔V〕，角周波数を ω〔rad/s〕，時間を t〔s〕，初期位相を θ〔rad〕，周波数を f〔Hz〕とすると

$$v = V_m \sin(\omega t + \theta)$$
$$= V_m \sin(2\pi f t + \theta)\ \text{〔V〕} \qquad (2.3)$$

と表すことができます．ただし，$\omega = 2\pi f$ の関係があります．

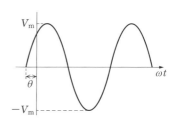

■**図 2.6　正弦波交流電圧**

2.2.2　コイルとコンデンサ

(1) コイル

　図 2.7 のように電線をグルグル巻いたものを**コイル**といいます.

　実際のコイルには抵抗成分などがありますが, それらをゼロとして理想化したものを**インダクタ**と呼び, その大きさが**インダクタンス L** で単位は〔H〕（ヘンリー）です.

　インダクタに交流電流 $i(t)$ を流すと, **図 2.8** に示すようにレンツの法則により, 電流の流れを妨げる方向に, 電流の時間変化に比例した電圧 $V(t)$ が発生します. すなわち, インダクタは交流に対して, $X_L = \omega L = 2\pi f L$〔Ω〕（$\omega$：角周波数〔rad〕, f：周波数〔Hz〕）の抵抗分を持つことになります. この抵抗分のことを**誘導リアクタンス**といいます.

■図 2.7　コイルの例

■図 2.8　コイルの電圧と電流

> **関連知識**　無線機器におけるコイルの役割
> 　コンデンサとコイルを組み合わせると共振回路ができます. テレビ局やラジオ局を受信する際にはこの共振回路を使用して目的の信号を取り出すことができます.

(2) コンデンサ

　2 枚の導体板を向かい合わせに配置したものを**コンデンサ**といい, 理想化したものが**キャパシタ C**（静電容量）で単位は F（ファラド）です. 実際のコンデンサの例を**図 2.9** に示します.

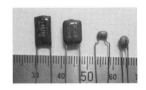
（a）一般的なコンデンサ

（b）電解コンデンサ

（c）チップコンデンサ

■図 2.9　コンデンサの例

キャパシタに電圧をかけると，**図 2.10** に示すように，時間変化に比例した電流が流れます．すなわち，交流に対して，$X_C = 1/\omega C = 1/2\pi fC$〔Ω〕（$\omega$：角周波数〔rad〕，$f$：周波数〔Hz〕）の抵抗分を持つことになります．この抵抗分のことを**容量リアクタンス**といいます．

$$V(t) \quad \overline{\underline{}}\, C \qquad \downarrow i(t)$$

■図 2.10　コンデンサの電圧と電流

抵抗に交流電圧を加えたとき，流れる電流と電圧間には位相差はありませんが，コイル又はコンデンサに交流電圧を加えた場合，電流と電圧間には位相差を生じます．コイルに交流電圧を加えた場合，電流は電圧より位相が 90° 遅れます．コンデンサに交流電圧を加えた場合，電流は電圧より位相が 90° 進みます．

Point

位相は，正弦波交流電圧のような周期性のある波形の原点がどの位置にあるかを示すものです．

2.2.3　*RL* 直列回路

図 2.11 に示すような，抵抗 R〔Ω〕，誘導リアクタンス $X_L = \omega L = 2\pi fL$〔Ω〕のコイルが直列に接続された RL 回路に交流電圧 V〔V〕を加える回路を考えます．

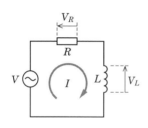

RL 直列回路では抵抗とコイルに流れる電流の大きさは同じになります.

■図 2.11　*RL* 直列回路

　回路を流れる電流を I〔A〕，抵抗の両端の電圧を V_R〔V〕，コイルの両端の電圧を V_L〔V〕とすると，直列回路のため回路を流れる電流 I はどこでも同じになり，V_R は I と同位相，V_L は I より位相が 90° 進む（I は V_L より位相が 90° 遅れるとも表現できる）ことになります．電流 I を基準として横軸に描き，V_R は I と同位相で同じ方向，V_L は I より位相が 90° 進んでいるので I から反時計方向に 90° 回転した方向に描くと，**図 2.12** のようになります．

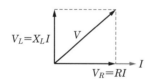

コイルにかかる電圧は電流より位相が 90° 進んでいます.

■図 2.12　V_R，V_L と I の位相関係

図 2.12 より，次式が成り立ちます．
$$V_R{}^2 + V_L{}^2 = V^2 \tag{2.4}$$
$V_R = RI$，$V_L = X_L I$ を式（2.4）に代入すると
$$(RI)^2 + (X_L I)^2 = V^2 \tag{2.5}$$
式（2.5）は $(R^2 + X_L{}^2)I^2 = V^2$ となるので，電流 I は
$$I = \frac{V}{\sqrt{R^2 + X_L{}^2}} \ \text{〔A〕} \tag{2.6}$$
すなわち，回路のインピーダンス Z の大きさは
$$Z = \sqrt{R^2 + X_L{}^2} \ \text{〔Ω〕} \tag{2.7}$$
となります．

関連知識 *RC* 直列回路

図 **2.13** に示すような，抵抗 R〔Ω〕，容量リアクタンス $X_C = 1/\omega C = 1/2\pi f C$〔Ω〕のコンデンサが直列に接続された *RC* 回路に交流電圧 V〔V〕を加える回路を考えます．

回路を流れる電流を I〔A〕，抵抗の両端の電圧を V_R〔V〕，コンデンサの両端の電圧を V_C〔V〕とすると，直列回路のため回路を流れる電流 I はどこでも同じになり，V_R は I と同位相，V_C は I より位相が 90°遅れる（I は V_C より位相が 90°進むとも表現できる）ことになります．電流 I を基準として横軸に描き，V_R は I と同位相で同じ方向，V_C は I より位相が 90°遅れているので I から時計方向に 90°回転した方向に描くと，図 **2.14** のようになります．

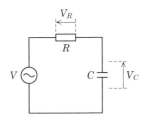

■図 **2.13** *RC* 直列回路

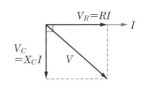

■図 **2.14** V_R，V_C と I の位相関係

図 2.14 より，次式が成り立ちます．

$$V_R{}^2 + V_C{}^2 = V^2 \tag{2.8}$$

$V_R = RI$，$V_C = X_C I$ を式（2.8）に代入すると

$$(RI)^2 + (X_C I)^2 = V^2 \tag{2.9}$$

式（2.9）は $(R^2 + X_C{}^2)I^2 = V^2$ となるので，電流 I は

$$I = \frac{V}{\sqrt{R^2 + X_C{}^2}} \ \text{〔A〕} \tag{2.10}$$

すなわち，回路のインピーダンス Z の大きさは

$$Z = \sqrt{R^2 + X_C{}^2} \ \text{〔Ω〕} \tag{2.11}$$

となります．

問題 2 ★★★　　　　　　　　　　　　　　　　　　　　　➡ 2.2.3

　図 **2.15** に示す交流回路の電源 E から流れる電流 I の大きさの値として，正しいものを下の番号から選べ．

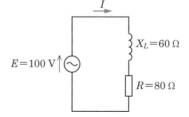

E ：交流電源電圧
X_L：誘導リアクタンス
R ：抵抗

■図 **2.15**

1　1 A　　2　2 A　　3　3 A　　4　4 A　　5　5 A

解説　抵抗 R と誘導リアクタンス X_L の合成インピーダンスの大きさ Z は，式 (2.7) より

$$Z = \sqrt{R^2 + X_L^2} = \sqrt{80^2 + 60^2} = \sqrt{6\,400 + 3\,600} = \sqrt{10\,000} = 100\ \Omega$$

よって，電流の大きさ I は，$I = \dfrac{E}{Z} = \dfrac{100}{100} = \mathbf{1\,A}$

答え▶▶▶ 1

出題傾向　$E = 100\ \text{V}$，$R = 40\ \Omega$，$X_L = 30\ \Omega$ のように数値を変えた問題も出題されています．

2.3　直流回路における電力と交流回路における電力

2.3.1　直流回路における電力

　図 **2.16** に示すように，抵抗 $R\,\text{(}\Omega\text{)}$ に電流 $I\,\text{(A)}$ が流れ，両端の電圧降下が $V\,\text{(V)}$ であるとき，電圧と電流の積を抵抗で消費される**電力 P** と呼び，その単位は〔W〕（ワット）です．よって，直流電力 P は

■図 **2.16**　抵抗と電圧降下

$$P = IV = I^2 R = \frac{V^2}{R} \ \text{〔W〕}$$ (2.12)

となります.

2.3.2 交流回路における電力

2.2.3 の RL 直列回路の電力を考えます.
電源電圧を V, 回路を流れる電流を I とする
と, VI を**皮相電力** P_S といい, **単位は〔VA〕**
(ボルトアンペア) です. $VI \cos\theta$ を**有効電**
力 P_A といい, **単位は〔W〕(ワット)** です.
$VI \sin\theta$ を **無効電力** P_Q といい, **単位は**
〔var〕(バール) です. これらの関係を示し
たのが**図 2.17** です.

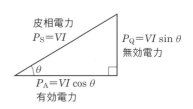

皮相電力
$P_S = VI$

$P_Q = VI \sin\theta$
無効電力

θ

$P_A = VI \cos\theta$
有効電力

■図 2.17 交流の電力

問題 3 ★ ➡ 2.3.2

図 2.18 に示す交流回路の消費電力（有効電力）P〔W〕を表す式として，正しい
ものを下の番号から選べ.

V：負荷に加える電圧〔V〕（実効値）
I：負荷に流れる電流〔A〕（実効値）
θ：V と I の位相差〔rad〕（$\theta \neq 0$）

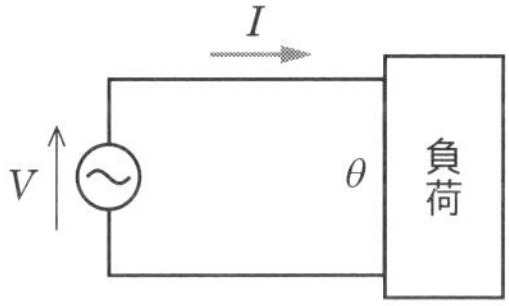

■図 2.18

1 $P = VI$ 2 $P = VI \sin\theta$ 3 $P = VI \cos\theta$
4 $P = VI \sin^2\theta$ 5 $P = VI \cos^2\theta$

解説 交流回路で消費する有効電力 P は $\boldsymbol{VI \cos\theta}$ で表されます.

答え▶▶▶ 3

問題 4 ★　　　　　　　　　　　　　　　　　　　　　　　　　　**➡ 2.3.2**

図 **2.19** に示す交流回路の消費電力（有効電力）の値として，正しいものを下の
番号から選べ.

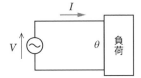

V：100 V（負荷に加わる電圧）
I：10 A（負荷に流れる電流）
θ：V と I の位相差
$\cos\theta = 0.8$（負荷の力率）

■**図 2.19**

　1　600 W　　2　700 W　　3　800 W　　4　900 W　　5　1 000 W

解説　電力は抵抗のみで消費され，この消費電力のことを有効電力ともいいます. 消
費電力（有効電力）は，電圧と電流の積に力率 $\cos\theta$ を掛けたものなので，消費電力を
P_A とすると

$$P_\mathrm{A} = VI\cos\theta = 100 \times 10 \times 0.8 = \textbf{800 W}$$

答え▶▶▶3

2.4　共振回路

　共振回路は多くの周波数から特定の周波数成分を取り出したり，取り除いたり
する選択回路として送信機や受信機に多く使用されています. 共振回路には**直列
共振回路**と**並列共振回路**があります. **コイルの誘導リアクタンス ωL とコンデン
サの容量リアクタンス $1/\omega C$ が等しくなったとき**，**共振回路が共振**します.

2.4.1　直列共振回路

　直列共振回路を**図 2.20**（a）に，その共振特性を**図 2.20**（b）に示します.

　コイルの誘導リアクタンス ωL とコンデンサの容量リアクタンス $1/\omega C$ が等し
くなったとき直列共振回路は共振し，インピーダンスは最小になります.

　共振時の角周波数を ω_0 とすると，$\omega_0 L = 1/\omega_0 C$ より

$$\omega_0{}^2 = \frac{1}{LC} \quad よって \quad \omega_0 = \frac{1}{\sqrt{LC}}$$

$\omega_0 = 2\pi f_0$ なので，共振周波数 f_0 は

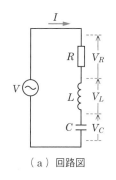

（a）回路図

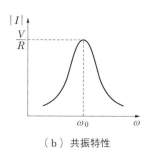

（b）共振特性

■図 2.20　直列共振回路

$$f_0 = \frac{1}{2\pi\sqrt{LC}} \qquad (2.13)$$

　直列共振回路では抵抗をゼロにすることはできません．直列共振回路の共振特性の良さを表す量として，尖鋭度 Q（quality factor）を次式で表します．

$$Q = \frac{共振電圧}{印加電圧} = \left|\frac{V_L}{V}\right| = \left|\frac{V_C}{V}\right| \qquad (2.14)$$

　式（2.14）の Q が 50 である場合，コイル又はコンデンサの両端の電圧は加えた電圧の 50 倍になります．すなわち，増幅器を用いないで電圧を増大させることを示しています．

　直列共振回路の尖鋭度 Q は，共振時の角周波数を ω_0 とすると，$V = RI$，$V_L = \omega_0 LI$，$V_C = \dfrac{I}{\omega_0 C}$ なので，式（2.14）より

$$Q = \frac{\omega_0 L}{R} = \frac{1}{\omega_0 CR} \quad (\omega_0 = 2\pi f_0) \qquad (2.15)$$

となります．

2.4.2　並列共振回路

並列共振回路を図 2.21 に示します．

　共振周波数は直列共振回路と同じ，$f_0 = \dfrac{1}{2\pi\sqrt{LC}}$ になり，共振時のインピーダンスは最大になります．共振時の角周波数を ω_0 とすると $Q = \left|\dfrac{I_L}{I}\right| = \left|\dfrac{I_C}{I}\right|$ で，

$$I = \frac{V}{R}, \quad I_L = \frac{V}{\omega_0 L}, \quad I_C = \omega_0 CV \text{ なので, 並列共振回路の尖鋭度 } Q \text{ は}$$

$$Q = \frac{R}{\omega_0 L} = \omega_0 CR \quad (\omega_0 = 2\pi f_0) \tag{2.16}$$

となります.

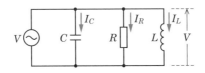

■図 2.21　並列共振回路

問題 5 ★★★　→2.4.2

次の記述は, **図 2.22** に示す並列共振回路について述べたものである. このうち誤っているものを下の番号から選べ. ただし, 誘導リアクタンスを X_L, 容量リアクタンスを X_C, 抵抗を R とし, 回路は共振状態にあるものとする.

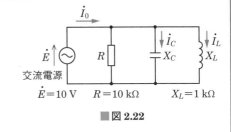

■図 2.22

1　X_C の大きさは, $1\,k\Omega$ である.

2　交流電源 $\dot{E}$ からみたインピーダンスの大きさは, $10\,k\Omega$ である.

3　交流電源 $\dot{E}$ から流れる電流 $\dot{I}_0$ の大きさは, $1\,mA$ である.

4　X_L に流れる電流 $\dot{I}_L$ の大きさは, $10\,mA$ である.

5　X_L に流れる電流 $\dot{I}_L$ と X_C に流れる電流 $\dot{I}_C$ との位相差は, $\pi/2\,[rad]$ である.

解説　並列共振時の条件は, $X_L = X_C$ です. 共振時には, コイルとコンデンサの並列回路のインピーダンスは無限大になるので, 問題の回路は**図 2.23** のようになります.

したがって

1　回路は共振状態にあるので, $X_C = X_L$ です. よって, $X_C = 1\,k\Omega$ になります.

2　共振状態にある回路は図 2.23 のようになり, インピーダンスは R に等しいので $10\,k\Omega$ になります.

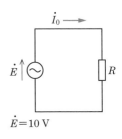

■図 2.23

3 図 2.23 より，$\dot{I}_0$ の大きさ $|\dot{I}_0|$ は

$$|\dot{I}_0| = \frac{\dot{E}}{R} = \frac{10}{10 \times 10^3} = 1 \times 10^{-3}\,\mathrm{A} = 1\,\mathrm{mA}$$

4 $\dot{I}_L$ の大きさ $|\dot{I}_L|$ は

$$|\dot{I}_L| = \frac{\dot{E}}{X_L} = \frac{10}{1 \times 10^3} = 10 \times 10^{-3}\,\mathrm{A} = 10\,\mathrm{mA}$$

5 $\dot{I}_C$ の大きさ $|\dot{I}_C|$ は

$$|\dot{I}_C| = \frac{\dot{E}}{X_C} = \frac{10}{1 \times 10^3} = 10 \times 10^{-3}\,\mathrm{A} = 10\,\mathrm{mA}$$

電圧 $\dot{E}$ を基準として，$|\dot{I}_L|$，$|\dot{I}_C|$ の関係を図示すると**図 2.24**のようになります．

よって，X_L に流れる電流 $|\dot{I}_L|$ と X_C に流れる電流 $|\dot{I}_C|$ との位相差は π 〔**rad**〕となります．

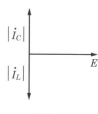

■図 2.24

答え ▶▶▶ 5

関連知識 ドット（˙）の意味

$\dot{I}_L$（I_L ドットと読む）や $\dot{I}_C$（I_C ドットと読む）など，ドットが付いているのは複素数を表します．複素数を使用すると，大きさの情報と位相の情報を同時に表すことができ，問題 2 のような抵抗と誘導リアクタンスの直列回路のインピーダンスの大きさを求める場合などは計算が楽になります．例えば，4 Ω の抵抗 R と 3 Ω の誘導リアクタンス X_L を直列接続したときのインピーダンスの大きさは，誘導リアクタンスにかかる電圧と流れる電流に 90° の位相差があり，$4 + 3 = 7\,\Omega$ にはなりません（式 (2.7) を参照）．

しかし，インピーダンスを複素数 $\dot{Z}$ で表すと，$\dot{Z} = R + jX_L = 4 + j3$ 〔Ω〕となりますので，その大きさは $|\dot{Z}| = \sqrt{R^2 + X_L^2} = \sqrt{3^2 + 4^2} = 5\,\Omega$ と容易に計算できます．（$|\dot{Z}|$ は $\dot{Z}$ の絶対値（大きさ）を表し，$\dot{Z} = a + jb$ の絶対値は $|\dot{Z}| = \sqrt{a^2 + b^2}$ で計算します．）

3章 半導体

この章から **1** 問出題

真性半導体，不純物半導体の性質，不純物半導体である N 形及び P 形半導体で作られたダイオード，トランジスタ，電界効果トランジスタ（FET）の動作原理とそれぞれの特徴を学びます．

3.1 半導体とは

　銅やアルミニウムなどのように電気をよく通す物質を**導体**といい，プラスチック，ガラス，磁器などのように電気を通さない物質を**絶縁体**といいます．導体と絶縁体の中間の物質が**半導体**です．代表的な半導体にゲルマニウム（Ge）やシリコン（Si）などがあります．金属は温度が上がると抵抗は大きくなりますが，**半導体は温度が上がると抵抗は小さく（抵抗率が小さく）なります**．

3.1.1　真性半導体

　不純物を含まない半導体を**真性半導体**といいます．真性半導体は低温において電子は原子に拘束されるので，抵抗率が大きく絶縁性が高くなります．

3.1.2　不純物半導体（N 形半導体と P 形半導体）

　Ge や Si は 4 価の物質（最外殻に電子が 4 つある物質）です．これらにリン（P）やヒ素（As）などの 5 価の物質を微量加えると，電子が余り自由電子となります．5 価の物質を**ドナー**と呼び，このような半導体を **N 形半導体**といいます．同じように，Ge や Si に，ホウ素（B），アルミニウム（Al），ガリウム（Ga）などの 3 価の物質を微量加えると電子が不足します．電子が不足しているところを**正孔（ホール）**といいます．3 価の物質を**アクセプタ**と呼び，このような半導体を **P 形半導体**といいます．

Point
　N 形半導体の電子と P 形半導体の正孔は，それぞれ電荷を運ぶ役目をするのでキャリア（carrier）と呼びます．

関連知識　微量とはどの位か（不純物の濃度）
　Si の結晶の原子密度は 5×10^{22}〔個 /cm³〕であり，それに対して注入する不純物は 10^{15}〔個 /cm³〕程度ですので，濃度は $2/10^8$ となり，1 億分の 2 程度となります．

問題 1 ★★★　　　　　　　　　　　　　　　　　　　　→3.1

　次の記述は，半導体について述べたものである．　□□□内に入れるべき字句の正しい組合せを下の番号から選べ．なお，同じ記号の□□□内には，同じ字句が入るものとする．

(1) 一般に，半導体の抵抗値は，温度が高くなると，　A　なる．

(2) 真性半導体のシリコン（Si）に 5 価の不純物を加えると，　B　半導体になる．

(3) 　B　半導体の多数キャリアは，　C　である．

	A	B	C
1	小さく	P 形	電子
2	小さく	N 形	電子
3	小さく	P 形	ホール（正孔）
4	大きく	P 形	ホール（正孔）
5	大きく	N 形	電子

解説　(1) 半導体の抵抗値は，温度が高くなると，**小さく**なります．

(2) ゲルマニウムやシリコンのような 4 価の物質にリンやヒ素などの 5 価の物質を加えると**N 形半導体**になります．

(3) N 形半導体の多数キャリアは**電子**です．

答え▶▶▶ 2

問題 2 ★★　　　　　　　　　　　　　　　　　　　　　→3.1

　次に記述は，半導体について述べたものである．このうち誤っているものを下の番号から選べ．

　1　一般に，半導体の抵抗値は，温度が高くなると，大きくなる．

　2　真性半導体のシリコン（Si）に不純物として 5 価のヒ素（As）を加えると，N 形半導体になる．

　3　真性半導体のシリコン（Si）に不純物として 3 価のインジウム（In）を加えると，P 形半導体になる．

　4　P 形半導体の多数キャリアは，ホール（正孔）である．

　5　N 形半導体の多数キャリアは，電子である．

解説　半導体の抵抗値は，温度が高くなると，**小さく**なります．

答え▶▶▶ 1

3.2　接合ダイオード

　P 形半導体と N 形半導体を**図 3.1** のように接合したものを**接合ダイオード**といいます.

　この接合ダイオードに**図 3.2** に示す方向に電圧をかけると, 電流が流れるようになります. このような電圧の加え方を**順方向接続**といいます. **図 3.3** に示す方向に電圧をかけると, 電流が流れなくなります. このような電圧の加え方を**逆方向接続**といいます. ダイオードの図記号は**図 3.4** で表します.

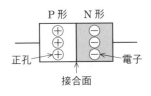

■**図 3.1　接合ダイオード**

接合ダイオードは一方向にしか電流を流さない素子です.

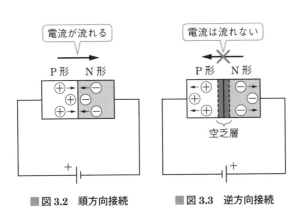

■**図 3.2　順方向接続**　　■**図 3.3　逆方向接続**　　■**図 3.4　ダイオードの図記号**

3.3　接合形トランジスタ

　図 3.5(a)のように, 2 つの N 形半導体の間に薄い P 形半導体を挟んだ構造のものを **NPN 形トランジスタ**, 図 3.5(b)のように, 2 つの P 形半導体の間に薄い N 形半導体を挟んだ構造のものを **PNP 形トランジスタ**といいます.

　接合形トランジスタの図記号は**図 3.6** のように表します.

　トランジスタは 3 本の電極を持っており, どれか 1 本の電極を共通にして使用します. ある電極を共通にすることを**接地**といいます. 接地方式には, **図 3.7** に示すようにベース接地, エミッタ接地, コレクタ接地があります(図は NPN

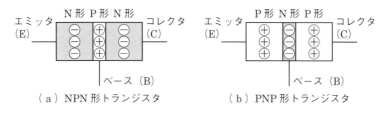

■図3.5 接合形トランジスタ

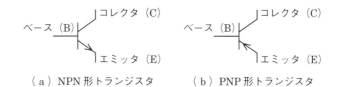

■図3.6 接合形トランジスタの図記号

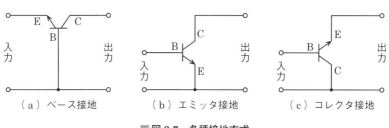

■図3.7 各種接地方式

トランジスタで表していますが PNP 形トランジスタでも同じです).

トランジスタを動作させるためには各電極に適切な電圧を加える必要があります. ここでは, NPN 形トランジスタを使ったベース接地回路とエミッタ接地回路の電圧の加え方と動作を学習します. いずれの場合も, **入力側は順方向に, 出力側は逆方向になるように電圧を加えます.**

ベース接地回路の場合, **図3.8** に示すように P 形半導体であるベースに, 電圧 E_1 のプラス, N 形半導体のエミッタにマイナスの電圧を加えます. 出力側のコレクタは N 形半導体で, 逆方向接続とするには, 電圧 E_2 のプラス, ベースがマイナスになるように接続します.

エミッタ接地回路の場合, **図3.9** に示すように P 形半導体であるベースに,

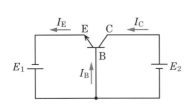

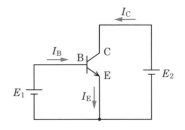

■図 3.8　ベース接地回路の電圧の加え方　　■図 3.9　エミッタ接地回路の電圧の加え方

電圧 E_1 のプラス，N 形半導体のエミッタにマイナスの電圧を加えます．出力側のコレクタは N 形半導体で，逆方向接続とするには，電圧 E_2 のプラス，エミッタ側がマイナスになるように接続します．

　ベース電流を I_B，コレクタ電流を I_C，エミッタ電流を I_E とすると，電流は矢印の方向に流れ，ベース接地回路の場合もエミッタ接地回路の場合も次式が成立します．

$$I_E = I_B + I_C \tag{3.1}$$

　図 3.8 のベース接地回路の入力電流は I_E，出力電流は I_C なので，ベース接地回路の電流増幅率 α は次式になります．

$$\alpha = \frac{I_C}{I_E} \tag{3.2}$$

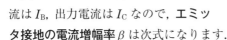

I_E は I_C より大きいので，α は 1 より小さくなります．

　図 3.9 のエミッタ接地回路の入力電流は I_B，出力電流は I_C なので，**エミッタ接地の電流増幅率 β** は次式になります．

$$\beta = \frac{I_C}{I_B} \tag{3.3}$$

α との関係は次式のようになります．

$$\beta = \frac{I_C}{I_B} = \frac{I_C}{I_E - I_C} = \frac{I_C/I_E}{1 - I_C/I_E} = \frac{\alpha}{1 - \alpha} \tag{3.4}$$

　例えば，$\alpha = 0.99$ のとき $\beta = \dfrac{0.99}{1 - 0.99} = 99$

となり，大きな値になります．

α は 1 より小さいので，β は 1 よりも大きくなります．

問題 3 ★★ ➡3.3

次の記述は，トランジスタ（Tr）のベース接地電流増幅率 α とエミッタ接地電流増幅率 β について述べたものである．このうち誤っているものを下の番号から選べ．ただし，エミッタ電流を I_E〔A〕，コレクタ電流を I_C〔A〕及びベース電流を I_B〔A〕とする．

E_1，E_2：直流電源電圧〔V〕

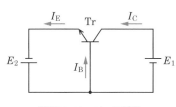

■図3.10　ベース接地

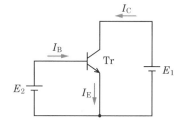

■図3.11　エミッタ接地

1　図3.10 に示すベース接地回路において，α は，$\alpha = I_C/I_E$ で表される

2　図3.11 に示すエミッタ接地回路において，β は，$\beta = I_C/I_B$ で表される

3　α は，1より小さい．

4　β は，1より大きい．

5　β を α で表すと，$\beta = (1-\alpha)/\alpha$ となる．

解説　5　「$\beta = (1-\alpha)/\alpha$」ではなく，正しくは，「$\beta = \alpha/(1-\alpha)$」です．

答え▶▶▶ 5

問題 4 ★★ ➡ 3.3

次の記述は，トランジスタ Tr のベース接地電流増幅率 α とエミッタ接地電流増幅率 β について述べたものである． □ 内に入れるべき字句の正しい組合せを下の番号から選べ．

I_E：エミッタ電流〔A〕 　I_C：コレクタ電流〔A〕
I_B：ベース電流〔A〕 　V_1, V_2：直流電源電圧〔V〕

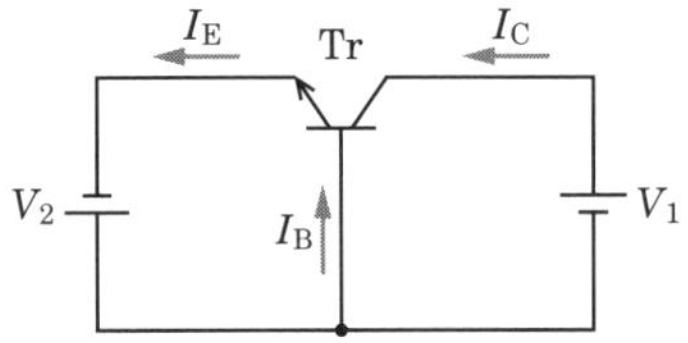

■図 3.12 ベース接地 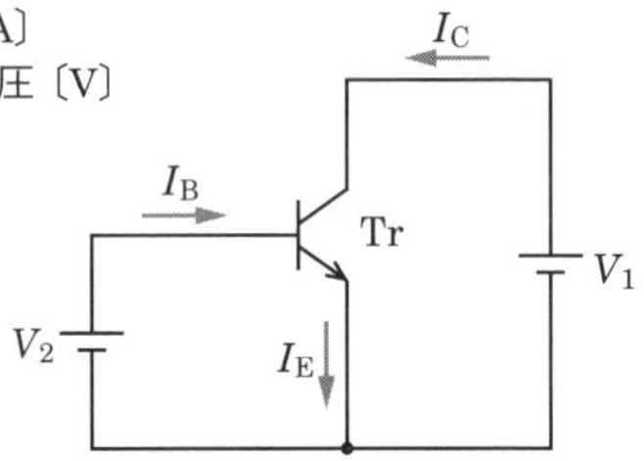　　　　■図 3.13 エミッタ接地

(1) 図 3.12 に示すベース接地回路において，ベース接地電流増幅率 α は，$\alpha = $ □ A で表される．

(2) 図 3.13 に示すエミッタ接地回路において，エミッタ接地電流増幅率 β は，$\beta = $ □ B で表される．

(3) β を α で表すと，$\beta = $ □ C となる．

	A	B	C
1	I_C/I_E	I_B/I_C	$\alpha/(1+\alpha)$
2	I_C/I_E	I_C/I_B	$\alpha/(1-\alpha)$
3	I_E/I_C	I_B/I_C	$\alpha/(1-\alpha)$
4	I_E/I_C	I_C/I_B	$\alpha/(1-\alpha)$
5	I_E/I_C	I_B/I_C	$\alpha/(1+\alpha)$

解説 (1) ベース接地回路の入力電流は I_E，出力電流は I_C であるので，$\alpha = \boldsymbol{I_C/I_E}$

(2) エミッタ接地回路の入力電流は I_B，出力電流は I_C であるので，$\beta = \boldsymbol{I_C/I_B}$

(3) $I_E = I_C + I_B$ より，$I_B = I_E - I_C$ なので，式 (3.4) の I_B に代入すると

$$\beta = \frac{I_C}{I_B} = \frac{I_C}{I_E - I_C} = \frac{I_C/I_E}{1 - I_C/I_E} = \frac{\boldsymbol{\alpha}}{\boldsymbol{1-\alpha}}$$

答え▶▶▶ 2

3.4 電界効果トランジスタ

　トランジスタは入力電流を変化させることにより出力電流を大きく変化させる電流駆動素子ですが，**電界効果トランジスタ**（FET：Field Effect Transistor,以下 FET）は入力電圧を変化させることにより出力電流を大きく変化させる**電圧駆動素子**です．

　電界効果トランジスタには，**接合形電界効果トランジスタ**（JFET：Junction Field Effect Transistor）と **MOS 形電界効果トランジスタ**（MOSFET：Metal Oxide Semiconductor Field Effect Transistor）があります．

3.4.1　JFET

　JFET の構造を**図 3.14** に示します．N 形半導体に P 形半導体が接合されています．トランジスタのコレクタに相当する電極をドレイン，エミッタに相当する電極をソース，ベースに相当する電極をゲートといいます．ドレイン-ソース間に電圧 V_{DS} を加えると，ドレイン電流 I_D が流れます．PN 接合部に逆バイアス電圧 V_{GS} を加えると，電子も正孔も存在しない空乏層ができます．V_{GS} を大きくすればするほど空乏層が広がり，ドレイン電流が減少します．

　JFET の図記号を**図 3.15** に示します．

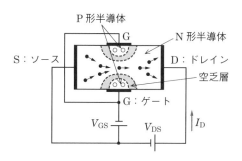

■図 3.14　接合形電界効果トランジスタの構造

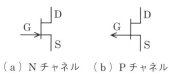

（a）N チャネル　（b）P チャネル

■**図 3.15　JFET の図記号**

3.4.2　MOSFET

　MOSFET には，エンハンスメント形 MOSFET とデプレッション形 MOSFET があります．

(1) エンハンスメント形 MOSFET

　図 3.16 に示すように，P 形半導体基板の表面に SiO₂ の絶縁膜を作成します．絶縁膜を介してゲート電極 G を取り付け，二つの N 形領域を作り，それらに電極を取り付けてドレイン電極 D，ソース電極 S とします．ドレイン-ソース間に電圧 V_{DS}，ゲート-ソース間にも図の方向に電圧 V_{GS} を加えます．$V_{GS} < 0$ の場合は，ドレイン-ソース間にチャネルを形成せず，$V_{GS} > 0$ になると，ゲート電極に電子が引き寄せられて N チャネルを形成し，ドレイン電流が流れるようになります．V_{GS} を大きくすればドレイン電流が多くなるのでエンハンスメント（enhancement）形といいます．エンハンスメント形 MOSFET は V_{GS} を加えないとドレイン電流が流れないので省電力となります．

　エンハンスメント形 MOSFET の図記号を**図 3.17** に示します．

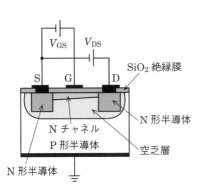

エンハンスメント（enhancement）は「増大」を意味します．

（a）N チャネル　（b）P チャネル

■**図 3.17　エンハンスメント形 MOSFET の図記号**

■**図 3.16　エンハンスメント形 MOSFET の構造**

エンハンスメント形 MOSFET とデプレッション形 MOSFET の図記号を間違えないようにしましょう．

(2) デプレッション形 MOSFET

　デプレッション形 MOSFET の構成を**図 3.18** に示します．エンハンスメント形と相違するのは，ドレイン-ソース電極間に拡散などによって N チャネルをあらかじめ形成してあることです．これにより，$V_{GS} = 0$ の場合でもドレイン電流

が流れることになります．$V_{GS} < 0$ にすると，ゲート電極近くの電子が無くなり空乏層が生じてドレイン電流が減少します．

デプレッション形 MOSFET の図記号を**図 3.19** に示します．

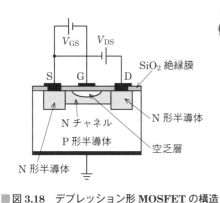

■**図 3.18** デプレッション形 **MOSFET** の構造

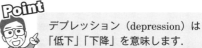

デプレッション（depression）は「低下」「下降」を意味します．

（a）N チャネル　（b）P チャネル

■**図 3.19** デプレッション形 **MOSFET** の図記号

トランジスタは電流駆動素子で入力に電流を流すため入力抵抗が小さくなりますが，FET は電圧駆動素子で入力電流が流れないので入力抵抗が大きくなります．

関連知識 バイポーラトランジスタと電界効果トランジスタ

バイポーラトランジスタ（bipolar transistor）は，3.3 節の接合形トランジスタのように，N 形半導体と P 形半導体で構成されているトランジスタです．N 形半導体の電子（エレクトロン）と P 形半導体の正孔（ホール）と 2 つのキャリアを持つことから，「2 つ」を意味するバイ（bi）を付けた「バイポーラトランジスタ」と呼ばれます．

一方，電界効果トランジスタは，N チャネル形と P チャネル形があり，N チャネル形は電子だけ，P チャネル形は正孔だけの 1 つのキャリアを持つことから，「1 つ」を意味するユニ（uni）を付けた「ユニポーラトランジスタ」とも呼ばれます．

なお，電界効果トランジスタは電流経路に PN 接合部がないため，バイポーラトランジスタと比べて雑音が少ないといった特徴があります．

問題 5 ★★　　　　　　　　　　　　　　　　　　　　➡ 3.4.1

次の記述は，**図 3.20** に示す図記号の N チャネル接合形の電界効果トランジスタ（FET）について述べたものである．このうち誤っているものを下の番号から選べ．

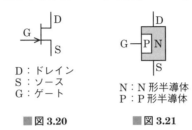

D：ドレイン
S：ソース
G：ゲート

N：N 形半導体
P：P 形半導体

■**図 3.20**　　　　■**図 3.21**

1　原理的な内部構造は，**図 3.21** である．
2　N チャネル中の多数キャリアは，ホール（正孔）である．
3　ゲート（G）-ソース（S）間の電圧で，ドレイン（D）電流を，制御する半導体素子である．
4　一般に，ドレイン（D）に正（＋），ソース（S）に負（－）の電圧をかけて使用する．
5　バイポーラトランジスタに比べて入力インピーダンスは，極めて高い．

解説　2　「ホール（正孔）」ではなく，正しくは「電子」です．

答え▶▶▶2

問題 6 ★★★　　　　　　　　　　　　　　　　　　　➡ 3.4

次の記述は，バイポーラトランジスタと比較したときの電界効果トランジスタ（FET）の一般的な特徴について述べたものである．このうち誤っているものを下の番号から選べ．
1　入力インピーダンスは，高い．
2　キャリアは，1 種類である．
3　雑音が少ない．
4　接合形と MOS 形がある．
5　電流で電流を制御する電流駆動素子である．

解説　5　「電流駆動素子」ではなく，正しくは「電圧駆動素子」です．

答え▶▶▶5

4章 電子回路

電力増幅度，電圧増幅度の計算とそのデシベル（dB）表示，オペアンプを使用した増幅器及び負帰還増幅器の増幅度の計算方法，デジタル回路の基本を学びます．

4.1 デシベル（dB）

3章で学習したトランジスタを用いた回路のように，入力した電圧，電流，電力などの信号を大きくして出力する回路を**増幅回路**といいます．増幅回路では，入力と出力の比を常用対数で表し，デシベル（以下「dB」という）単位で表します．

デシベルは騒音調査などでも使用されており，人間が聞き取れる限界を 0 dB として，音の大きさを相対的に表しています．このように，dB は絶対的な大きさを表すものではなく，相対的な比率を表すものです．

dB は次のように定義されています．**図 4.1** に示す増幅器において，基準となる入力電力を P_1〔W〕，比較対象となる出力電力を P_2〔W〕とすると，それらの比の対数をとった次式をベル〔B〕といいます．

$$\log_{10} \frac{P_2}{P_1} \ \text{〔B〕} \tag{4.1}$$

式（4.1）の値は小さすぎるので，10 倍した次式（dB）を用います．

$$10 \log_{10} \frac{P_2}{P_1} \ \text{〔dB〕} \tag{4.2}$$

電圧で dB 計算すると次のようになります．

入力抵抗と出力抵抗を R とし，入力電圧を V_1〔V〕，出力電圧を V_2〔V〕とすると，P_1 と P_2 は次式で表すことができます．

$$P_1 = \frac{V_1{}^2}{R}, \ \ P_2 = \frac{V_2{}^2}{R} \tag{4.3}$$

■図 4.1　増幅器（入力抵抗，出力抵抗はともに R とする）

式（4.3）を式（4.2）に代入すると

$$10 \log_{10} \frac{P_2}{P_1} = 10 \log_{10} \left(\frac{V_2}{V_1} \right)^2 = 20 \log_{10} \frac{V_2}{V_1} \ \text{〔dB〕} \tag{4.4}$$

ここで，具体的に例をあげてみましょう．入力電力 P_1 が 1 mW で出力電力 P_2 が 1 W であるとすると，電力利得 G_P〔dB〕は，次のようになります（1 W = 1 000 mW）．

$$G_P = 10 \log_{10} \frac{P_2}{P_1} = 10 \log_{10} \frac{1\,000}{1} = 30 \text{ dB} \tag{4.5}$$

　また，入力電圧 V_1 が 0.1 V，出力電圧 V_2 が 1 V であるとき，電圧利得 G_V〔dB〕は，次のようになります．

$$G_V = 20 \log_{10} \frac{V_2}{V_1} = 20 \log_{10} \frac{1}{0.1} = 20 \log_{10} 10 = 20 \text{ dB} \tag{4.6}$$

Point

デシベル計算に対数が使われる理由は次のようなものです．
(1) 小さな数値から大きな数値を適度の大きさの数値で表現できる．
(2) 掛け算が足し算，割り算が引き算で計算できる．
(3) 経験的に，刺激量と人間の感覚量は対数関数の関係にある．

問題 ■ ★★　　　　　　　　　　　　　　　　　　　　　➡ 4.1

　次の記述は，**図 4.2** に示す増幅回路の電力増幅度 A_P（真数）と電力利得 G_P〔dB〕について述べたものである．□□□内に入れるべき字句の正しい組合せを下の番号から選べ．

(1) A_P は，$A_P = P_o/P_i$ で表される．

(2) G_P は，$G_P =$ □ A □〔dB〕で表される．

(3) したがって，$A_P = 100$ のとき，G_P は，$G_P =$ □ B □〔dB〕である．

(4) また，$G_P = 0$ dB のとき，A_P は，$A_P =$ □ C □ である．

	A	B	C
1	$10 \log_{10} A_P$	40	10
2	$10 \log_{10} A_P$	20	1
3	$10 \log_{10} A_P$	40	1
4	$20 \log_{10} A_P$	20	1
5	$20 \log_{10} A_P$	20	10

P_i → [増幅回路] → P_o

P_i：入力電力〔W〕
P_o：出力電力〔W〕

■図 4.2

解説　(2) $G_P = \mathbf{10 \log_{10} A_P}$〔**dB**〕

(3) $G_P = 10 \log_{10} A_P$ に $A_P = 100$ を代入すると

　　$G_P = 10 \log_{10} A_P = 10 \log_{10} 100 = 10 \log_{10} 10^2 = 10 \times 2 = \mathbf{20 \text{ dB}}$

（4）$G_P = 0$ を $G_P = 10 \log_{10} A_P$ に代入すると

$\qquad 0 = 10 \log_{10} A_P \quad \cdots ①$

式①より，$A_P = 10^0 = \mathbf{1}$

答え▶▶▶ 2

問題 2 ★★★　　　　　　　　　　　　　　　　　　　　→ 4.1

次の記述は，**図 4.3** に示す増幅回路の電圧増幅度 A_V（真数）と電圧利得 G_V〔dB〕について述べたものである．　☐☐☐内に入れるべき字句の正しい組合せを下の番号から選べ．

（1）A_V は，$A_V = V_0/V_i$ で表される．

（2）G_V は，$G_V = \boxed{\text{A}}$〔dB〕で表される．

（3）したがって，$A_V = 100$ のとき，G_V は，$G_V = \boxed{\text{B}}$〔dB〕である．

（4）また，$G_V = 0\,\text{dB}$ のとき，A_V は，$A_V = \boxed{\text{C}}$ である．

	A	B	C
1	$10 \log_{10} A_V$	40	1
2	$10 \log_{10} A_V$	20	10
3	$20 \log_{10} A_V$	40	1
4	$20 \log_{10} A_V$	40	10
5	$20 \log_{10} A_V$	20	10

$V_i \longrightarrow \boxed{\text{増幅回路}} \longrightarrow V_0$

V_i：入力電圧
V_0：出力電圧

■図 4.3

解説　（2）$G_V = \mathbf{20 \log_{10} A_V}$〔**dB**〕

（3）$G_V = 20 \log_{10} A_V$ に $A_V = 100$ を代入すると

$\qquad G_V = 20 \log_{10} A_V = 20 \log_{10}100 = 20 \log_{10}10^2 = 20 \times 2 = \mathbf{40\ dB}$

（4）$G_V = 0$ を $20 \log_{10} A_V$ に代入すると

$\qquad 0 = 20 \log_{10} A_V \quad \cdots ①$

式①より，$A_V = 10^0 = \mathbf{1}$

答え▶▶▶ 3

問題 3 ★★★　　　　　　　　　　　　　　　　　　　　→ 4.1

次の記述は，増幅回路の電圧利得について述べたものである．　☐☐☐内に入れるべき字句の正しい組合せを下の番号から選べ．

（1）**図 4.4** に示す増幅回路 AP の電圧利得 G は，$G = \boxed{\text{A}} \times \log_{10}\left(\boxed{\text{B}}\right)$〔dB〕で表される．

（2）**図 4.5** のように，電圧利得が G_1〔dB〕の増幅回路 AP_1 と電圧利得が G_2〔dB〕の増幅回路 AP_2 を接続したとき，全体の増幅回路 AP_0 の電圧利得 G_0 は，$G_0 = \boxed{\text{C}}$〔dB〕で表される．

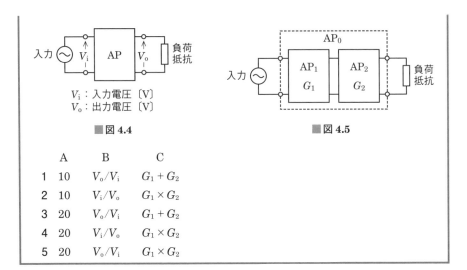

■図 4.4　　　　　　　　　　　　■図 4.5

	A	B	C
1	10	V_o/V_i	$G_1 + G_2$
2	10	V_i/V_o	$G_1 \times G_2$
3	20	V_o/V_i	$G_1 + G_2$
4	20	V_i/V_o	$G_1 \times G_2$
5	20	V_o/V_i	$G_1 \times G_2$

解説　（1）図 4.4 に示す増幅回路 AP の電圧利得 G は，式（4.4）より $G = 20 \log_{10} \dfrac{V_o}{V_i}$〔dB〕となります．

（2）電圧利得が G_1〔dB〕の増幅回路 AP_1 と電圧利得が G_2〔dB〕の増幅回路 AP_2 を接続すると，全体の増幅回路 AP_0 の電圧利得 G_0 は，$G_0 = G_1 + G_2$〔dB〕で表されます．

答え ▶▶▶ 3

4.2　オペアンプを使用した増幅回路

4.2.1　オペアンプの特徴

オペアンプ（Operational Amplifier）は，演算増幅器のことで，交流信号だけでなく直流信号も増幅することができ，集積回路化されたものが多く市販されています．

オペアンプは次のような特徴があります．

- 入力インピーダンスが高い
- 出力インピーダンスが低い
- 利得が大きい

「Amplifier」は「拡大する」という意味です．オペアンプは増幅器としての利用はもちろんですが，発振器，積分器，加算器なども構成することができる優れたアナログ増幅器であり集積回路化されています．

4.2.2 反転増幅器

オペアンプを使用した増幅器のうち，**図4.6**に示す回路を**反転増幅器**といいます．＋は非反転入力端子，－は反転入力端子といいます．

入力電圧をv_i，出力電圧をv_oとします．非反転入力端子が接地されており，入力インピーダンスが高いので，入力電流は流れることがなく，反転入力端子は$0\,\mathrm{V}$となります．オームの法則を使用すると，次式が成立します．

■図4.6 反転増幅器

$$v_i - 0 = iR_1 \tag{4.7}$$

$$0 - v_o = iR_2 \tag{4.8}$$

式（4.7）と式（4.8）より，電圧増幅度Aは

$$A = \frac{v_o}{v_i} = \frac{-iR_2}{iR_1} = -\frac{R_2}{R_1} \tag{4.9}$$

マイナスは位相が逆相であることを示します．

電圧増幅度Aの大きさ（絶対値）を求めると，$|A| = \dfrac{R_2}{R_1}$となります．

オペアンプの特徴は，「入力インピーダンスが高い」「出力インピーダンスが低い」「利得が大きい」の3つです．

4.2.3 負帰還増幅器

図4.7に示す回路を**負帰還増幅器**といいます．Aは帰還がない場合の増幅度，βを帰還率とすると，$A = v_{out}/v_1$，負帰還増幅器は増幅度が小さくなるように動作するので，$v_1 = v_{in} - \beta v_{out}$となります．

負帰還増幅器の増幅度A_fは

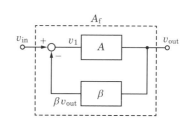

■図4.7 負帰還増幅器

$$A_\mathrm{f} = \frac{v_\mathrm{out}}{v_\mathrm{in}} = \frac{Av_1}{v_1 + \beta v_\mathrm{out}} = \frac{Av_1}{v_1 + A\beta v_1} = \frac{A}{1 + A\beta} \qquad (4.10)$$

$A\beta \gg 1$（$\beta \gg (1/A)$）の場合，式（4.10）は，$A_\mathrm{f} \doteqdot \dfrac{A}{A\beta} = \dfrac{1}{\beta}$ となり，十分な負帰還をかけると，負帰還増幅器の電圧増幅度 A_f は，A に関係せず帰還率 β だけで決まり安定します。

負帰還増幅器の特徴を次に示します。

- 利得は低下するが帰還回路に周波数特性を持たない抵抗を使用すれば周波数帯域幅が広くなる。
- 電源電圧の変動に対して増幅回路の利得が安定する。
- 入力インピーダンス，出力インピーダンスを変えることができる。
- ひずみや雑音は，負帰還をかけない増幅回路よりも少なくなる。

問題 4 ★　　　　　　　　　　　　　　　　　　　　**➡ 4.2.3**

　次の記述は，**図 4.8** に示すように増幅度（$V_\mathrm{o}/V_\mathrm{iA}$）が A の増幅回路と帰還率（$V_\mathrm{f}/V_\mathrm{o}$）が β の帰還回路を用いた原理的な構成の負帰還増幅器について述べたものである。□□□内に入れるべき字句の正しい組合せを下の番号から選べ。

(1) 負帰還増幅器の電圧増幅度（$V_\mathrm{o}/V_\mathrm{i}$）は，$A$ より ☐A☐ なる。

(2) 負帰還増幅器の電圧増幅度（$V_\mathrm{o}/V_\mathrm{i}$）は，$\beta \gg (1/A)$ として十分に負帰還をかけると，ほぼ β だけで決まり，☐B☐。

(3) 負帰還増幅器のひずみや雑音は，負帰還をかけない増幅回路よりも ☐C☐ なる。

	A	B	C
1	大きく	不安定になる	多く
2	大きく	安定する	少なく
3	小さく	不安定になる	少なく
4	小さく	安定する	少なく
5	小さく	不安定になる	多く

負帰還増幅器

V_i ：入力電圧
V_iA：増幅回路の入力電圧
V_o ：出力電圧
V_f ：帰還電圧

■図 4.8

解説 負帰還増幅器において，負帰還をかけると，増幅度は A より**小さくなります**が，ひずみや雑音が**少なくなり**，**安定**します.

答え▶▶▶ 4

4 章

問題 5 ★ ➡ 4.2.3

次の記述は，負帰還をかけないときの増幅回路と比べたときの負帰還をかけたときの増幅回路の特性について述べたものである．このうち正しいものを 1，誤っているものを 2 として解答せよ.

ア 増幅度は，大きくなる.

イ 増幅度の安定性は，良くなる.

ウ 増幅可能な周波数帯域幅は，広くなる.

エ 入力インピーダンス及び出力インピーダンスは，変化しない.

オ 増幅回路内部で発生して出力に現れる雑音やひずみは，少なくなる.

解説 ア 負帰還増幅器では，増幅度は**小さくなります**.

エ 入力インピーダンスや出力インピーダンスは**変えることができます**.

答え▶▶▶ア－2 イ－1 ウ－1 エ－2 オ－1

4.3 デジタル回路

オペアンプに代表されるアナログ回路は連続した電圧のアナログ信号を扱いますが，デジタル回路は，「High」（「1」）か「Low」（「0」）の 2 つの状態のみを表す信号を扱います.

デジタル回路には，「現在の入力によってだけ出力が決定される組合せ論理回路」，「現在の入力と回路の状態によって出力が決定される順序回路」があります．組合せ論理回路には，AND 回路，OR 回路，NAND 回路，NOR 回路，NOT 回路の 5 種類の基本回路があります．組合せ論理を表現するために，回路の入力の状態をすべて挙げ，それらに対応する出力を調べる方法が使われます．これらを表にしたものを**真理値表**といいます.

Point

航空通の試験では，4.3.1 ～ 4.3.5 の 5 つの基本回路の真理値表の問題が出題されています.

> **関 連 知 識**　正論理と負論理
> 　デジタル回路は，「0」又は「1」の2つの値で表します．電圧が低い場合を「0」，高い場合を「1」に対応させる方法を正論理，電圧が低い場合を「1」，高い場合を「0」に対応させる方法を負論理といいます．

　図4.9は2入力，1出力の基本ゲートです．この基本ゲートの真理値表は，**表4.1**のようになります．

■**図4.9　2入力1出力の基本ゲート**

■**表4.1　真理値表**

A	B	M
0	0	回路により決まる
0	1	回路により決まる
1	0	回路により決まる
1	1	回路により決まる

4.3.1　AND回路

2入力のAND回路の図記号を**図4.10**，真理値表を**表4.2**に示します．

■**図4.10　AND回路の記号**

■**表4.2　AND回路の真理値表**

A	B	M
0	0	0
0	1	0
1	0	0
1	1	1

入力AとBが同時に「1」になったときのみ出力が「1」になります．

4.3.2　OR回路

2入力のOR回路の図記号を**図4.11**，真理値表を**表4.3**に示します．

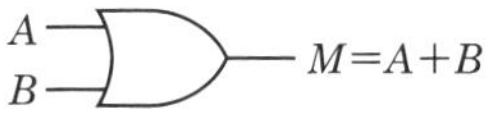

■図 4.11　OR 回路の記号

Point

入力 A と B のどちらか一方でも「1」になったとき出力が「1」になります．

■表 4.3　OR 回路の真理値表

A	B	M
0	0	0
0	1	1
1	0	1
1	1	1

4.3.3　NAND 回路

2 入力の NAND 回路の図記号を**図 4.12**，真理値表を**表 4.4** に示します．

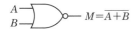

■図 4.12　NAND 回路の記号

Point

入力 A と B が同時に「1」になったときのみ出力が「0」になります（出力が AND 回路と逆になるだけです）．

■表 4.4　NAND 回路の真理値表

A	B	M
0	0	1
0	1	1
1	0	1
1	1	0

4.3.4　NOR 回路

2 入力の NOR 回路の図記号を**図 4.13**，真理値表を**表 4.5** に示します．

$$A \quad B \quad M=\overline{A+B}$$

■図 4.13　NOR 回路の記号

Point

入力 A と B のどちらか一方でも「1」になったとき出力が「0」になります（出力が OR 回路の逆になるだけです）．

■表 4.5　NOR 回路の真理値表

A	B	M
0	0	1
0	1	0
1	0	0
1	1	0

4.3.5　NOT回路

1入力，1出力の基本ゲートであるNOT回路の図記号を**図4.14**，真理値表を**表4.6**に示します.

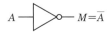

■**図4.14　NOT回路の記号**

■**表4.6　NOT回路の真理値表**

A	M
0	1
1	0

入力が「0」なら出力は「1」，入力が「1」なら出力は「0」で逆になります.

問題 6 ★　　　　　　　　　　　　　　　　　　　　　　　　➡ 4.3

次は，論理回路及びその真理値表の組合せを示したものである．このうち誤っているものを下の番号から選べ．ただし，正論理とし，A及びBを入力，Lを出力とする.

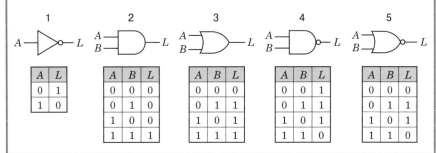

解説 　5の回路記号はNOR回路です．NOR回路の真理値表は，表4.5になります.

「ANDとNAND」「ORとNOR」の真理値表の結果は逆になります.

答え▶▶▶ 5

問題 7 ★★ ➡ 4.3

次は，論理回路の名称とその真理値表の組合せを示したものである．このうち誤っているものを下の番号から選べ．ただし，正論理とし，A 及び B を入力，X を出力とする．

1 AND

A	B	X
0	0	1
0	1	0
1	0	0
1	1	1

2 OR

A	B	X
0	0	0
0	1	1
1	0	1
1	1	1

3 NAND

A	B	X
0	0	1
0	1	1
1	0	1
1	1	0

4 NOR

A	B	X
0	0	1
0	1	0
1	0	0
1	1	0

5 NOT

A	X
0	1
1	0

解説 1 AND は入力 A と B の両方とも 1 のときのみ出力 X が 1 となります．よって，$A = 0$，$B = 0$ のとき，$X = 0$ となります．

答え▶▶▶ 1

出題傾向 論理回路の分野では，「論理回路」に対応する「真理値表」を求める問題が出題されています．

⑤章 通信方式

この章から **1** 問出題

代表的なアナログ通信の，A3E，J3E，F3E 通信方式の特徴や違いを学ぶとともに，代表的なデジタル通信である PCM の原理と長所及び短所を学びます．

5.1 アナログ通信とデジタル通信

アナログ通信は，振幅が時間とともに連続的に変化するアナログ信号をそのまま伝送する方式ですが，デジタル通信は，連続的なアナログ信号を離散的な（飛び飛びの）デジタル信号に変換して伝送する方式です．

音声のような低周波数の信号波は直接遠くに伝えることはできません．そのため，信号波などの情報を遠くに伝えるために，周波数の高い搬送波に信号波を乗せて伝送します．これを**変調**といいます．変調された電波を受信しても人間の耳には聞こえませんので，受信した電波から信号波を取り出す必要があります．これを**復調**といいます．変調にはアナログ変調とデジタル変調があり，復調にもアナログ復調とデジタル復調があります．

アナログの**振幅変調**を **AM**，**周波数変調**を **FM** といいます．なお，ラジオ放送の AM や FM は，変調方式の違いを示しています．

5.2 アナログ通信方式

5.2.1 振幅変調

(1) DSB (A3E)

振幅変調（AM：Amplitude Modulation）は**振幅を変化**させる変調方式で，今でも，中波 AM 放送や航空管制通信などで使用されています．

周波数 f_c〔Hz〕の搬送波を，周波数 f_s〔Hz〕の単一正弦波（歪みのない波のこと）の信号波で振幅変調すると，**上側波** $f_c + f_s$〔Hz〕，**下側波** $f_c - f_s$〔Hz〕，**搬送波** f_c〔Hz〕の３つの周波数成分が発生します．**図 5.1** のように，横軸に周波数〔Hz〕，縦軸に振幅〔V〕で描いた図を周波数分布図といいます．信号波の最高周波数 f_s〔Hz〕の２倍の $2f_s$〔Hz〕を**占有周波数帯幅**といいます．

単一正弦波の代わりに音声や音楽など多くの周波数成分を含んだ信号波で振幅変調したときの周波数分布図は**図 5.2** のようになります．

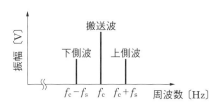

■図5.1 単一正弦波で変調した振幅変調波の周波数分布

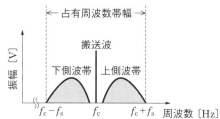

■図5.2 音声信号で変調した振幅変調波の周波数分布

信号波の最高周波数 f_s の2倍の $2f_s$ を占有周波数帯幅といいます．

　音声信号は単一正弦波と異なり多くの周波数成分を含んでいるため周波数が複雑に変化します．

　図5.2のように，側波が2つ（上側波と下側波）ある振幅変調波を DSB（Double Side Band）波といい，この変調方式を**両側波帯（DSB）振幅変調方式**といいます．なお，電波法施行規則に規定する電波型式の表示は「A3E」です．

(2) SSB（J3E）

　図5.2に示す DSB（A3E）変調方式は，上側波と下側波の両方に同じ情報があり，周波数利用の観点からすると不経済です．そのため，下側波か上側波のどちらか一方と搬送波を取り除き，片方の単側波（SSB：Single Side Band）を用いた変調方式が用いられ，これを**単側波帯（SSB）振幅変調方式**といいます．なお，電波法施行規則に規定する電波型式の表示は「J3E」です．

　J3E方式はA3E方式と比べ，以下の利点があります．

・占有周波数帯幅を**狭く**でき（半分），周波数を有効利用できる
・空中線電力も**少なく**できる（100％変調のとき J3E は A3E の 1/6）
・選択性フェージングの影響が**少ない**

> **関連知識** 選択性フェージング
>
> 振幅変調された電波は，搬送波，上側波，下側波から構成されており，上側波と下側波には同じ情報が含まれています．電離層の伝搬特性が周波数によって相違する場合，上側波がフェージングの影響を受け，下側波がフェージングの影響を受けないということもあります．このようなフェージングを選択性フェージングといいます．

5.2.2　周波数変調

　周波数変調（FM：Frequency Modulation）は，音声や音楽などの信号波の**振幅の変化で搬送波の周波数を変化させる変調方式**で，主に VHF 帯以上の周波数で使用されています．電波型式は「F3E」と表示します．

　A3E 波の側波は上側波と下側波の 2 つですが，F3E 波は側波数が多く，**占有周波数帯幅が広く**なります．そのため音楽などの伝送にも適しています．

ラジオの FM 放送で音楽番組が多いのは，FM 変調は AM 変調に比べて混信や雑音に強く，音質が良いためです．

　その他，F3E 電波には次のような特徴があります．

- 振幅性の雑音の影響を受けにくく，受信電波の強さがある程度変化しても受信機の出力は変わらない
- 受信機の入力信号の強度があるレベル以下になると，受信機出力の信号対雑音比が急激に悪化する
- 同じ周波数に妨害波があっても，信号波が強ければ妨害波は抑圧される（弱肉強食性があるので，航空管制通信には F3E 波は使われず A3E 波が使われている）

FM の占有周波数帯幅 B は，$B = 2(\Delta f + f_\mathrm{p})$ になります．
（ただし，Δf は最大周波数偏移，f_p は信号波の最高周波数）

問題 1 ★★　→ 5.2.1

　次の記述は，DSB（A3E）通信方式と比べたときの SSB（J3E）通信方式の一般的な特徴について述べたものである．　□□□内に入れるべき字句の正しい組合せを下の番号から選べ．

(1) 同じ通信品質を得るのに必要な空中線電力は，　A　．
(2) 占有周波数帯幅が　B　，周波数の利用効率が良い．
(3) 選択性フェージングの影響が　C　．

	A	B	C
1	大きい	広く	多い
2	小さい	狭く	少ない
3	大きい	狭く	少ない
4	小さい	広く	少ない
5	小さい	広く	多い

解説　(1) SSB（J3E）波の空中線電力は DSB（A3E）波より**小さく**（100％変調のとき 6 分の 1）なります．
(2) SSB の占有周波数帯幅は DSB よりも**狭く**（半分）になります．
(3) SSB の方が選択性フェージングの影響が**少ない**です．

答え▶▶▶ 2

問題 2 ★★　→ 5.2.2

　次の記述は，FM（F3E）通信方式の一般的な特徴について述べたものである．□□□内に入れるべき字句を下の番号から選べ．

(1) AM（A3E）通信方式と比べた時，一般に，占有周波数帯幅が　ア　．
(2) AM（A3E）通信方式と比べた時，振幅性の雑音の影響を　イ　．
(3) 受信機の出力は，受信電波の強さがある程度　ウ　．
(4) 希望波の信号の強さが混信妨害波より　エ　は混信妨害を受けにくい．
(5) 受信電波の強さがあるレベル以下になると，受信機の出力の信号対雑音比（S/N）が急激に　オ　．

1 広い	2 受けやすい	3 変わっても，変わらない
4 弱いとき	5 悪くなる	6 狭い
7 受けにくい	8 変わると，大きく変わる	
9 強いとき	10 良くなる	

解説　(1) FM（F3E）通信方式の方が，占有周波数帯幅が**広く**なります.

(2) FM（F3E）通信方式の方が，振幅性の雑音の影響を**受けにくい**です.

(3) 受信電波の**強さがある程度変わっても，受信機の出力は変わりません**.

(4) 同じ周波数の妨害波があっても，信号波が**強ければ妨害波は抑圧されます**（影響が少なくなります）.

(5) 受信機の入力信号の強度が弱くなり，あるレベル以下になると，受信機出力の信号対雑音比が急激に**悪化**します.

答え▶▶▶アー1　イー7　ウー3　エー9　オー5

問題 3　★★　　　　　　　　　　　　　　　　　　　　→ 5.2.2

　次の記述は，AM（A3E）通信方式と比べたときのFM（F3E）通信方式の一般的な特徴について述べたものである. このうち正しいものを1，誤っているものを2として解答せよ.

　ア　音質が，優れている.

　イ　占有周波数帯幅が，狭い.

　ウ　パルス性雑音の影響を受けやすい.

　エ　受信電波の強さがある程度変化しても受信機の出力は変わらない.

　オ　受信機の入力信号の強度がある値以下になると，受信機出力の信号対雑音比（S/N）が急激に悪くなる.

解説　イ　「**狭い**」ではなく，正しくは「**広い**」です.

ウ　「影響を**受けやすい**」ではなく，正しくは「影響を**受けにくい**」です.

答え▶▶▶アー1　イー2　ウー2　エー1　オー1

5.3　デジタル通信方式

5.3.1　デジタル変調

　航空管制通信や国際VHFの無線電話はアナログ通信方式ですが，それ以外のものは，デジタル通信方式に置き換わってきています. デジタル通信方式の特徴は多重通信や誤り訂正等が可能なことです.

　デジタル変調には，振幅を変化させる**ASK**（Amplitude Shift Keying），周波数を変化させる**FSK**（Frequency Shift Keying），位相を変化させる**PSK**（Phase Shift Keying）があります. デジタル変調は，雑音に強く誤り訂正ができるなど

の特徴があります．**図5.3**に搬送波をベースバンド信号でデジタル変調したときの波形を示します．

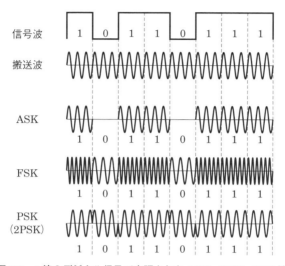

信号波 1 0 1 1 0 1 1 1

搬送波

ASK 1 0 1 1 0 1 1 1

FSK 1 0 1 1 0 1 1 1

PSK（2PSK） 1 0 1 1 0 1 1 1

■図5.3　2値のデジタル信号で変調された**ASK**，**FSK**，**PSK**波形

ASKは2進の「1」では電波が出ている状態，2進の「0」では電波が出ていない状態を示しています．

FSKは2進の「1」では，周波数の高い搬送波，2進の「0」では，周波数の低い搬送波を送出していることを示しています．

PSKは，2進の「1」と「0」では，位相が180°異なる搬送波を使用していることを示しています．

5.3.2　PCM

パルス符号変調（**PCM**：Pulse Code Modulation）は，パルスを使用した方式で占有周波数帯幅が広くなりますが，雑音に強く，再生中継でひずみや雑音が累積されません．PCMの原理をブロック図で示したものが**図5.4**です．

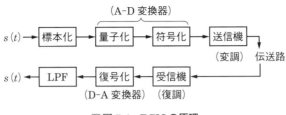

■図5.4　PCM の原理

　動作の概要を次に示します.

標本化：**入力されたアナログ信号 $s(t)$ を時間軸方向に離散化を行う回路で**す. 離散化は**図5.5**（a）に示すように，連続的なアナログ信号を飛び飛びの値を持った信号に変換することです. デジタル化された信号から元のアナログ信号を再生するには，アナログ信号の最高周波数 f_m の 2 倍の周波数 $2f_m$ で標本化すれば良いことがわかっています. これを**シャノンの標本化定理**（または標本化定理）といいます. アナログ信号に標本周波数の 1/2 を超える成分があると，アナログ信号と標本化後の信号に重なりが生じます. これを**折返し雑音**といいます.

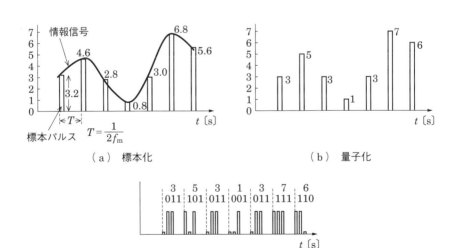

■図5.5　標本化，量子化，符号化

[量子化]：**標本値の離散化を行うのが量子化です**．図5.5（b）は標本値を3bit（$2^3 = 8$）で量子化を行った例です．0～7の8種類の値に一番近い値に離散化します．**近似の際に発生する誤差のことを量子化雑音**といいます．

量子化によって生ずる入力信号と階段波形の差が誤差電圧（雑音）となり，この雑音は，標本化する周期が**短い**ほど，また，量子化するステップの電圧が**小さくなるほど，小さく**なります．

[符号化]：図5.5（c）のように**量子化された値を「0」「1」のパルスの組み合わせで置き換える**のが符号化です．符号化された信号は雑音に強い性質があります．符号化する際のパルス符号（ベースバンド信号）の形式には**表5.1**に示すような形式があります．

[送信機]：符号化された信号を変調して送信します．

[受信機]：希望の無線信号を受信して復調します．

[復号化]：受信したパルス信号をアナログ値に変換します．

[LPF]：高い周波数成分をカットしてアナログ信号を取り出します．

■表5.1　パルス符号形式（ベースバンド信号）

符号形式	波形の例	特 徴
単極性 NRZ 符号	1 0 0 1 0 1	・RZ方式より高調波成分が少ないので周波数帯域が広がりにくく無線系に適する． ・パルス幅＝タイムスロット ・同期をとりにくい．
両極性 NRZ 符号		
単極性 RZ 符号		・パルス幅が狭いので周波数帯域が広がる． ・パルス幅＜タイムスロット ・同期をとりやすい．
両極性 RZ 符号		
AMI 符号		・「High」レベルになる毎に極性が変わる． ・同期をとりやすい．

NRZ：Non Return to Zero
RZ：Return to Zero
AMI：Alternate Mark Inversion

問題 4 ★★★　　　　　　　　　　　　　　　　　　　➡図 5.3

次の記述は，デジタル信号で変調したときの変調波形について述べたものである．□□□内に入れるべき字句の正しい組合せを下の番号から選べ．

ただし，デジタル信号は「1」又は「0」の 2 値で表されるものとする．

(1) 図 **5.6** に示す変調波形Ⅰは ☐ A ☐ の一例である．

(2) 図 5.6 に示す変調波形Ⅱは ☐ B ☐ の一例である．

(3) 図 5.6 に示す変調波形Ⅲは ☐ C ☐ の一例である．

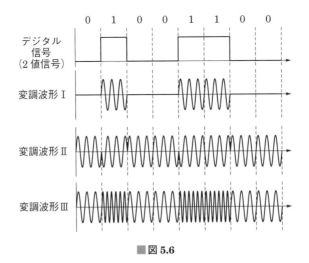

■図 **5.6**

	A	B	C
1	FSK	PSK	ASK
2	PSK	FSK	ASK
3	PSK	ASK	FSK
4	ASK	PSK	FSK
5	ASK	FSK	PSK

解説　(1) の図は，1 のときに電波が出て，0 のときに電波が出ていないので，**ASK** です．

(2) の図は，1 → 0 と 0 → 1 のときに位相が 180° 遅れているので **PSK** です．

(3) の図は，1 のときに周波数が高い（波長が短い）搬送波となるので，**FSK** です．

答え ▶▶▶ 4

問題 5 ★★　　　　　　　　　　　　　　　　　　　　　➡表5.1

　デジタル符号列「0101001」に対応する伝送波形が**図5.7**に示す波形の場合，伝送符号形式の名称として，正しいものを下の番号から選べ．

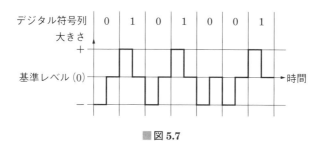

■図5.7

1　AMI符号
2　単極性RZ符号
3　単極性NRZ符号
4　複極（両極）性RZ符号
5　複極（両極）性NRZ符号

答え▶▶▶4

出題傾向　「複極（両極）性NRZ符号」を選択する問題も出題されています．

⑥章 送信機

この章から **1** 問出題

送信機は，搬送波を変調，符号化，多重化して送信する通信機器です．送信機に必要な特性は，「周波数安定度が高いこと」「占有周波数帯幅が規定値以内であること」「不要輻射が規定値以内であること」などです．本章では A3E 送信機，J3E 送信機，F3E 送信機の構成と原理を学びます．

6.1 AM（A3E）送信機

AM（A3E）送信機は音声などの信号波で，搬送波の振幅を変化させた信号を送信する機能を有する機器です．構成例のブロック図を**図 6.1** に示します．

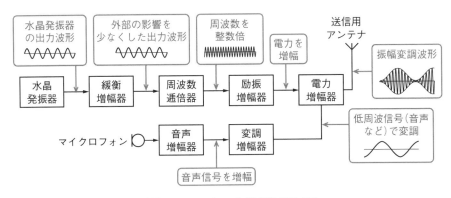

■図 6.1　AM（A3E）送信機の構成例

各ブロックの動作を次に示します．

水晶発振器：搬送波のもとになる信号を発生させる回路です．搬送波の整数分の 1 の安定度の良い周波数を発生させます．

緩衝増幅器：周波数逓倍器，励振増幅器，電力増幅器などによる動作の影響が**水晶発振器**に及ばないようにする回路です．

周波数逓倍器：所定の送信周波数を得るため，水晶発振器の発振周波数を整数倍にする回路です．増幅器を C 級で動作させ，**高調波成分**を利用します．

Point

C 級増幅器とは増幅器に大きなバイアス電圧を加え，ひずみ領域で使用する増幅器のことです．

励振増幅器：電力増幅器が所定の出力が得られるようにする増幅器です．

電力増幅器：所定の高周波出力が得られるように増幅します．

音声増幅器：マイクロホンからの信号を増幅します．

変調増幅器：音声信号により振幅変調を行い，**過変調時に占有周波数帯幅が広がらないレベルになるよう増幅**します．

問題 1 ★★★　　　　　　　　　　　　　　　　　　→6.1

次の記述は，**図 6.2** に示す AM（A3E）送信機の原理的な構成例について述べたものである．　　内に入れるべき字句の正しい組合せを下の番号から選べ．

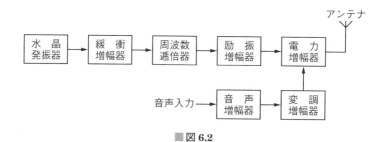

■図 6.2

(1) 緩衝増幅器は，各種の増幅器による動作の影響が　A　に及ぶのを軽減する働きをする．

(2) 周波数逓倍器は，一般に C 級増幅回路を用いて波形をひずませ，そのひずんだ波形から　B　を同調回路で取り出している．

(3) 変調増幅器は，過変調になって電波の占有周波数帯幅が　C　なり過ぎないレベルに増幅を行う．

	A	B	C
1	励振増幅器	低調波成分	狭く
2	励振増幅器	高調波成分	広く
3	水晶発振器	低調波成分	広く
4	水晶発振器	高調波成分	広く
5	水晶発振器	低調波成分	狭く

解説　(1) 緩衝増幅器は，周波数逓倍器，励振増幅器，電力増幅器などによる動作の影響が**水晶発振器**に及ばないようにする回路です．

（2）周波数逓倍器は，所定の送信周波数を得るため，水晶発振器の発振周波数を整数倍にする回路です．増幅器を C 級で動作させ，**高調波成分**を利用します．

（3）変調増幅器では，過変調時に占有周波数帯幅が**広く**なり過ぎないレベルになるよう増幅します．

答え▶▶▶ 4

6.2　SSB（J3E）送信機

SSB（J3E）送信機は音声などの信号波で，変調された上側波又は下側波のみを送信する機能を有する機器です．構成例のブロック図を**図 6.3** に示します．

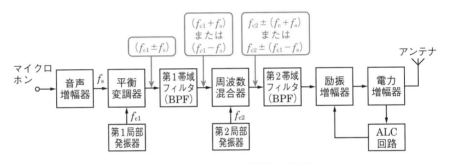

■図 6.3　SSB（J3E）送信機の構成例

各ブロックの動作を次に示します．

第1局部発振器：安定度の高い搬送波を発生させる回路です．

平衡変調器：音声信号 f_s と第 1 局部発振器の信号 f_{c1} を平衡変調器に加えると，**搬送波 f_c が抑圧され，$f_{c1} - f_s$ の下側波と $f_{c1} + f_s$ の上側波が出力**されます．

関連知識　リング変調器
平衡変調器の代わりに図 **6.4** に示すリング変調器が用いられることもあります．リング変調器は平衡変調器同様，搬送波と信号波を入力すると，出力から上側波と下側波を取り出すことができます．

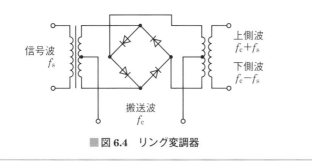

■図 6.4　リング変調器

第1帯域フィルタ：平衡変調器から出力された，下側波との上側波のうちの一方を通過させます．

周波数混合器：第2局部発振器の出力と第1帯域フィルタの出力が混合され，第2帯域フィルタを通して所要の送信周波数の SSB 信号を作ります．

励振増幅器：電力増幅器が所定の出力を得られるように増幅します．

電力増幅器：所定の高周波出力が得られるように増幅します．

ALC 回路：音声入力レベルが高いときにひずみが発生しないよう，励振増幅器の利得を制御します．

問題 2 ★★　　　　　　　　　　　　　　　　　　　　　　　➡6.2

　次の記述は，**図 6.5** に示すリング変調器について述べたものである．□内に入れるべき字句の正しい組合せを下の番号から選べ．ただし，変調信号（信号波）v_s の周波数を f_s〔Hz〕搬送波 v_c の周波数を f_c〔Hz〕とする．また，回路は理想的に動作するものとする．

（1）この変調器は，□ A □送信機の変調部などで用いられる．

（2）v_s と v_c が入力されたとき，出力信号の周波数成分は，□ B □である．

（3）v_s がなく，v_c のみが入力されたとき，出力には，□ C □．

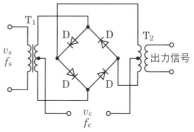

D：ダイオード　T_1, T_2：変成器

■図 6.5

	A	B	C
1	SSB (J3E)	両側波 $(f_c \pm f_s)$	v_c が出力される
2	SSB (J3E)	両側波 $(f_c \pm f_s)$ と搬送波 (f_c)	何も出力されない
3	SSB (J3E)	両側波 $(f_c \pm f_s)$	何も出力されない
4	FM (F3E)	両側波 $(f_c \pm f_s)$ と搬送波 (f_c)	何も出力されない
5	FM (F3E)	両側波 $(f_c \pm f_s)$	v_c が出力される

解説　リング変調器は，**SSB（J3E）**送信機の変調部で用いられ，リング変調器に搬送波と信号波を加えると，搬送波が抑圧され，**両側波**（上側波と下側波）が出力されます．なお，搬送波のみが入力された場合は，**何も出力されません**.

答え▶▶▶ 3

6.3　FM（F3E）送信機

6.3.1　間接 FM（F3E）方式の送信機

　FM（F3E）送信機は音声などの信号波で，搬送波の周波数を変化させる機能を有する機器です．構成例のブロック図を**図6.6**に示します．

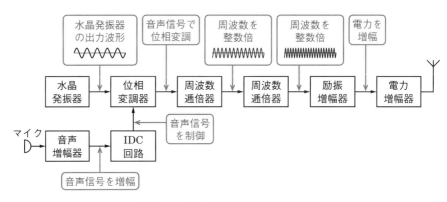

■図6.6　FM（F3E）送信機の構成例

　各ブロックの動作を次に示します．

水晶発振器：搬送波のもとになる信号を発生させる回路です．搬送波の**整数分の1**の安定度の良い周波数を発生させます．

位相変調器：**IDC 回路**の出力の大きさに応じて，水晶発振器の出力の位相を変化させます.

周波数逓倍器：水晶発振器で発生させた周波数が変調され，その周波数を所定の高い送信周波数にする回路です. また，所定の周波数偏移が得られるようにします. 送信周波数が高い場合には段数が多くなります.

励振増幅器：電力増幅器が所定の出力を得られるように増幅します.

電力増幅器：所定の送信出力電力が得られるよう増幅します.

IDC (Instantaneous Deviation Control) 回路：最大周波数偏移が所定の値になるように制御する回路です.

6.3.2　PLL 回路

図 6.1 の AM（A3E）送信機や図 6.6 の FM（F3E）送信機の発振源には水晶発振器が使用されており，正確な周波数を発振できますが，周波数を変化させることはできません. 多くのチャネルで送信する必要のある送信機は，水晶発振器の代わりに**図 6.7** に示す PLL 回路を用いたシンセサイザ発振器が用いられています.

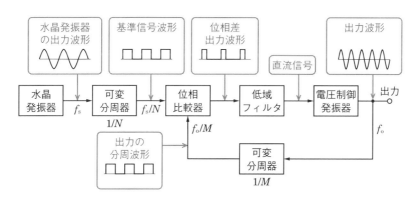

■**図 6.7　PLL 回路を用いたシンセサイザ発振器**

シンセサイザ発振器は，PLL（Phase Locked Loop）回路を使い，周波数確度の高い水晶発振器，可変分周器，位相比較器（PC），低域フィルタ（LPF），電圧制御発振器（VCO）で構成されており，安定度の高い任意の周波数を発生させることができます.

基準信号源である水晶発振器の周波数を f_s とします．f_s が分周比 $1/N$ の可変分周器を通過し f_s/N となり，位相比較器に入力します．

　位相比較器は二つの信号の位相が等しいときには電圧は出力されず，二つの信号の位相が少しでも異なると電圧を出力する回路です．位相比較器から出力された電圧は低域フィルタを通過して直流電圧になり，その電圧で電圧制御発振器の周波数 f_o を変化させます．

　f_o が分周比 $1/M$ 可変分周器を通過して f_o/M になり位相比較器に入ります．

　f_s/N と f_o/M が等しくなったとき，PLL はロックします．

　すなわち，$f_s/N = f_o/M$ より

$$f_o = \frac{M}{N} f_s \tag{6.1}$$

になります．

　PLL 回路は FM（F3E）送信機の発振部に用いられるだけでなく，周波数変化を電圧の変化に変えることができるので，FM 受信機の復調器にも使うことができます．

6.3.3　直接 FM（F3E）方式の送信機

　図 6.6 の FM（F3E）送信機は間接 FM 方式ですが，**図 6.8** に示す直接 FM 方式で FM 波を発生させる方法もあります．図 6.8 は PLL 回路を使用したもので低域フィルタの出力電圧（制御電圧）に音声などの低周波信号をプラスした電圧で電圧制御発振器の発振周波数を変化させ FM 波を作ります．図 6.8 の FM 出力に周波数逓倍器，励振増幅器，電力増幅器を付加すれば送信機を構成できます．

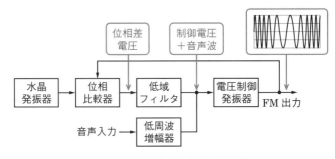

■**図 6.8　直接 FM 方式の送信機**

問題 3 ★ ➡ 6.3.1

次の記述は，**図 6.9** に示す FM（F3E）送信機の構成例について述べたものである．◻◻◻内に入れるべき字句の正しい組合せを下の番号から選べ．ただし，同じ記号の◻◻◻内には，同じ字句が入るものとする．

(1) 水晶発振器は，放射する電波の周波数の ◻ A ◻ の周波数を発振する．

(2) 位相変調器は，◻ B ◻ の出力の大きさに応じて水晶発振器の出力信号の位相を変える．

(3) 励振増幅器の出力は，◻ C ◻ 増幅器で増幅されてアンテナに加えられる．

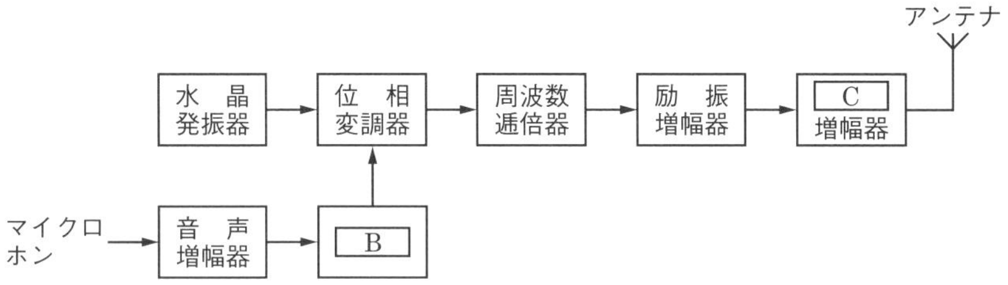

アンテナ

| 水晶
発振器 | → | 位相
変調器 | → | 周波数
逓倍器 | → | 励振
増幅器 | → | C
増幅器 |

マイクロ
ホン → | 音声
増幅器 | → | B |

■図 6.9

	A	B	C
1	整数倍	IDC 回路	低周波
2	整数倍	AFC 回路	低周波
3	整数倍	IDC 回路	電力
4	整数分の 1 倍	IDC 回路	電力
5	整数分の 1 倍	AFC 回路	低周波

解説 (1) 水晶発振器では，**搬送波の整数分の 1 倍**の安定度の良い周波数を発生させます．

(2) 位相変調器では，**IDC 回路**の出力の大きさに応じて，水晶発振器の出力の位相を変化させます．

(3) 励振増幅器の出力は，**電力増幅器**で所定の出力を得られるように増幅します．

答え▶▶▶ 4

出題傾向 「位相変調器」，「周波数逓倍器」の部分を穴埋めにした問題も出題されています．

問題 4 ★★★　　　　　　　　　　→ 6.3.3

次の記述は，**図 6.10** に示す FM（F3E）送信機の発振部などに用いられる PLL 発振回路（PLL 周波数シンセサイザ）の原理的な構成例について述べたものである．　　　　内に入れるべき字句の正しい組合せを下の番号から選べ．なお，同じ記号の　　　　内には，同じ字句が入るものとする．

(1) 分周器と可変分周器の出力は，　A　に入力される．

(2) 低域フィルタ（LPF）の出力は，　B　に入力される．

(3) 基準発振器の出力の周波数 f_s を 3.2 MHz，分周期の分周比 $1/N$ を 1/64，可変分周期の分周比 $1/M$ を 1/2 720 としたとき，出力の周波数 f_o は，　C　〔MHz〕になる．

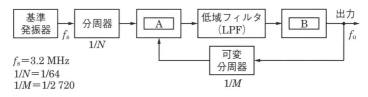

■図 6.10

	A	B	C
1	平衡変調器	電圧制御発振器（VCO）	118
2	平衡変調器	トーン発振器	136
3	位相比較器	電圧制御発振器（VCO）	118
4	位相比較器	電圧制御発振器（VCO）	136
5	位相比較器	トーン発振器	118

解説　A は**位相比較器**，B は**電圧制御発振器（VCO）**です．

C について，分周器の出力周波数を f_A とすると

$$f_A = \frac{f_s}{N} = \frac{3.2}{64} \text{ MHz}$$

可変分周器の出力周波数を f_B とすると

$$f_B = \frac{f_o}{M} = \frac{f_o}{2\,720} \text{ 〔MHz〕}$$

$f_A = f_B$ であるので

$$\frac{3.2}{64} = \frac{f_0}{2\,720} \quad \cdots \text{①}$$

式①より

$$f_0 = \frac{3.2 \times 2\,720}{64} = \frac{8\,704}{64} = \mathbf{136\ MHz}$$

答え ▶▶▶ 4

問題 5 ★★★ ➡6.3.3

次の**図 6.11** は，PLL による直接 FM（F3E）方式の変調器の原理的な構成図を示したものである．□□□内に入れるべき字句の正しい組合せを下の番号から選べ．

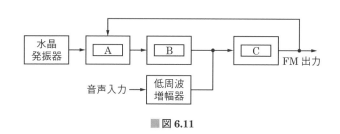

■図 6.11

	A	B	C
1	位相比較器	低域フィルタ（LPF）	平衡変調器
2	位相比較器	高域フィルタ（HPF）	平衡変調器
3	位相比較器	低域フィルタ（LPF）	電圧制御発振器（VCO）
4	周波数逓倍器	低域フィルタ（LPF）	電圧制御発振器（VCO）
5	周波数逓倍器	高域フィルタ（HPF）	平衡変調器

答え ▶▶▶ 3

7章 受信機

この章から **1** 問出題

受信機に必要な特性は，「感度が良いこと」「選択度が良いこと」「忠実度が良いこと」「安定度が良いこと」「不要輻射が少ないこと」で，これらを実現したのがスーパヘテロダイン受信機です．本章では，DSB（A3E）受信機，SSB（J3E）受信機，FM（F3E）受信機の構成と動作原理を学びます．

7.1 DSB（A3E）受信機

　DSB（A3E）波受信用のスーパヘテロダイン受信機の構成をブロック図で示したものを**図 7.1** に示します．スーパヘテロダイン受信方式は 1918 年に考案された回路で，現在，多くの受信機に採用されている方式です．

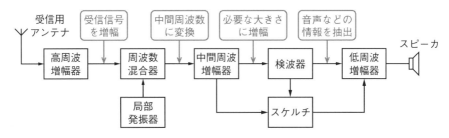

■図 7.1　スーパヘテロダイン受信機の構成

　各ブロックの動作を次に示します．

高周波増幅器：アンテナでキャッチした信号を同調回路（共振回路）で目的の周波数を選択して増幅します．高周波増幅器には，**感度**を良くしたり，信号対雑音比（S/N）を改善する働きがあります．

周波数混合器：高周波増幅器の出力周波数と，局部発振器の出力周波数を混合して，周波数が一定の中間周波数に変換します．通常，中間周波数は受信周波数よりも**低い周波数**となります．

中間周波増幅器：中間周波数に変換された信号を増幅します．中間周波増幅器で使用する帯域フィルタの通過帯域幅を変更することにより，周波数帯幅の相違する電波形式の電波を円滑に受信することができます．**近接周波数**に対する選択度（目的の周波数を選択できる能力）を向上させることができます．

検波器：**振幅変調**されている中間周波増幅器を出た信号から音声などの情報を取り出します．

スケルチ：受信する電波の信号が弱い（**規定値以下**）場合，スピーカから出力される大きな雑音を抑圧するための回路です．

低周波増幅器：ヘッドホンやスピーカを動作させることができる程度まで増幅します．

スーパヘテロダイン受信方式の長所は，感度，選択度などが良いこと，短所は影像周波数（イメージ周波数）妨害を受けることや周波数変換雑音が多いことです．

関連知識 影像周波数妨害

　スーパヘテロダイン受信方式では，受信周波数 f_R と局部発振周波数 f_L を混合して中間周波数 f_I を発生させます．局部発振周波数 f_L を受信周波数 f_R より高く設定すると（上側ヘテロダインという），$f_I = f_L - f_R$ となります．f_L よりさらに，中間周波数分の f_I だけ高い周波数に電波 f_{IM} があるとします．その場合，$f_{IM} = f_L + f_I = (f_R + f_I) + f_I = f_R + 2f_I$ となります．f_{IM} と f_L の差は f_I の中間周波数なので，混信を生じることになります．この f_{IM} を影像周波数といい，図 7.2（a）に示すように，f_{IM} は局部発振周波数 f_L から中間周波数 f_I だけ高いところ，又は，受信周波数 f_R からに $2f_I$ 高いところに発生します．同様に，局部発振周波数 f_L を受信周波数 f_R より低く設定すると（下側ヘテロダインという），$f_I = f_R - f_L$ となります．この場合，図 7.2（b）に示すように，影像周波数 f_{IM} が f_L から中間周波数 f_I だけ低いところに発生します．

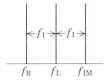
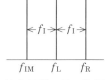

（a）上側ヘテロダイン　　（b）下側ヘテロダイン

■図 7.2　影像周波数

問題 1 ★★　　　➡7.1

　次の記述は，図 7.3 に示す構成の航空局用の AM（A3E）スーパヘテロダイン受信機について述べたものである．　　　内に入れるべき字句を下の番号から選べ．ただし，アンテナの受信周波数を f_C〔Hz〕，局部発振器の出力周波数を f_L〔Hz〕とする．

（1）高周波増幅器は，　ア　を良くするとともに信号対雑音比（S/N）を改善する役割がある．

(2) 周波数混合器は，f_C と f_L を入力とし，一般に f_C よりも　イ　（f_I〔Hz〕）の信号を出力する．

(3) 中間周波増幅器は，フィルタなどを使用して選択度を良くし，　ウ　周波数の混信を減らす役割がある．

(4) 検波器は，　エ　されている f_I〔Hz〕の中間周波数の信号から音声信号を出力する．

(5) スケルチは，受信信号の強さが　オ　のときにスピーカから雑音が出ることを防ぐ役割がある．

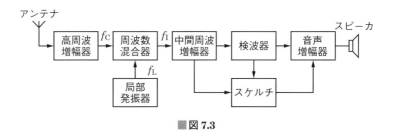

■図7.3

1	電源効率	2	低い周波数	3	同一	4	振幅変調
5	規定値以上	6	感度	7	高い周波数	8	近接
9	周波数変調	10	規定値以下				

解説　(1) 高周波増幅器は，アンテナでキャッチした信号から目的の周波数を選択して増幅します．高周波増幅器には，**感度**を良くしたり，信号対雑音比（S/N）を改善する働きがあります．

(2) 周波数混合器は，アンテナの受信周波数 f_C と，局部発振器の出力周波数 f_L を混合して，周波数が一定の中間周波数 f_I に変換します．このとき，f_I は f_C よりも**低い周波数**となります．

(3) 中間周波増幅器では，使用する帯域フィルタの通過帯域幅を変更することにより，**近接周波数**に対する選択度を向上させることができます．

(4) 検波器は**振幅変調**されている中間周波数の信号から音声などの情報を取り出します．

(5) スケルチは，受信する電波の信号が**規定値以下**の場合，低周波増幅器から出力される大きな雑音を消すための回路です．

答え▶▶▶ア−6　イ−2　ウ−8　エ−4　オ−10

7.2 SSB（J3E）受信機

SSB（J3E）受信機の構成を**図 7.4** に示します．図 7.1 の DSB（A3E）受信機とほぼ同じ構成ですが，J3E 電波を復調（検波）するために，第 2 局部発振器が備え付けられています．

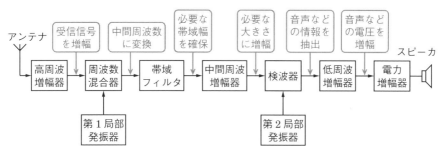

■**図 7.4 SSB（J3E）受信機の構成**

7 章

問題 2 ★★　　　　　　　　　　　　　　　　　　　➡ 7.2

図 **7.5** は，SSB（J3E）受信機の構成例を示したものである．　　　内に入れるべき字句の正しい組合せを下の番号から選べ．

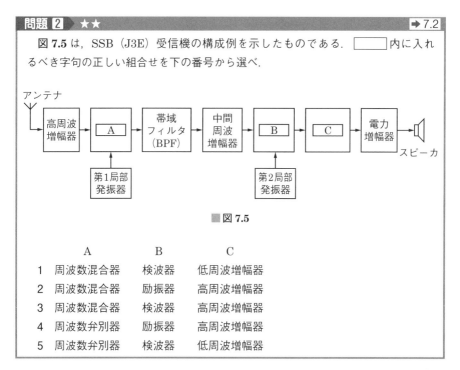

■図 7.5

	A	B	C
1	周波数混合器	検波器	低周波増幅器
2	周波数混合器	励振器	高周波増幅器
3	周波数混合器	検波器	高周波増幅器
4	周波数弁別器	励振器	高周波増幅器
5	周波数弁別器	検波器	低周波増幅器

解説　Aの**周波数混合器**で中間周波数に変換します．なお，周波数弁別器はFM（F3E）受信機（図7.6）に必要な回路です．Bの**検波器**で音声などの情報を抽出し，Cの**低周波増幅器**で低周波の信号を増幅します．なお，励振器は送信機で使用します．

答え▶▶▶ 1

7.3　FM（F3E）受信機

FM（F3E）受信機の構成をブロック図で示したものを**図7.6**に示し，各ブロックの動作を次に示します．

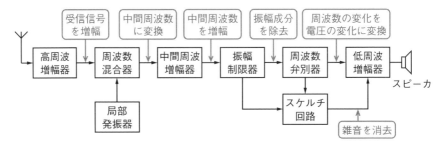

■図 7.6　FM（F3E）受信機の構成例

高周波増幅器：アンテナでキャッチした信号を同調回路（共振回路）で目的の周波数を選択して増幅します．影像周波数妨害による混信を軽減します．

局部発振器：中間周波数を発生させるために使用する搬送波を発生させる発振器です．高い周波数安定度が要求されるため PLL 回路が使われることが多くなっています．

周波数混合器：高周波増幅器の信号と局部発振器の信号を混合して，周波数が一定の中間周波数に変換します．

中間周波増幅器：中間周波数に変換された信号を増幅する回路です．近接周波数の選択度を高めることができます．

振幅制限器：電波の伝搬途中で雑音が加わり振幅が変化した場合，FM では不要の振幅成分を除去する回路です．

周波数弁別器：AM の検波器に相当する回路で周波数の変化を振幅の変化に変換する復調器のことです．フォスター・シーリー回路や比検波器などがあり

ますが，近年では PLL 回路を使用した復調器が多く使われています．

スケルチ回路：受信する FM 電波の信号がないとき，又は微弱なとき，低周波増幅器から出力される大きな雑音を抑圧するための回路です．

低周波増幅器：スピーカを駆動するに十分な電圧まで増幅する回路です．

関連知識 **FM 送受信機に用いられるエンファシス**

FM 受信機で出力される雑音出力電圧は，信号の周波数が高くなるほど大きくなる性質があります（三角雑音といいます）．すなわち，信号の周波数が高くなると S/N 比が悪化します．高い周波数における S/N 比を改善するため送信側で，信号周波数が高くなると増幅度が増加する回路を挿入します．これがプレエンファシス回路です．一方，受信側では送信側と逆に信号周波数が高くなると増幅度が低下する回路を挿入して周波数特性を元に戻します．これをディエンファシス回路といいます．

問題 3 ★★★ ➡ 7.3

次の記述は，FM（F3E）受信機について述べたものである． 内に入れるべき字句の正しい組合せを下の番号から選べ．

(1) 復調には一般に， A が用いられる．

(2) 伝搬中に受けた振幅変調成分を除去するために， B が設けられる．

(3) 受信電波がないとき又は微弱なときに生じる大きな雑音を抑圧するため C 回路が設けられる．

	A	B	C
1	周波数弁別器	位相変調器	スケルチ
2	周波数逓倍器	位相変調器	スケルチ
3	周波数逓倍器	振幅制限器	ディエンファシス
4	周波数弁別器	振幅制限器	スケルチ
5	周波数弁別器	振幅制限器	ディエンファシス

解説 (1) 復調には，**周波数弁別器**が用いられます．

(2) 電波の伝搬途中で雑音が加わり振幅が変化した場合，FM では不要の振幅成分を除去するために**振幅制限器**を設けます．

(3) 受信する FM 電波の信号が弱い場合，低周波増幅器から出力される大きな雑音を消すために**スケルチ回路**を設けます．

なお，「周波数逓倍器」「位相変調器」は FM（F3E）送信機に用いられています．

答え▶▶▶ 4

7章

問題 4 ★★★　→ 7.3

　次の記述は，FM（F3E）受信機について述べたものである．このうち誤っているものを下の番号から選べ．

1　原理上，受信する FM（F3E）波は，周波数が変化する電波である．
2　復調器として，平衡変調器などが用いられる．
3　一般的に AM（A3E）受信機に比べて，振幅性の雑音に強い．
4　FM（F3E）波が伝搬中に受けた振幅の変動分を除去するために，振幅制限器が用いられている．
5　受信電波がないとき，又は微弱なとき，スピーカからの大きな雑音を抑圧するために，スケルチ回路が設けられている．

解説　2　「平衡変調器」ではなく，正しくは「**周波数弁別器**」です．

答え▶▶▶2

問題 5 ★★　→ 7.3

　次の記述は，FM（F3E）受信機に用いられるスケルチ回路の機能について述べたものである．このうち正しいものを下の番号から選べ．

1　周波数変調波から信号波を取り出す．
2　電波の伝搬途中で受ける振幅性の雑音を除去し，信号の振幅を一定にする．
3　受信した電波の周波数を中間周波数に変換する．
4　受信している電波が強いときは受信機の利得を下げ，電波が弱いときは受信機の利得を上げる．
5　受信している電波がないとき，又は極めて弱いときに生ずる雑音を抑制する．

解説　1　周波数弁別器の説明です．
2　振幅制限器の説明です．
3　周波数混合器（周波数変換器）の説明です．
4　AGC（自動利得制御）の説明です．

答え▶▶▶5

各種受信機の特徴の比較を**表7.1**に示します.

■表7.1　各種受信機の特徴

受信機の種類	A3E 受信機	J3E 受信機	F3E 受信機
変調方式	振幅変調	搬送波抑圧単側波振幅変調	周波数変調
電波の特徴	搬送波，上側波，下側波で構成	上側波又は下側波	多数の側波で構成
占有周波数帯幅	狭い	狭い（A3E の 1/2）	広い
復調器	直線検波器	プロダクト検波器（検波用発振器が必要）	周波数弁別器
その他			振幅制限器で振幅成分を除去 スケルチで雑音除去

Point

各種受信機の種類と特徴は覚えておきましょう.

7章

陸上や海上移動業務はもちろん，速度の速い航空機の正確な位置測定は最重要事項です．本章では，レーダーをはじめ，航空機や空港で使用されている各種航法無線装置の原理とその特徴，利用法を学びます．

8.1　レーダー

　レーダー（RADAR）は，RAdio Detection And Ranging の頭文字で命名されたものです．周波数の高いマイクロ波の電波を放射し，物標からの反射波を受信することにより物体の存在，距離，方位などを知ることができる一次レーダーと，放射した質問電波を受信した局からの応答電波を受信することで情報を得る二次レーダーがあります．また，レーダーにはパルス波を使用する**パルスレーダー**と持続波を使用する **CW レーダー**があります．

8.1.1　パルスレーダー

　図 8.1 に示すように，**パルスレーダー**は，指向性の鋭い回転アンテナからマイクロ波のパルス電波を物標に向けて放射し，物標からの反射波を受信することにより，物標までの，距離や方位を探知します．距離は，送信パルス波と反射パルス波の時間差を測定することにより求めることができます．

　送信する T 点から物標 R 点までの距離を d 〔m〕，電波の速度を c 〔m/s〕，物標までの電波の往復時間を t 〔s〕とすると，距離 d は

$$d = \frac{ct}{2} \tag{8.1}$$

で表されます．

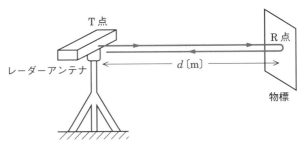

T 点

レーダーアンテナ

R 点

d 〔m〕

物標

■図 8.1　パルスレーダーによる距離の測定

関連知識 レーダー方程式

　レーダーで使用する電波の波長を λ 〔m〕，物標までの距離を d 〔m〕，送信電力を P_t 〔W〕，アンテナ利得を G，アンテナの実効面積を A_e 〔m²〕，物標の実効反射面積を σ 〔m²〕とすると，$G = 4\pi A_e / \lambda^2$ なので，受信電力 P_r 〔W〕は次式で表すことができます．

$$P_r = \frac{A_e \sigma G P_t}{(4\pi d^2)^2} = \frac{\sigma G^2 \lambda^2 P_t}{(4\pi)^3 d^4} \ \text{〔W〕} \tag{8.2}$$

　式（8.2）をレーダー方程式といいます．式（8.2）より探知距離 d は次のようになります．

$$d = \sqrt[4]{\frac{\sigma G^2 \lambda^2 P_t}{(4\pi)^3 P_r}} \ \text{〔m〕} \tag{8.3}$$

　式（8.3）は，探知距離は送信電力の四乗根に比例することを示しています．

Point

送信電力だけで探知距離を 2 倍にするには送信電力を 16 倍にする必要があります．

8.1.2　パルスレーダーの性能

　パルスレーダーの性能には次に示すものがあります．

（1）最大探知距離

　物標を探知できる最大の距離のことを**最大探知距離**といいます．最大探知距離を大きくするには次に示す方法があります．

- アンテナの利得を大きくする
- アンテナの高さを高くする
- 送信電力を大きくする（**パルス幅を広くし**，パルス繰返し周波数を低くする）
- **レーダー受信機の感度を良くする**（受信機の内部雑音を小さくする）

（2）最小探知距離

　物標を探知できる最小の距離を**最小探知距離**といいます．パルス波を送信している間は受信できないため，最小探知距離を短くするには，**パルス幅を狭く**すればよいことになります．パルス幅の狭い信号を受信するには，受信機の受信周波数帯域を広くする必要があります．そのため，近距離を探知する場合のみパルス幅を狭くするような工夫も必要になります．

（3）距離分解能

　レーダーから同一方向にある物標を分離して見ることのできる最小の距離のことを**距離分解能**といいます．

8 章

（4）方位分解能

　レーダーから同一距離にある二つの物標を見分けることのできる最小角度のことを**方位分解能**といいます．アンテナの水平面内の指向性が鋭いほど方位分解能は良くなります．

指向性とは，アンテナがどの程度，特定の方向に電波を集中して放射できるか，または，到来する電波に対して，どの程度感度が良いかを表すものです（10.2.2 も参考にして下さい）．

8.1.3　ドプラ効果

　消防車が近づいてくると，サイレン音は高く（周波数が高く）聞こえ，遠ざかっていくとサイレン音は低く（周波数が低く）聞こえます．この現象を**ドプラ効果**といいます．ドプラ効果は音だけでなく，電波や光でも同様に起こります．野球のスピードガン（英語ではレーダーガン）や自動車の速度違反の取締り装置はドプラ効果を利用して移動する物体の速度を測定しています．

8.1.4　MTI

　MTI は，Moving Target Indicator の頭文字で，ドプラ効果を利用して，固定物標と移動物標のうち，固定物標からの反射波を抑圧し，移動物標からの反射波のみを検知して表示する装置です．

　固定物標からの反射波の位相は変化しないことを利用しています．反射波を遅延回路に通して１周期遅らせ極性を逆にした信号と元の信号を加えると，固定物標からの反射波がなくなり，移動物標の反射波だけが残るので，移動物標だけを探知できます．

MTI は固定物標を消去し移動物標だけを探知する装置です．

　関連知識　**CW レーダー**

　CW レーダーは持続波である搬送波を放射するレーダーです．ドプラ効果を利用して移動体の速度を測定できるドプラレーダー，搬送波を周波数変調して，速度だけでなく距離も測定可能にした **FM-CW レーダー**があります．

問題 ▌1▐ ★★★ ➡ 8.1.1, 8.1.2

次の記述は，一般的なパルスレーダーの最大探知距離について述べたものである．□□□内に入れるべき字句の正しい組合せを下の番号から選べ．

(1) 最大探知距離を大きくするには，受信機の内部雑音を小さくして感度を □ A □．

(2) 最大探知距離を大きくするには，パルスのパルス幅を □ B □ する．

(3) 送信電力だけで最大探知距離を 2 倍にするには，元の電力の □ C □ 倍の送信電力が必要になる．

	A	B	C
1	下げる（悪くする）	広く	16
2	下げる（悪くする）	狭く	8
3	上げる（良くする）	広く	8
4	上げる（良くする）	狭く	8
5	上げる（良くする）	広く	16

解説　最大探知距離を大きくするには，受信機の内部雑音を小さくしてレーダー受信機の感度を**上げる（良くする）**方法や，送信電力を大きくする（**パルス幅を広くし，パルス繰返し周波数を低くする**）方法があります．なお，最大探知距離は送信電力の四乗根に比例するので，送信電力だけで最大探知距離を 2 倍にするためには，**16 倍**の送信電力が必要になります．

答え ▶▶▶ 5

問題 ▌2▐ ★★★ ➡ 8.1.3

次の記述は，レーダーから発射される電波が物体に当たって反射するときに生じる現象について述べたものである．□□□内に入れるべき字句の正しい組合せを下の番号から選べ．

(1) アンテナから発射された電波が移動物体で反射されるとき，反射された電波の周波数が受信点で偏移する現象を □ A □ という．

(2) 移動物体が電波の発射源に近づいているとき，移動物体から反射された電波の周波数は，発射された電波の周波数より □ B □ なる．

(3) この効果は，移動物体の □ C □ に利用されている．

	A	B	C
1	ホール効果	高く	材質の把握
2	ホール効果	低く	速度の測定
3	ドプラ効果	高く	速度の測定
4	ドプラ効果	低く	速度の測定
5	ドプラ効果	高く	材質の把握

解説　救急車のサイレンのように，移動する物体が近づくと音が高く（**周波数が高く**）聞こえ，遠ざかっていくと音が低く（周波数が低く）聞こえる現象を**ドプラ効果**といいます．ドプラ効果は移動物体の**速度の測定**にも用いられています．

答え▶▶▶3

出題傾向　下線の部分を穴埋めにした問題も出題されています．

問題 3 ★★★　　　　　　　　　　　　　　　　　　　**→8.1.4**

次の記述は，パルスレーダーにおける MTI について述べたものである．□□□内に入れるべき字句の正しい組合せを下の番号から選べ．

(1) MTI は，移動物標と固定物標を識別し，□ A □のみを検出する信号処理技術である．

(2) MTI は，□ B □を利用している．

(3) MTI は，移動物標及び固定物標からの反射波のうち，□ C □からの反射波のみ周波数が変動することを利用している．

	A	B	C
1	固定物標	ドプラ効果	移動物標
2	固定物標	トンネル効果	固定物標
3	移動物標	ドプラ効果	固定物標
4	移動物標	トンネル効果	固定物標
5	移動物標	ドプラ効果	移動物標

解説　MTI は，固定物標からの反射波を抑圧し，**移動物標**からの反射波のみを**ドプラ効果**を利用して検知し表示する装置です．受信した反射波を位相検波し，送信パルスの繰返し周波数の 1 周期だけの遅延を与え，次の周期の検波出力を逆極性にして加え合わせると**移動物標**からの反射波だけが残ります．

答え▶▶▶5

8.2 航空管制用レーダー

　パルスレーダーや CW レーダーのように，電波を物標に向けて発射し，その反射波を受信することで探知するレーダーを**一次レーダー**（PSR：Primary Surveillance Radar）といいます．これに対し，レーダーから質問電波を発射し，その電波を受信した局からの応答電波を受信することで情報を得るレーダーを**二次レーダー**（SSR：Secondary Surveillance Radar）といいます．

　航空機の位置情報を取得するために多くの種類の航空管制用レーダーがありますが，試験では，航空路監視レーダー（ARSR），空港監視レーダー（ASR），空港面探知レーダー（ASDE），二次レーダー（SSR）などの用途が出題されています．

Point ARSR，ASR，ASDE，SSR の用途を確認しましょう．

▌8.2.1　一次レーダー

(1) 航空路監視レーダー

　航空路監視レーダー（ARSR：Air Route Surveillance Radar）は，航空路を航行する航空機を監視するために用いられるレーダーで，山頂など高所に設置されています．探知可能な距離は約 350 km です．

(2) 空港監視レーダー

　空港監視レーダー（ASR：Airport Surveillance Radar）は，空港周辺空域における航空機の進入及び出発管制を行うために用いられるレーダーです．探知可能な距離は 100 〜 150 km です．

(3) 空港面探知レーダー

　空港面探知レーダー（ASDE：Airport Surface Detection Equipment）は，空港の滑走路や誘導路などの地上の航空機や車等の移動体を把握し，安全な地上管制を行うために用いられるレーダーです．探知可能な距離は約 5 km です．

関連知識　PAR と AWR

　精測進入レーダー（PAR：Precision Approach Radar）は，最終着陸進入中の航空機のコースと正しい降下路からのずれ及び接地点までの距離を精密に測定し，航空機の着陸を誘導するために用いられるレーダーです．

　航空機用気象レーダー（AWR：Airborne weather radar）は，航空機の前方の気象状況を探知し，航空機が安全な飛行をするために用いられるレーダーで，ダウンバーストを探知する機能を備えたものもあります．

8.2.2　二次レーダー

　一次レーダーの ARSR や ASR は航空機の平面上の位置はわかりますが，高度情報や航空機識別情報を取得することはできません．そこで，高度情報や航空機識別情報を取得するため，**二次レーダー**（SSR：Secondary Surveillance Radar）を用います．

　SSR は，航空交通管制用レーダービーコンシステム（ATCRBS：Air Traffic Control Radar Beacon System）の地上側の装置で，ARSR や ASR と併設して運用されます．

　地上施設のインタロゲータ（質問機）は航空機に向けて周波数 1 030 MHz で電波を発射します．航空機上の ATC トランスポンダ（応答機）は高度情報や航空機識別情報などの入った応答信号を 1 090 MHz で自動的に送り返します．応答信号を処理した後，ARSR や ASR の表示器中の目標近くに表示します（**図8.2**）．

　SSR の質問モードには，モード A，モード C，モード S があり，それぞれのモードで得られる情報を**表 8.1** に示します．

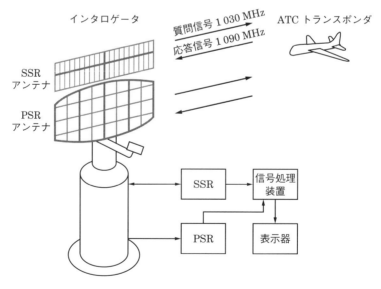

■図 8.2　SSR の運用概念図

■表8.1 質問モードと得られる情報

モード	質問事項（得られる情報）
モードA	航空機の識別符号
モードC	航空機の飛行高度
モードS	航空機の識別符号，飛行高度，位置（距離と方位）

　モードAは航空機の識別符号，モードCは飛行高度，モードSは識別符号，飛行高度，位置の質問がなされます．

質問モードとは，SSRから航空機に向けて発射する質問信号の種類で，質問周波数は1 030 MHzです．民間用の質問モードにはモードA，モードC，モードSなどがあります．

　参考に，**表8.2**に航空管制用レーダーで使われている周波数と出力を示します．

■表8.2 航空管制用レーダーで使われている周波数と出力

名称	ARSR	ASR	ASDE	SSR
周波数	1 250～1 350 MHz	2.7～2.9 GHz	24.25～24.75 GHz	送信1 030 MHz 受信1 090 MHz
送信出力	2 MW	500 kW	30 kW	空港用：1 kW 航空路用：1.5 kW
有効距離	350 km	100～150 km	5 km	100～350 km

8.2.3　航空機衝突防止装置

　航空機衝突防止装置（ACAS：Air Collision Avoidance System）は，航空機に搭載されているトランスポンダ（応答機）を利用した装置です．質問信号を送信し，応答信号を受信解析し危険と判断されると，危険回避に必要な情報をパイロットに提供する装置です．

　ACAS Iは位置情報を提供しますが，回避情報は提供しません．ACAS IIは大型航空機に設置され，脅威機の位置情報及び垂直方向の回避情報を提供します．

問題 4 ★★★ ➡ 8.2.1

　次の記述は，航空管制用レーダーについて述べたものである．　　　　内に入れるべき字句の正しい組合せを下の番号から選べ．

(1) 航空路を航行する航空機を監視するために用いられるレーダーは，　A　といわれる．

(2) 空港周辺空域における航空機の進入及び出発管制を行うために用いられるレーダーは，　B　といわれる．

(3) 滑走路や誘導路などの地上の航空機や車などを把握するために用いられるレーダーは，　C　といわれる．

	A	B	C
1	ASDE	ASR	ARSR
2	ASR	ARSR	ASDE
3	ASR	ASDE	ARSR
4	ARSR	ASDE	ASR
5	ARSR	ASR	ASDE

解説　(1) 航空路を航行する航空機を監視するために用いられるレーダーは航空路監視レーダー（**ARSR**：Air Route Surveillance Radar）です．

(2) 空港周辺空域における航空機の進入及び出発管制を行うために用いられるレーダーは空港監視レーダー（**ASR**：Airport Surveillance Radar）です．

(3) 空港の滑走路や誘導路などの地上の航空機や車等の移動体を把握するために用いられるレーダーは，空港面探知レーダー（**ASDE**：Airport Surface Detection Equipment）です．

答え▶▶▶ 5

問題 5 ★ ➡ 8.2.1

　航空用のレーダーのうち，ARSR の記述として，正しいものを下の番号から選べ．

1　最終進入状態にある航空機のコースと正しい降下路からのずれ及び着陸地点までの距離を測定し，その航空機を着陸誘導するために用いられるレーダーである．

2　空港の滑走路や誘導路など地上における移動体を把握し，航空交通管制の安全及び効率性の向上のために用いられるレーダーである．

3　空港周辺空域における航空機の進入及び出発管制を行うために用いられるレーダーである．

4　航空路における航空機を監視するために用いられるレーダーである.
5　航空機の前方（進行方向）の気象状況を探知し，航空機が安全な飛行をするために用いられるレーダーである.

解説　1　精測進入レーダー（PAR：Precision Approach Radar）の説明です.
2　空港面探知レーダー（ASDE）の説明です.
3　空港監視レーダー（ASR）の説明です.
5　航空機用気象レーダーの説明です.

答え▶▶▶ 4

問題 6 ★★★　　　　　　　　　　　　　　➡ 8.2.1

　航空用一次レーダーとして用いられる ASDE（ASDER）についての記述として，正しいものを下の番号から選べ.
　1　航空路を航行する航空機を監視するために用いられるレーダーである.
　2　空港周辺空域における航空機の進入及び出発管制を行うために用いられるレーダーである.
　3　空港の滑走路や誘導路などの地上における移動体を把握し，安全な地上管制を行うために用いられるレーダーである.
　4　航空機の前方（進行方向）の気象状況を探知し，安全な飛行をするために用いられるレーダーである.
　5　最終進入状態にある航空機のコースと正しい降下路からのずれ及び接地点までの距離を測定し，その航空機を着陸誘導するために用いられるレーダーである.

解説　ASDE（空港面探知レーダー）は Airport Surface Detection Equipment の頭文字で構成されています．Surface に注目すれば正解が得られます.
1　航空路監視レーダー（ARSR：Air Route Surveillance Radar）の説明です.
2　空港監視レーダー（ASR：Airport Surveillance Radar）の説明です.
4　航空機用気象レーダー（AWR：Airborne Weather Radar）の説明です.
5　精測進入レーダー（PAR：Precision Approach Radar）の説明です.

答え▶▶▶ 3

問題 7 ★　　　　　　　　　　　　　　　➡ 8.2.2

　次の記述は，ATCRBS（航空交通管制用レーダービーコンシステム）について述べたものである．□□□内に入れるべき字句の正しい組合せを下の番号から選べ.

(1) ATCRBS は，地上施設のインタロゲータ（質問器）と航空機に搭載された ATC トランスポンダ（応答器）で構成される.

(2) 地上施設のインタロゲータは，　A　レーダーであり，SSR といわれる.

(3) SSR から ATC トランスポンダに向けて発射される電波の周波数は，　B　〔MHz〕である.

(4) モード C では，ATC トランスポンダは航空機の　C　情報を送信する.

	A	B	C
1	一次	1 030	高度
2	一次	1 190	位置
3	二次	1 030	高度
4	二次	1 190	高度
5	二次	1 190	位置

解説　インタロゲータは**二次**レーダーで，ATC トランスポンダに向けて **1 030 MHz** の電波を発射します．質問モードがモード C のときは航空機の**高度情報**を送信します.

答え ▶ ▶ ▶ 3

 Point

質問の周波数は 1 030 MHz です（応答の周波数は 1 090 MHz）.

問題 8 ★　　　　　　　　　　　　　　　　　　　　➡ 8.2.3

次の記述は，ACAS（航空機衝突防止装置）Ⅱ を搭載した 2 機の航空機が接近したときの ACAS Ⅱ の動作について述べたものである．このうち誤っているものを下の番号から選べ.

1　2 機の航空機は，決められた時間間隔で送信されている相手機のアドレスなどの情報を受信する.

2　2 機の航空機は，相手機のアドレスを用いて個別質問を行い，相手機の方位，距離及び高度などを監視する.

3　2 機の航空機は，相手機との接近の状況などを判断するとともに，パイロットに対して相手機（近接航空機）との距離や高度差などの情報を提供する.

4　2 機の航空機は，モード S のデータリンク機能を利用して相互に回避情報を交換し，同一方向に回避する事態を防ぐ.

> 5　2機の航空機が更に接近し，回避が必要と判断したとき，パイロットに対して聴覚と視覚により水平方向の回避情報を提供する．

解説　ACAS Ⅱは位置情報と垂直方向の回避情報を提供します．したがって，**水平方向ではなく，垂直方向**です．

答え▶▶▶ 5

8.3　VOR/DME

8.3.1　VOR

VOR（VHF Omni-directional radio-Range）は**超短波（VHF）帯**の 108〜118 MHz の電波を使用した短距離航行用の航法無線装置で，空港や航空路に設置されています（**図 8.3**）．円周上に 48 基のアルホードアンテナが設置されており，これにより，磁北を 0 度とし時計回りに測定した VOR 局から見た航空機の方位角を知ることができます．

■図 8.3　VOR アンテナの例
出典：総務省ホームページ「中部国際空港（セントレア）の無線システム」

VOR には，ドプラ VOR（DVOR）と標準 VOR（CVOR）がありますが，現在使用されているのは，ほとんど DVOR です．

VOR 局の識別信号（コールサイン）は，アルファベット 3 文字が指定され，羽田空港の VOR 局の識別信号は「HME」，周波数は 112.2 MHz です．なお VOR は DME（8.3.2 参照）と併設されることが多く，識別信号の 3 文字目の E は，DME と併設されていることを表しています．

関連知識 **DVOR の原理**

　DVOR は基準位相信号（30 Hz の正弦波で振幅変調された位相が一定の信号）と，可変位相信号（30 Hz で周波数変調された方位により位相が変化する信号）を全方位に発射しています．

　受信側では図 **8.4** に示すように，基準位相信号と可変位相信号の位相差を検出することで方位を知ることができます．VOR の有効範囲は高度 10 000 m で約 350 km です．

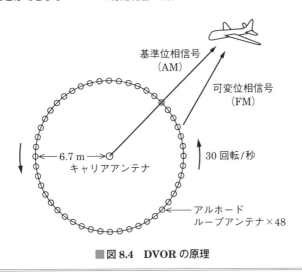

基準位相信号
（AM）

可変位相信号
（FM）

← 6.7 m →
キャリアアンテナ

30 回転/秒

アルホード
ループアンテナ×48

■図 **8.4**　**DVOR の原理**

8.3.2　DME

　DME（Distance Measuring Equipment）は，電波の伝搬速度が一定であることを利用した距離測定装置で，VOR と併用されます．DME は二次レーダーの一種で VOR と同一場所に置かれます．図 **8.5** に示すように航空機上のインタロゲータ（質問機）で質問信号を送信し，地上のトランスポンダ（応答機）で受信し，50 μs 程度の遅延時間を経て応答信号を送り返します．質問信号と応答信号の**時間差**を測定することにより**距離**を測定します．DME で使われている周波数は機上側が，送信：1 025 〜 1 150 MHz，受信：962 〜 1 213 MHz（地上側は逆）の**極超短波（UHF）帯**です．アンテナは機上側がλ/4 ブレード型，地上側が多段の垂直ダイポール（垂直偏波の高利得アンテナ）を利用しています．

VOR と DME は単独で用いられることはなく，併設して使用されます．

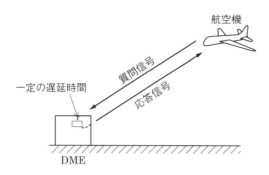

■図8.5 **DME** による距離測定

問題 9 ★★★　　　　　　　　　　　　　　　　　　→8.3

　次の記述は，VOR/DME について述べたものである．□□□内に入れるべき字句を下の番号から選べ．

(1) VOR/DME は，方位情報を与える ア 地上装置と距離情報を与える イ 地上装置とを併設し，航空機は，これらの装置からの情報を得て，その位置を決定する．

(2) VOR に割り当てられている周波数帯は，ウ 帯である．

(3) DME 地上局は，エ 帯の垂直偏波の高利得アンテナを利用している．

(4) DME の機上装置からは，情報を得るために電波を発射する オ ．

　　1　VOR　　　　　　　　2　速度　　　　　　3　短波（HF）

　　4　極超短波（UHF）　5　必要はない　　6　DME

　　7　高度　　　　　　　8　超短波（VHF）　9　マイクロ波（SHF）

　　10　必要がある

解説　VOR/DME は，方位情報を与える **VOR** 地上装置と距離情報を与える **DME** 地上装置とを併設し，航空機は，これらの装置からの情報を得て，その位置を決定します．VOR には**超短波（VHF）**帯，DME には**極超短波（UHF）**帯が割り当てられており，DME では垂直偏波の高利得アンテナを利用しています．DME 機上装置からは，情報を得るために電波を発射する**必要があります**．

答え▶▶▶ア－ 1　イ－ 6　ウ－ 8　エ－ 4　オ－ 10

問題 ⑩ ★★★　　　　　　　　　　　　　　　　　　　　　　　→ 8.3

　次の記述は，**図 8.6** に示す航空用 DME 及び VOR（超短波全方向無線標識）について述べたものである．　□内に入れるべき字句の正しい組合せを下の番号から選べ．なお，同じ記号の□内には，同じ字句が入るものとする．

(1) 航空用 DME は，航行中の航空機が地上の定点（地上 DME）までの　A　を測定するための装置である．

(2) 航空機の機上 DME（インタロゲータ）は，地上 DME（トランスポンダ）に質問信号を送信し，質問信号に対する地上 DME からの応答信号を受信して質問信号の　B　を計測し，航空機と地上 DME との　A　を求める．

(3) VOR（超短波全方向無線標識）と併設された DME の　A　の情報と VOR から得られる　C　の情報とを組み合わせることによって，航空機は自己の位置を把握することができる．

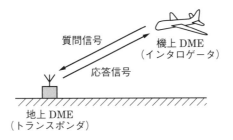

質問信号

機上 DME
（インタロゲータ）

応答信号

地上 DME
（トランスポンダ）

■図 8.6

	A	B	C
1	距離	送信電力と応答信号の受信電力	磁北からの方位角
2	距離	送信電力と応答信号の受信電力	経度
3	距離	送信から応答信号の受信までの時間	磁北からの方位角
4	高度	送信から応答信号の受信までの時間	経度
5	高度	送信電力と応答信号の受信電力	経度

解説　航空機の機上 DME（インタロゲータ）は，地上 DME に送信した質問信号と地上 DME から受信した応答信号の**時間**から，航空機と地上 DME との**距離**を求めます．この**距離**の情報と VOR から得られる**磁北からの方位角**の情報によって，航空機は自己の位置を把握することができます．

答え ▶ ▶ ▶ 3

8.4 ILS

ILS（Instrument Landing System）は，航空機が悪天候でも着陸することのできる計器着陸装置で国際標準として定められています．ILS は**図 8.7** に示すように，滑走路の水平方向の偏りを指示するローカライザ（localizer），垂直方向の偏りを指示するグライドパス（glide path，グライドスロープともいう），滑走路上の着陸地点からの距離を示す，アウタマーカ（outer marker），ミドルマーカ（middle marker），インナマーカ（inner marker）の三つのマーカから構成されています．

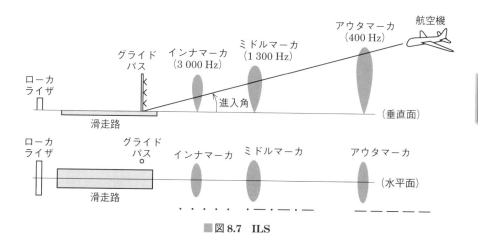

■**図 8.7　ILS**

8.4.1　ローカライザ

ローカライザは，滑走路の中心から**左右（水平方向）**のずれを航空機の指示器に表示させる装置です．滑走路の延長上約 200 m の場所に設置され，VHF 帯の108 ～ 112 MHz の周波数を使用しています．ローカライザアンテナに向かって左側は 90 Hz，右側は 150 Hz で変調された出力約 10 W の電波をコーナリフレクタアンテナ，八木・宇田アンテナ，対数周期アンテナなどから発射しています．航空機が滑走路中心上にいる場合，90 Hz と 150 Hz の信号強度が同じになり，右側にいる場合は 150 Hz が強く，左側にいる場合は，90 Hz が強くなります．

8.4.2　グライドパス

　グライドパスは，滑走路の垂直面内から設定された進入角に対する上下のずれを航空機の指示器に表示させる装置です．滑走路の中心から側方約 120 〜 180 m の場所に設置され，UHF 帯の 328.6 〜 335.4 MHz の間の周波数を使い，90 Hz と 150 Hz で変調された出力 2 〜 5 W の電波を発射しています．航空機の滑走路進入方向の上側は 90 Hz，下側は 150 Hz の成分が強くなります．

8.4.3　マーカ

　マーカは航空機の着陸点までの**距離**を指示する装置です．周波数 75 MHz，出力 1 〜 3 W（外部マーカは 3 W）の電波を指向性が上向きの 2 素子のダイポールアンテナなどを使用して送信しています．滑走路から 6.5 〜 11 km と一番遠いマーカをアウタマーカと呼び 400 Hz で変調されています．滑走路から 1 050 ± 150 m の点にあるマーカをミドルマーカと呼び 1 300 Hz で変調されています．滑走路から 75 〜 450 m の点にあるマーカをインナマーカと呼び 3 000 Hz で変調されています．各マーカの識別はモールス符号で行い，アウタマーカが（—————），ミドルマーカが（・—・—・—），インナマーカが（・・・・・）で，滑走路に近づく程，高い音と短点符号になります．

 Point　ILS 地上装置は，ローカライザ，グライドパス，3 つのマーカから構成されています．名称と役割を覚えておきましょう．

問題 11 ★★★　　　　　　　　　　　　　　　→ 8.4

　次の記述は，ILS（計器着陸装置）の地上施設について述べたものである．
　□内に入れるべき字句の正しい組合せを下の番号から選べ．

(1) 航空機に対して，降下路の水平（左右）方向の偏位の情報を与えるのは □ A □ である．

(2) 航空機に対して，降下路の垂直（上下）方向の偏位の情報を与えるのは □ B □ である．

(3) 航空機に対して，滑走路端からの距離の情報を与えるのは □ C □ である．

	A	B	C
1	ローカライザ	マーカ	グライドパス
2	ローカライザ	グライドパス	マーカ
3	グライドパス	ローカライザ	マーカ
4	グライドパス	マーカ	ローカライザ
5	マーカ	グライドパス	ローカライザ

解説 （1）**ローカライザ**は，滑走路の中心から**左右（水平方向）**のずれを航空機の指示器に表示させる装置です．

（2）**グライドパス**は，滑走路の垂直面内から設定された進入角に対する**上下**のずれを航空機の指示器に表示させる装置です．

（3）**マーカ**は航空機の着陸点までの**距離**を指示する装置です．

答え▶▶▶ 2

出題傾向 下線の部分を穴埋めにした問題も出題されています．

8 章

8.5 GPS

　GPS は，Global Positioning System の頭文字をとったもので，「全世界測位システム」という意味です．カーナビなどに使われている GPS は，もともとアメリカで軍用に開発されたもので 1993 年から運用が開始されました．

　GPS 衛星は地上からの高度が約 **20 000 km** の異なる **6 つの軌道上**に各 4 機（合計 24 機）配置され，1 周期約 **12 時間**で周回しています．そのうち **4 機**の衛星の信号を受信することにより，地球上のどの地点でも緯度，経度，高度を測定することができます．

　測位には，**極超短波（UHF）帯**の周波数が使用されています．

周連知識　GPS の規格

GPS の規格は**表 8.3** のようになります.

■**表 8.3　GPS の規格**

衛星数	6 軌道 × 4 機 = 24 機
軌道半径	26 560 km（地上からの高度は約 20 000 km）
軌道傾斜角	55°
周回周期	11 時間 58 分 2 秒
搬送波周波数	L1：1 575.42 MHz（10.23 MHz × 154） L2：1 227.6 MHz（10.23 MHz × 120）
測距信号	C/A コード：L1 波 P (Y) コード：L1 波及び L2 波
寿命	7.5 年

C/A コード：Coarse/Acquisition code
P (Y) コード：Precision (encrypted) code

問題 12 ★　　　　　　　　　　　　　　　　　　　　　　　　➡ 8.5

　次の記述は, GPS（全世界測位システム）について述べたものである. このうち, 正しいものを 1, 誤っているものを 2 として解答せよ.

　ア　GPS では, 地上からの高度が約 36 000 km の異なる 6 つの軌道上に衛星が配置されている.

　イ　各衛星は一周期約 12 時間で周回している.

　ウ　測位に使用している周波数は長波（LF）帯である.

　エ　一般に, 任意の 4 個の衛星からの電波が受信できれば, 測位は可能である.

　オ　GPS 衛星からの測位用の信号に含まれている時刻情報と軌道情報から, GPS 受信機の現在の位置を求めることができる.

解説　ア　「高度が約 **36 000** km」ではなく, 正しくは,「高度が約 **20 000** km」です.
ウ　「**長波（LF）**帯」ではなく, 正しくは,「**極超短波（UHF）**帯」です.

答え▶▶▶ア－2　イ－1　ウ－2　エ－1　オ－1

問題 13 ★★★　　　　　　　　　　　　　　　　　　　　　　→ 8.5

　次の記述は，GPS（全世界測位システム）について述べたものである． ▢
内に入れるべき字句を下の番号から選べ．

(1) GPS 衛星は，地上からの高度が約 ▢ ア ▢ 〔km〕の高さにある．

(2) GPS 衛星は，異なる ▢ イ ▢ 配置されている．

(3) 各衛星は，一周約 ▢ ウ ▢ で地球を周回している．

(4) 測位に使用している周波数は， ▢ エ ▢ である．

(5) 一般に，任意の ▢ オ ▢ からの電波が受信できれば，測位は可能である．

1　36 000	2　6 つの軌道上に	3　24 時間
4　極超短波（UHF）帯	5　4 個の衛星	6　20 000
7　2 つの軌道上に	8　12 時間	9　短波（HF）帯
10　2 個の衛星		

解説　GPS 衛星は地上からの高度が約 **20 000 km** の異なる **6 つの軌道上**に各 4 個の
衛星が配置され，1 周期約 **12 時間**で周回しています．そのうち **4 個の衛星**の信号を受
信できれば測位が可能です．なお，測位には，**極超短波（UHF）帯**の周波数が使用さ
れています．

答え▶▶▶アー6　イー2　ウー8　エー4　オー5

8.6　インマルサット衛星通信システム

　インマルサット（INMARSAT：International MARitime SATellite organization）
は，通信衛星による船舶用の通信サービスを提供する国際海事衛星機構として
1982 年に発足しましたが，現在は，国際移動衛星機構 IMSO（International
Mobile Satellite Organization）となり，陸上衛星通信，航空衛星通信も行うよ
うになっています．

　インマルサット衛星は，赤道上空約 **36 000 km** に位置した**静止衛星**で，**電話
やデータ伝送**などが可能です．しかしながら，静止衛星のため，北極や南極の極
地域は通信ができません．超短波（VHF）帯の電波の伝搬は見通し距離内です
ので，長距離飛行する航空機は回線品質の良くない短波（HF）帯で通信を行っ
ていましたが，インマルサット衛星通信システムのおかげで高品質な国際公衆通
信が可能になっています．

図 **8.8** に示すように，**航空機**（航空機地球局）**と航空地球局間**で通信が行われ，航空地球局とインマルサット衛星間で使用する周波数は，アップリンク周波数 **6 GHz**，ダウンリンク周波数 **4 GHz**，インマルサット衛星と航空機地球局で使用する周波数は，アップリンク周波数 **1.6 GHz**，ダウンリンク周波数 **1.5 GHz** です．

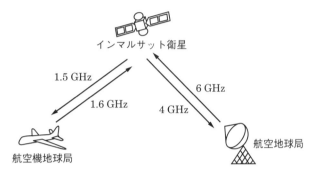

■**図 8.8　インマルサット衛星通信システム**

問題 14　★★★　　　　　　　　　　　　　　　　　　　　➡ 8.6

　次の記述は，インマルサット航空衛星通信システムについて述べたものである．このうち正しいものを 1，誤っているものを 2 として解答せよ．

　ア　極地域を除いた全地球をほぼカバーしてサービスが提供されている．

　イ　遭難・緊急通信及び公衆通信などで電話及びデータ伝送などのサービスが提供されている．

　ウ　通信は，衛星（人工衛星局）を介して航空機（航空機地球局）相互間でのみ行われる．

　エ　航空地球局と衛星（人工衛星局）間の使用周波数は，1.5 及び 1.6 GHz 帯である．

　オ　航空機（航空機地球局）と衛星（人工衛星局）間の使用周波数は，4 及び 6 GHz 帯である．

解説　ウ　「航空機（航空機地球局）**相互間**」ではなく，正しくは，「航空機（航空機地球局）**と航空地球局間**」です．

エ　「**1.5 及び 1.6 GHz** 帯」ではなく，正しくは，「**4 及び 6 GHz** 帯」です．

オ　「**4 及び 6 GHz** 帯」ではなく，正しくは，「**1.5 及び 1.6 GHz** 帯」です．

答え▶▶▶ア－1　イ－1　ウ－2　エ－2　オ－2

問題 15 ★★   → 8.6

　次の記述は，インマルサット航空衛星通信システムについて述べたものである．
□□□内に入れるべき字句を下の番号から選べ．

(1) 通信に利用するインマルサット衛星は，□ア□衛星である．

(2) インマルサット衛星の位置は，赤道上空約□イ□〔km〕である．

(3) 遭難・緊急通信及び公衆通信などで□ウ□のサービスが提供されている．

(4) 航空機地球局と衛星（人工衛星局）間の使用周波数は，1.5 GHz 及び□エ□
　　帯である．

(5) 航空地球局と衛星（人工衛星局）間の使用周波数は，□オ□及び 6 GHz 帯で
　　ある．

1	静止	2	22 000	3	電話のみ
4	1.6 GHz	5	2.2 GHz	6	周回
7	36 000	8	電話及びデータ伝送など	9	3 GHz
10	4 GHz				

解説　インマルサット衛星は，赤道上空約 **36 000 km** に位置した**静止衛星**で，**電話**
やデータ伝送などが可能です．

　航空機地球局と衛星間では 1.5 GHz 帯と **1.6 GHz** 帯が使用され，航空地球局と衛星
間では **4 GHz** 帯と 6 GHz 帯が使用されます．

答え▶▶▶アー 1　イー 7　ウー 8　エー 4　オー 10

8.7　電波高度計

　電波高度計は，航空機から地面に向けて電波を発射し，反射波が戻ってくるま
での時間を測定して高度を測る装置です．

　電波高度計には，低高度用の **FM 形電波高度計**と高高度用の**パルス形電波高**
度計があり，いずれも **4 GHz 帯**の電波を使用します．

　FM 形電波高度計は，**三角波**によって周波数変調された電波を航空機から発射
します．この電波が地表などで反射され，受信電波として戻ってくるまでの時間
は，発射電波と受信電波の周波数差（ビート周波数）に**比例**します．このビート
周波数を測定することで高度を求めています．

　パルス形電波高度計は，パルス波を発射し，反射波が戻ってくるまでの時間を
計測して高度を求めています．

8章

問題 16 ★★★　　　　　　　　　　　　　　　　　　　　→ 8.7

　次の記述は，FM 形電波高度計について述べたものである．　　　　内に入れるべき字句の正しい組合せを下の番号から選べ．

(1) 使用する電波の周波数は，　A　帯である．

(2) FM 形電波高度計は，　B　によって周波数変調された持続電波を航空機から発射する．

(3) この電波が地表などで反射されて受信電波として戻って来るまでの時間は，発射電波と受信電波の周波数の差（ビート周波数）に　C　する．したがって，ビート周波数を測定することにより高度を求めることができる．

	A	B	C
1	4 GHz	三角波	比例
2	4 GHz	方形波	比例
3	4 GHz	三角波	反比例
4	2 GHz	三角波	反比例
5	2 GHz	方形波	比例

解説　FM 形電波高度計は，**三角波**によって周波数変調された **4 GHz 帯**の電波を航空機から発射します．この電波が地表などで反射され，受信電波として戻ってくるまでの時間は，発射電波と受信電波の周波数差（ビート周波数）に**比例**します．このビート周波数を測定することで高度を求めています．

答え▶▶▶ 1

⑨章 電 源

この章から **1** 問出題

交流の商用電源から直流を得るために必要な変圧器，整流回路，平滑回路の原理，一度しか使用できない使い切りの一次電池，充電可能で繰り返し使用できる二次電池の構造と特徴を学びます．

9.1 電源回路

多くの電子通信機器類は直流で動作しており，直流電源が必要です．移動体で使用する無線機器類は電池や蓄電池が必要不可欠ですが，それ以外の固定局などの場合は交流の商用電源を直流にして使用するのが一般的です．

図 9.1 は交流電圧を直流電圧に変換する電源回路の構成を示したものです．

変圧器で交流電圧を所定の交流電圧に昇圧又は降下させ，**整流回路で直流（脈流）に変換**します．整流回路の出力電圧は交流成分を多く含んでいるので，**平滑回路で交流成分を除去**してより直流に近づけて負荷に供給します．

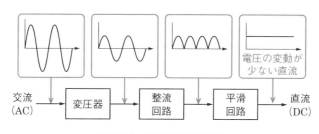

■図 9.1　電源回路の仕組み

図 9.1 の各回路の動作の概要を次に示します．

9.1.1　変圧器

鉄心に 2 つのコイルを巻いたものを**変圧器**（トランス）といい，変圧器は，任意の大きさの交流電圧を作ります．変圧器の図記号を**図 9.2** に，実際の小型の変圧器の例を**図 9.3** に示します．

9.1.2　整流回路

整流回路は，交流を直流に変換する回路で，ダイオードなどの整流器で構成されています．整流回路には次に示すように多くの種類があります．

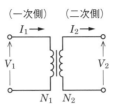

(一次側)　(二次側)

V_1：一次側電圧
I_1：一次側電流
N_1：一次側の巻数

V_2：二次側電圧
I_2：二次側電流
N_2：二次側の巻数

■図9.2　変圧器の図記号

■図9.3　小型変圧器

変圧器は交流電圧を任意の大きさの交流電圧に変換します．
直流電圧を変換することはできません．

(1) 半波整流回路

半波整流回路は**図9.4**（a）に示すように，ダイオード1本で交流を直流に変換する回路です．ダイオードのアノード側がプラスになったとき導通して電流が流れます．出力電圧波形の概略は図9.4（b）のようになります．

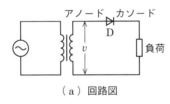

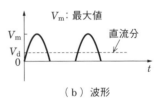

（a）回路図

（b）波形

■図9.4　半波整流回路

(2) 全波整流回路

全波整流回路は**図9.5**（a）に示すように，ダイオード2本を使用して交流を直流に変換する回路です．出力電圧波形の概略は図9.5（b）のようになります．

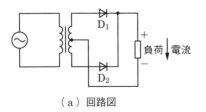

（a）回路図

（b）波形

■図9.5　全波整流回路

この回路は変圧器の巻線が図 9.4 (a) の半波整流回路の変圧器の 2 倍必要です
が，**図 9.6** に示すようなダイオードを 4 本使用した回路（**ブリッジ回路**と呼ぶ）
を使えば，図 9.4 (a) の変圧器を使用して全波整流回路を構成することができ
ます．

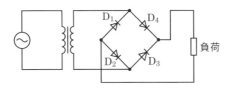

■**図 9.6** ブリッジ形全波整流回路

9.1.3 平滑回路

　交流成分を除去してより直流に近づける回路が**平滑回路**です．平滑回路には，
コンデンサ入力形（**図 9.7**）と**チョーク入力形**（**図 9.8**）があります．

　整流回路で整流した段階では，図 9.4 (b)，図 9.5 (b) に示すように，交流分
が多いので，平滑回路を使用して，交流成分を少なくして理想的な直流電圧を得
ます．図 9.7 の平滑回路をコンデンサ入力形平滑回路，図 9.8 の平滑回路を
チョーク入力形平滑回路といいます．平滑回路を通過した電圧波形の概略を**図
9.9** に示します．

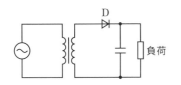

■**図 9.7** コンデンサ入力形平滑回路

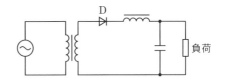

■**図 9.8** チョーク入力形平滑回路

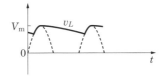

■**図 9.9** 平滑回路を通過した電圧波形

問題 1 ★★★　　　　　　　　　　　　　　　　　　　　→ 9.1

　次の記述は，**図 9.10** に示す原理的な構成の整流電源回路について述べたものである．このうち誤っているものを下の番号から選べ．

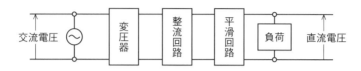

交流電圧　　変圧器　　整流回路　　平滑回路　　負荷　　直流電圧

■図 **9.10**

1　変圧器は，必要な大きさの交流電圧に変える．
2　整流回路は，大きさと方向が変化する電圧（電流）を一方向の電圧（電流）に変える．
3　整流回路には，ブリッジ整流などがある．
4　平滑回路には，サイリスタがよく使われる．
5　平滑回路は，整流された電圧（電流）を完全な直流に近づける．

解説　4　「**サイリスタ**」ではなく，正しくは「**コンデンサ及びチョークコイル**」です．

答え▶▶▶ 4

出題傾向　以下のような選択肢も出題されています．
・整流回路には，全波整流や半波整流などがある．（〇）
・平滑回路には，コンデンサやコイルがよく使われる．（〇）
・平滑回路には，定電圧ダイオード（ツェナーダイオード）がよく使われる．（×）
　→平滑回路には，**コンデンサ及びチョークコイル**がよく使われます．
・変圧器は，交流電圧を直流電圧に変換する．（×）
　→変圧器は，交流電圧を直流電圧に**変換できません**．

9.2　電池と蓄電池

　電池はイタリアのボルタが 1800 年に発明した「ボルタ電池」（正極：銅，負極：亜鉛，電解液：希硫酸）が最初で，今から 200 年以上前のことです．

　1859 年に，フランスのプランテが「鉛蓄電池」を発明し，1887 年には，日本の屋井先蔵が「乾電池」を発明しました．

　現在では，さまざまな種類の電池や蓄電池が考案され，電子通信機器や電気自動車をはじめとして，航空機や船舶など多方面に使われています．

　図 9.11 に示すように，電池には，化学反応により電気を発生させる化学電池，光や熱を電気に変換する物理電池があります．化学電池には，乾電池のように**使い捨て**の**一次電池**，充放電を繰り返すことで**何回も使用**できる**二次電池**があります．二次電池には，鉛蓄電池やリチウムイオン電池などがあります（**表 9.1**）．

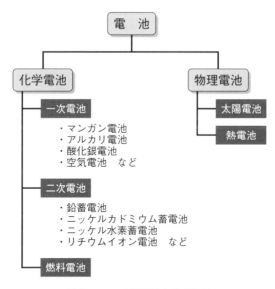

■図 9.11　化学電池と物理電池

■表9.1　各種電池の比較

	電池の種類	電圧	正　極	負　極	特　徴
一次電池	マンガン乾電池	1.5 V	二酸化マンガン	亜鉛	一般的で安価．休ませながら使用すると回復．
	アルカリ乾電池	1.5 V	二酸化マンガン	亜鉛	比較的大きな電流を取り出せる．
	酸化銀電池	1.55 V	酸化銀	亜鉛	ボタン型で小型化されカメラや電卓などに向く．
二次電池	鉛蓄電池	2 V	二酸化鉛	鉛	容易に大電流を取り出せる．メモリ効果なし．
	ニッケルカドミウム蓄電池	1.2 V	オキシ水酸化ニッケル	カドミウム	比較的大電流を取り出せる．メモリ効果大．
	ニッケル水素蓄電池	1.2 V	オキシ水酸化ニッケル	水素吸蔵合金	比較的大電流を取り出せる．自己放電大．
	リチウムイオン蓄電池	3.7 V	コバルト酸リチウム	炭素	電圧は高いが大電流用に不向き．メモリ効果なし．

9.2.1　鉛蓄電池

　鉛蓄電池は，自動車，小型の飛行機，非常用の予備電源として広く使用されています．

　鉛蓄電池は正極に過酸化鉛（二酸化鉛），負極に鉛，電解液に約35％の希硫酸を使用しています．一つのセルの電圧は約2 Vで，大きな電流を取り出すことができます．短所は重く，電解液に希硫酸を使用しているので破損した場合は危険だったのですが，シール形に移行し改善されています．充電時は「硫酸鉛と水」を「鉛，二酸化鉛，硫酸」に戻すので**比重は上昇**します（放電時には正極で水が作られ，電解液の比重が低下します）．充電中に発生するガスは，**酸素と水素**です．充電時に蓄電池は少しずつ**発熱**します．鉛蓄電池の劣化の原因は，電極の劣化です．

関連知識　リチウムイオン蓄電池
　リチウムイオン蓄電池は，スマートフォンや電気自動車の電源として使用されている二次電池です．1セルあたりの電圧は3.7 Vで，他の蓄電池と比べて高いですが，大電流の放電には向きません．過充電，過放電には弱いので保護回路が必要になります．

9.2.2 電池の容量

電池の容量は，充電した電池が放電し終わるまでに放出した電気量で決まります．

電池の容量は Ah（アンペア時）で表します．例えば，容量 30 Ah の充電済みの電池に電流が 1 A 流れる負荷を接続して使用したとき，この電池は通常 30 時間連続して使用できます．もし，電流を 2 A 流したときは，この電池は 15 時間連続して使用できます．

(1) 直列接続した場合の容量

電池を **n 個直列接続**で使用すると，**電圧は n 倍**になりますが**容量は変わりません**．

例えば，**図 9.12** のように，電圧が 2 V で容量が 30 Ah の電池を 2 個直列に接続すると，電圧は 2 倍の 4 V になりますが，電池の容量は 1 個分の 30 Ah で変わりません．

(2) 並列接続した場合の容量

電池を **n 個並列接続**で使用すると，**電圧は変化しませんが，容量は n 倍**になります．

例えば，**図 9.13** のように，電圧が 2 V で容量が 30 Ah の電池を 2 個並列に接続すると，電圧は 2 V で 1 個分と変わりませんが，電池の容量は 2 個分の 60 Ah となり長持ちします．

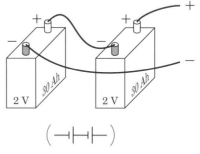

■図 9.12　電池の直列接続

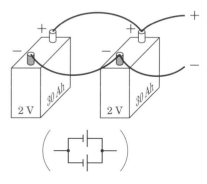

■図 9.13　電池の並列接続

関連知識　時間率

電池の容量には，時間率が設けられています．時間率はその時間に使用した場合に取り出せる容量を表し，「電池の容量÷時間率＝取り出せる電流」になります．時間率は蓄電池によって異なり，オートバイは 10 時間率，自動車（国内）は 5 時間率，自動車（欧州）は 20 時間率が採用されています．

例えば，200 Ah（10 時間率）の容量を持つ鉛蓄電池の場合，20 A の電流を 10 時間放電できる計算になります．しかし，大電流で放電する場合は放電時間が短くなりますので，40 A の電流を 5 時間放電することはできません（すなわち，容量が小さくなるので注意が必要です）．

問題 2 ★★★ →9.2

次の記述は，電池について述べたものである．　□□□内に入れるべき字句の正しい組合せを下の番号から選べ．

(1) マンガン乾電池は，　□A□　である．

(2) 充放電を繰り返して□B□電池を二次電池という．

(3) 容量が 10 Ah の同じ蓄電池を 2 個，**図 9.14** のように
接続したとき，合成容量は□C□である．

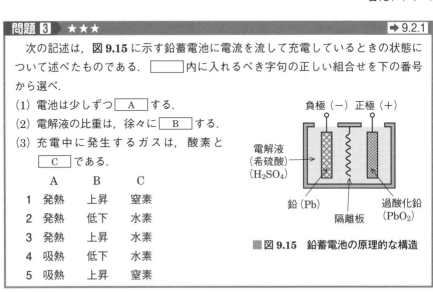

	A	B	C
1	二次電池	使用できる	10 Ah
2	二次電池	使用できない	20 Ah
3	一次電池	使用できる	10 Ah
4	一次電池	使用できる	20 Ah
5	一次電池	使用できない	20 Ah

■図 **9.14**

解説　(1) マンガン乾電池は充電ができない**一次電池**です．

(2) 繰返し充放電して**使用できる**電池は二次電池です．

(3) 図は並列接続なので，合成容量は 2 倍の **20 Ah** となります．

答え▶▶▶ 4

問題 3 ★★★ →9.2.1

次の記述は，**図 9.15** に示す鉛蓄電池に電流を流して充電しているときの状態について述べたものである．　□□□内に入れるべき字句の正しい組合せを下の番号から選べ．

(1) 電池は少しずつ□A□する．

(2) 電解液の比重は，徐々に□B□する．

(3) 充電中に発生するガスは，酸素と
　□C□である．

負極（ー）正極（＋）

電解液
（希硫酸）
（H_2SO_4）

鉛（Pb）　　過酸化鉛
隔離板　　　（PbO_2）

	A	B	C
1	発熱	上昇	窒素
2	発熱	低下	水素
3	発熱	上昇	水素
4	吸熱	低下	水素
5	吸熱	上昇	窒素

■図 **9.15**　鉛蓄電池の原理的な構造

解説 (1) 充電中は**発熱**します.

(2) 電解液の比重は,放電時には正極で水が作られるので電解液の比重が低下しますが,充電時は,「硫酸鉛と水」を「鉛と二酸化鉛,硫酸」に戻すので比重は**上昇**します.

(3) 充電中に酸素と**水素**が発生し,水になります.

答え▶▶▶ 3

9.3 浮動充電方式

図 **9.16** に示すように,交流電源を整流装置で直流に変換し負荷に供給しながら,負荷に**並列**に接続された鉛蓄電池などの蓄電池を充電する方式を**浮動充電（フローティング）方式**といいます.

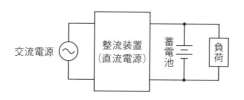

■図9.16 浮動充電方式

整流装置（**直流電源**）からの電流のほとんどは負荷に供給され,一部が蓄電池の**自己放電を補う**ため使われます.過放電や過充電を繰り返すことが少ないので,寿命が長くなります.また,蓄電池は負荷電流の大きな変動に伴う電圧変動を吸収する役割もあります.

関連知識 自己放電
電池は使用しなくても,電解液の反応が進み,取り出せる電気量が時間の経過とともに減少します.これを自己放電といいます.

9章

問題 4 ★　　　　　　　　　　　　　　　　　　　　　　　　　　　　→ 9.3

　次の記述は，**図 9.17** に示す浮動充電（フローティング）方式について述べたものである．□□□内に入れるべき字句を下の番号から選べ．

(1) 直流電源，蓄電池及び負荷を ア に接続する．

(2) 蓄電池には イ を補う程度の微小電流で充電を行う．

(3) 通常，負荷への電力の大部分は ウ から供給される．

(4) 蓄電池は負荷電流の大きな変動に伴う電圧変動を吸収 エ ．

(5) 過放電になったり，充放電を繰り返すことが少ないので蓄電池の寿命が オ なる．

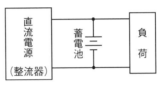

■図 9.17

1　直流電源	2　直列	3　蓄電池	4　長く	5　しない
6　自己放電量	7　短く	8　停電	9　並列	10　する

解説　浮動充電（フローティング）方式では，交流電源を整流装置で直流に変換し負荷に供給しながら，負荷に**並列**に接続された鉛蓄電池などの蓄電池を充電します．

　整流装置（**直流電源**）からの電流のほとんどは負荷に供給され，一部が蓄電池の**自己放電を補う**ため使われます．過放電や過充電を繰り返すことが少ないので，寿命が**長く**なります．また，蓄電池は負荷電流の大きな変動に伴う電圧変動を**吸収する**役割もあります．

答え▶▶▶アー9　イー6　ウー1　エー10　オー4

問題 5 ★★　　　　　　　　　　　　　　　　　　　　　　　　　→9.3

　次の記述は，**図 9.18** に示す原理的な構成の浮動充電（フローティング）方式について述べたものである．このうち誤っているものを下の番号から選べ．

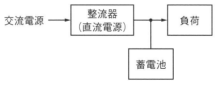

交流電源 → 整流器（直流電源） → 負荷

蓄電池

■図9.18

1　整流器（直流電源），蓄電池及び負荷を並列に接続する．
2　蓄電池は負荷電流の大きな変動に伴う電圧変動を吸収する．
3　蓄電池は，自己放電量を補う程度の微小電流で，充電が行われる．
4　通常（非停電時），負荷への電力の大部分は蓄電池から供給される．
5　交流電源が遮断された時（停電時）には，負荷への電力は蓄電池から供給される．

解説　4　「負荷への電力の大部分は**蓄電池**から供給される」ではなく，正しくは「負荷への電力の大部分は**直流電源**から供給される」です．

答え▶▶▶ 4

10章 空中線及び給電線

この章から **2** 問出題

電波を送受信するには，送受信機の他に空中線（以下「アンテナ」）と給電線が必要です．能率よく電波を送受信するには，送受信機と給電線，アンテナ間の整合が重要です．アンテナの長さや大きさは電波の波長に関係します．本章では，基本アンテナのインピーダンス，利得，指向性，実際のアンテナの特徴及び給電線との整合について学びます．

10.1 アンテナに必要な要素

　アンテナは昆虫の触角を表す英語（Antenna）に由来しています．アンテナの長さや大きさは，使用する電波の波長によって決まります．極超短波（UHF）帯のように使用する電波の波長が短い場合はアンテナの長さは短くてよいのですが，長波（LF）帯，中波（MF）帯のように波長が長くなると，長いアンテナが必要になります．

　アンテナには，基本アンテナの半波長ダイポールアンテナなどの**線状アンテナ**，超短波（VHF）帯〜極超短波（UHF）帯で使用される全方向性（無指向性）のブラウンアンテナなどの**接地アンテナ**，指向性の強い八木アンテナなどの**アレイアンテナ**，マイクロ波（SHF）帯で使用されるレーダーや通信用のパラボラアンテナなどの**開口面アンテナ**があります．

　各々のアンテナに共通して求められるのは，効率良く電波を送受信できるようにすることです．そのため，アンテナの入力インピーダンス，指向性，利得の意味を理解する必要があります．

アンテナは電波を送受信する場合に必ず必要となり，アンテナの長さは電波の波長と密接に関係します．

10.1.1　入力インピーダンス

　送受信機とアンテナを接続するには同軸ケーブルなどの給電線が必要になります．**図 10.1** に示すように給電点 ab からアンテナを見たインピーダンスを**入力インピーダンス**又は**給電点インピーダンス**といいます．

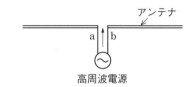

■**図 10.1　アンテナの入力インピーダンス**

10.1.2 指向性

放送局や電波時計で使用する長波標準周波数局などで使用されているアンテナは，どの方向にも電波の強さが同じになるアンテナです．このようなアンテナを**全方向性**（無指向性）**アンテナ**といいます．一方，八木アンテナやパラボラアンテナのように放射される電波の強さが，方向によって異なるアンテナを**単一指向性アンテナ**といいます．

アンテナの指向性はアンテナから放射される電波の電界強度が最大の点を 1 と考え，他の場所における電界強度を相対的な値で示すとわかりやすくなります．

全方向性アンテナの水平面内の指向性の概略を**図 10.2**，単一指向性アンテナの水平面内の指向性の概略を**図 10.3**に示します（水平面内の指向性は，アンテナを上から見ているときの電波の強度を表しています）．

■**図 10.2　全方向性アンテナの水平面内の指向性**

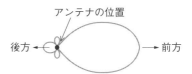

■**図 10.3　単一指向性アンテナの水平面内の指向性**

10.2　基本アンテナ

10.2.1 半波長ダイポールアンテナ

図 10.4に示すアンテナを**半波長ダイポールアンテナ**といい，長さが電波の波長の 1/2 に等しい非接地アンテナです．アンテナに高周波電流を加えると，アンテナに流れる電流の分布は一定ではなく場所によって異なります．グレーの部分は電流分布を示します．

地面に水平に設置した半波長ダイポールアンテナからは水平偏波の電波が放射され，水平面内の指向性は**図 10.5**に示すように 8 字特性になることが知られています．地面に垂直に設置すると垂直偏波の電波が放射され，**水平面内の指向性は全方向性（無指向性）**になります．

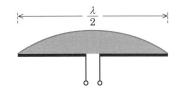

■図 10.4　半波長ダイポールアンテナと
　　　　　電流分布

■図 10.5　半波長ダイポールアンテナの
　　　　　水平面内の指向性

10.2.2　1/4 波長垂直アンテナ

1/4 波長垂直アンテナは，長さが電波の波長の 1/4 に等しい接地アンテナです．**図 10.6** に 1/4 波長垂直アンテナとその電流分布を示します．電流分布はアンテナの先端で零，基部で最大になります．

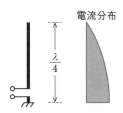

■図 10.6　1/4 波長垂直アンテナと電流分布

1/4 波長垂直アンテナの**水平面内の指向性**は，図 10.2 に示したように**全方向性（無指向性）**になります．接地抵抗が小さいほどアンテナの効率が良くなります．

10.3　実際のアンテナ

10.3.1　スリーブアンテナ

図 10.7 のように，同軸ケーブルの内導体を 1/4 波長だけ残し，長さが **1/4 波長**のスリーブ（袖という意味）と呼ばれる銅や真鍮などで作られた円筒を取り付け，同軸ケーブルの外導体に接続したアンテナを**スリーブアンテナ**といいます．

　スリーブアンテナの放射抵抗は半波長ダイポールアンテナと同じ**約 73 Ω**です．主に**垂直偏波**のアンテナとして使用され，水平面内の指向性は**全方向性（無

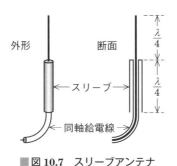

■図 10.7 スリーブアンテナ

指向性）で垂直面内の指向性は半波長ダイポールアンテナと同じ 8 字形となります.

　スリーブアンテナを垂直方向に一直線上に等間隔に多段接続したものをコリニアアレーアンテナといい，垂直方向に高い利得が得られます.

　スリーブアンテナは超短波（VHF）帯や極超短波（UHF）帯のアンテナとして用いられます.

関連知識　ブラウンアンテナ

　スリーブアンテナの金属円筒部を導線に代えても同様な動作をします. この導線を地線と呼びます. 通常，地線は 4 本で水平方向にそれぞれ 90° 間隔に開くと，図 10.8 に示すブラウンアンテナになります. ブラウンアンテナの水平面内の指向性は全方向性で放射抵抗は約 20 Ω になります. 用途はスリーブアンテナと同じですが，地線があるため，スリーブアンテナより広い空間が必要となります.

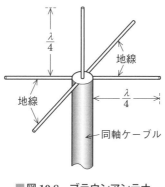

■図 10.8　ブラウンアンテナ

10 章

スリーブアンテナやブラウンアンテナは主に VHF 帯などの無線電話の基地局に使われています.

10.3.2　八木・宇田アンテナ

　図 10.9 に 3 素子の八木・宇田アンテナの外観を示します.電波の到来方向に一番短い無給電素子の**導波器**を配置します.送信機又は受信機に接続する素子を**放射器**といい,半波長ダイポールアンテナ又は折返し半波長ダイポールアンテナが用いられます.一番長い無給電素子を**反射器**といい,放射器の後方約 **1/4 波長**の位置に配置します.水平面内の指向性は**図 10.10** のような単一指向性を持ちます.導波器の数を増加させると指向性がさらに鋭くなります.テレビの受信用に多く使われているほか,各種業務用として短波(HF)帯から極超短波(UHF)帯までの送受信用に使われています.

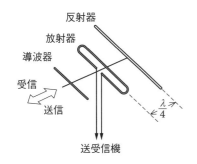

■図 10.9　3 素子八木・宇田アンテナの外観

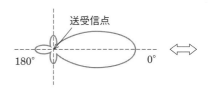

■図 10.10　八木・宇田アンテナの指向性

導波器の方で送受信を行い,素子の長さは導波器<放射器<反射器です.

10.3.3　アルホードループアンテナ

　アルホードループアンテナは 3/4 波長の金属板 4 個を**図 10.11**(a)に示すように配置したアンテナで,点 AB が給電点になります.点 A から見ると両側に 3/4 波長ずつ合計 1.5 波長の導線が接続されています.点 B の両側も同じで,電

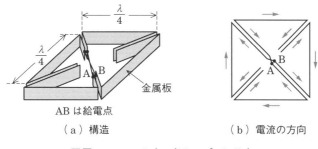

（a）構造　　　　　　　　　　　　（b）電流の方向

■図 10.11　アルホードループアンテナ

流の方向は図 10.11（b）のようになります.

　水平面内の指向性は**全方向性**，垂直面内の指向性は 8 字形特性を持つ水平偏波用の広帯域性の **VHF 帯**のアンテナで **VOR**（8.3.1 参照）の送信局に用いられています.

10.3.4　ディスコーンアンテナ

　図 **10.12**（a）に示すアンテナは導体円盤（disc）と導体円錐（cone）で構成されているのでディスコーンアンテナ（discone anntena）といいます. 同軸ケーブルの内部導体は円盤の中心部に接続，外部導体は円錐部の一番上に接続します. 水平面内の指向性は**全方向性**，垂直面内の指向性は 8 字形の**垂直偏波用**で，広帯域性のアンテナです. 給電点インピーダンスは 50 Ω で，**超短波（VHF）帯〜**

10 章

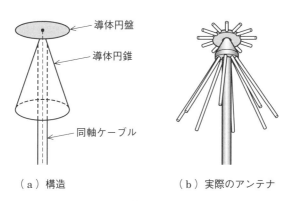

（a）構造　　　　　　（b）実際のアンテナ

■図 10.12　ディスコーンアンテナ

極超短波（**UHF**）**帯**で使われています．実際のディスコーンアンテナの多くは，図 10.12（b）のように導体円盤の代わりにアルミパイプを何本か円錐状に並べて作られています．

　ディスコーンアンテナは広い周波数を受信するのに適しており，空港用や電波監視用などに使用されています．

10.3.5　パラボラアンテナ

　図 10.13 にパラボラアンテナの原理を示します．パラボラ（parabola）は放物線という意味で，放物線を軸のまわりに回転させて作った面を放物面といいます．パラボラアンテナは，**回転放物面**の形をした**反射器**と**一次放射器**から構成されるアンテナで，一次放射器から発射された電波は**平面波**となって放射されます．

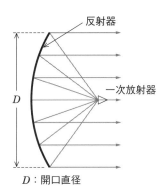

■**図 10.13**　パラボラアンテナ

　放物面は電波を一つの焦点に集めることができるため，一次放射器を**焦点**に置くことで指向性が強くなります．なお，パラボラアンテナの利得は面積に比例するので，開口面の直径 D が大きくなるほど利得が**大きく**なります．

　パラボラアンテナは波長の短い**マイクロ波（SHF）帯**のアンテナとして，宇宙通信用送受信アンテナ，電波望遠鏡，衛星放送受信用などに使われています．

問題 1 ★★★　⟶ 10.3.1

次の記述は，**図 10.14** に示す原理的な構造のスリーブアンテナについて述べたものである．このうち正しいものを 1，誤っているものを 2 として解答せよ．ただし，波長を λ〔m〕とする．また，放射素子を垂直にして使用するものとする．

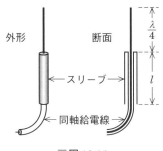

外形　　断面

← スリーブ →

← 同軸給電線

■図 10.14

ア　スリーブの長さ l は，$\lambda/2$ である．

イ　水平面内の指向性は，全方向性である．

ウ　利得は，半波長ダイポールアンテナとほぼ同じである．

エ　一般に超短波（VHF）帯や極超短波（UHF）帯のアンテナとして用いられる．

オ　特性インピーダンスが 300 Ω の同軸給電線を用いると，整合回路がなくても，アンテナと給電線はほぼ整合する．

解説　ア　「スリーブの長さ l は，$\lambda/2$」ではなく，正しくは「スリーブの長さ l は，$\lambda/4$」です．

オ　「特性インピーダンスが **300 Ω** の同軸給電線」ではなく，正しくは「特性インピーダンスが **75 Ω** の同軸給電線」です．なお，理論上，スリーブアンテナの放射抵抗は約 73 Ω で，設置場所により若干変動しますが，特性インピーダンス 75 Ω の規格の同軸給電線を使えば整合回路なしで整合します．

Point

スリーブアンテナは半波長ダイポールアンテナを垂直方向に設置したアンテナと考えます．

答え ▶▶▶ アー2　イー1　ウー1　エー1　オー2

10章

問題 2 ★★　　　　　　　　　　　　　　　　　　　　　➡10.3.2

　次の記述は，**図 10.15** に示す原理的な構造の八木・宇田アンテナ（八木アンテナ）について述べたものである．[　　]内に入れるべき字句の正しい組合せを下の番号から選べ．ただし，使用する電波の波長を λ〔m〕とする．

(1) 放射器には，一般に半波長ダイポールアンテナ又は折返し半波長ダイポールアンテナが用いられる．

(2) a，b 及び c の関係は，[　A　]である．

(3) 反射器と放射器の間隔 l は，ほぼ[　B　]である．

(4) 八木・宇田アンテナ（八木アンテナ）の主放射方向は，図の[　C　]である．

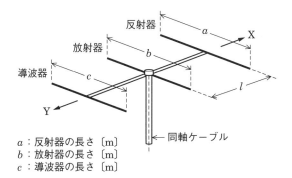

a：反射器の長さ〔m〕
b：放射器の長さ〔m〕
c：導波器の長さ〔m〕

■**図 10.15**

	A	B	C
1	$a < b < c$	$\lambda/2$〔m〕	X
2	$a < b < c$	$\lambda/4$〔m〕	Y
3	$a < b < c$	$\lambda/2$〔m〕	Y
4	$a > b > c$	$\lambda/4$〔m〕	Y
5	$a > b > c$	$\lambda/2$〔m〕	X

解説　八木・宇田アンテナは，導波器の方（**Y** の方向）で送受信を行い，素子の長さは a（**反射器**）＞ b（**放射器**）＞ c（**導波器**）です．なお，反射器と放射器の間隔 l は λ/4 です．

答え▶▶▶4

問題 ❸ ★★★ ➡10.3.3

　次の記述は，**図 10.16** に示す原理的な構造のアルホードループアンテナについて述べたものである．[＿＿＿]内に入れるべき字句を下の番号から選べ．ただし，航行援助業務に用いられるアンテナとし，素子を含む面を水平にして用いるものとする．また電波の波長を λ 〔m〕とする．

(1) 主に用いられる周波数帯は，[　ア　]である．

(2) 水平面内指向性は，[　イ　]である．

(3) 偏波は，[　ウ　]偏波である．

(4) 図に示す辺の長さ *l* は，[　エ　]である．

(5) このアンテナを用いる施設は，[　オ　]である．

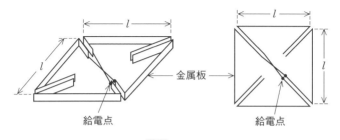

金属板

給電点　　　　　　　給電点

■図 10.16

1　マイクロ波（SHF）帯	2　ほぼ全方向性	3　垂直
4　λ	5　VOR	6　超短波（VHF）帯	7　単一指向性
8　水平	9　λ/4	10　SSR

解説　アルホードループアンテナは **VOR** の送信局に用いられ，水平面内の指向性は**全方向性**，垂直面内の指向性は 8 字形特性を持つ**水平偏波**用の広帯域性の**超短波（VHF）帯**のアンテナで，図の *l* は**λ/4** の長さとします．

　　　　　　　　答え▶▶▶アー6　イー2　ウー8　エー9　オー5

問題 4 ★★★　　　　　　　　　　　　　　　　　　　➡10.3.4

次の記述は，**図10.17**に示す構造のアンテナについて述べたものである．[　　]内に入れるべき字句を下の番号から選べ．

(1) 名称は，[　ア　]アンテナである．

(2) 一般に円盤状の導体面を大地に[　イ　]用いる．

(3) (2)のように用いた場合，偏波は[　ウ　]である．

(4) (2)のように用いた場合，水平面内の指向性は[　エ　]である．

(5) 主に[　オ　]帯で用いられている．

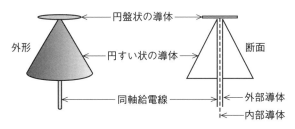

■図10.17

1　アルホードループ	2　ディスコーン	3　水平偏波
4　垂直偏波	5　単一指向性	6　全方向性
7　平行にして	8　垂直にして	9　長波（LF）
10　超短波（VHF）及び極超短波（UHF）		

解説　図10.17は**ディスコーンアンテナ**です．円盤状の導体を大地に**平行**に設置します．水平面内の指向性は**全方向性**で，**垂直偏波用**で広帯域性のアンテナです．主に**超短波（VHF）帯**～**極超短波（UHF）帯**で使われています．

答え▶▶▶アー2　イー7　ウー4　エー6　オー10

問題 5 ★★ → 10.3.5

次の記述は，**図 10.18** に示す原理的な構造の円形パラボラアンテナについて述べたものである． ◯◯◯内に入れるべき字句を下の番号から選べ．

（1）反射器の形は，◯ア◯である．

（2）一次放射器は，反射器の◯イ◯に置かれる．

（3）一般に，◯ウ◯の周波数で多く用いられる．

（4）反射器で反射された電波は，ほぼ◯エ◯となって空間に放射される．

（5）波長に比べて開口面の直径 D が大きくなるほど，利得は◯オ◯なる．

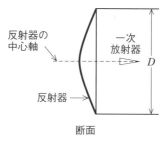

■図 10.18

1　回転放物面	2　焦点	3　短波（HF）帯
4　球面波	5　大きく	6　回転楕円面
7　頂点	8　マイクロ波（SHF）帯	9　平面波
10　小さく		

解説 パラボラアンテナは，波長の短い**マイクロ波（SHF）帯**のアンテナとして用いられます．パラボラアンテナは，**回転放物面**の形をした反射器と放物面の**焦点**に置かれた**一次放射器**から構成され，一次放射器から発射された電波は**平面波**となって放射されます．パラボラアンテナの利得は面積に比例するので，開口面の直径 D が大きくなるほど利得が**大きく**なります．

答え▶▶▶ア－1　イ－2　ウ－8　エ－9　オ－5

10.4　給電線と整合

　送信機や受信機とアンテナを接続する線路を**給電線**（フィーダー）といいます．

　給電線には，**図10.19** に示す「平行二線式線路」，「同軸ケーブル」，「導波管」などがあります．かつてテレビ受像機とアンテナを結ぶ給電線として図10.19 (a) の平行二線式線路が使われていましたが，外部からの妨害を受けやすいため，同軸ケーブルに代わりました．マイクロ波帯の伝送では，同軸ケーブルを使用すると損失が大きいため，図10.19 (c) に示す中空の金属製の導波管が給電線として使われています．

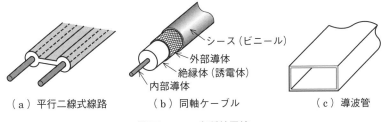

（a）平行二線式線路　　　（b）同軸ケーブル　　　（c）導波管

■図10.19　各種給電線

航空通の試験では「同軸ケーブル」と整合に関する問題が多く出題されています．

10.4.1　同軸ケーブル

　同軸ケーブルは**不平衡形**の給電線で，その構造を**図10.20** に示します．

　誘電体（絶縁体）の内部に内部導体があり，それを覆うように外部導体を巻いた構造になっています．外部導体には遮へい効果があるため，**外部から電波の影響を受けにくい**といった特徴があります．

　同軸ケーブルは日本産業規格（JIS）表示による型番が付けられています．

　例えば，5D2V という型番の同軸ケーブルの数字又はアルファベットの意味するものを**表10.1** に示します．

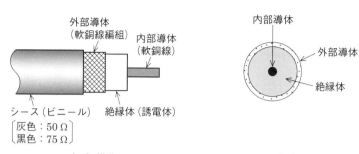

（a）構造　　　　　　　　　　（b）断面

■図 10.20　同軸ケーブル

■表 10.1　5D2V の数字又はアルファベットの意味

英数字	意　味
5	外部導体の内径（＝絶縁体の外径）の概略を〔mm〕単位で表す
D	特性インピーダンスを表す：D は 50 Ω，C は 75 Ω
2	絶縁体の材料を表す：2 はポリエチレン，F は発泡ポリエチレン
V	V は一重導体編組，W は二重導体編組，B は両面アルミ箔貼付プラスチックテープを表す

特性インピーダンスは 50 Ω と 75 Ω の 2 種類があります．

関連知識　表皮効果

　マイクロ波のような高い周波数では，電線の表面に近い部分だけに電流が流れようとします．これを表皮効果といいます．これにより，内部導体の抵抗損が増え，減衰しやすくなります．

10.4.2　導波管

　導波管は，**円形や方形**の金属管で作られており，内部は空洞（**中空**）になっています．導波管内に発射された電波は外部に**漏れる**ことなく，導波管の内部を反射して進行します．

　導波管は，**遮断周波数以下の周波数の信号は伝送することはできない**ので，一種の高域通過フィルタです．

10
章

導波管の大きさは波長λに比例します．$f = v/\lambda$（f：周波数，v：電波の速度）の関係より，高い周波数の場合，波長が小さくなるため，導波管の外径は**小さく**なります．

10.4.3　アンテナと給電線の接続

アンテナの入力インピーダンスと給電線の特性インピーダンスを整合させて使用しますが，同軸ケーブルの特性インピーダンスとアンテナのインピーダンスの値が等しくないとき（整合がとれていないとき）は，反射波が生じ，入射波と反射波が干渉して定在波が発生します．これにより，電波の放射効率が低下します．

入射波の電圧を V_i，反射波の電圧を V_r とすると，反射係数 Γ は

$$|\Gamma| = \frac{V_r}{V_i} \tag{10.1}$$

となります．また，**電圧定在波比**（VSWR：Voltage Standing Wave Ratio）を S とすると

$$S = \frac{1 + |\Gamma|}{1 - |\Gamma|} \tag{10.2}$$

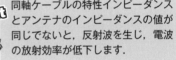

同軸ケーブルの特性インピーダンスとアンテナのインピーダンスの値が同じでないと，反射波を生じ，電波の放射効率が低下します．

となります．

反射がなく整合が完全（反射波の電圧 $V_r = 0$）の場合，反射係数 Γ は **0** になるので，電圧定在波比 VSWR は **1** になります．

半波長ダイポールアンテナと不平衡形の同軸ケーブルを接続する場合，半波長ダイポールアンテナは平衡形で，同軸ケーブルは不平衡形なので，直接接続すると不要放射などが生じます．そこで**バラン**を挿入して整合をとります．

関連知識　バラン

　バラン（balun）は <u>bal</u>anced to <u>un</u>balanced transformer の略で，平衡・不平衡変換器です．

問題 6 ★★★　　　　　　　　　　　　　　　　　　　→ 10.4.1

　次の記述は，**図 10.21** に示す原理的な構造の小電力用の同軸ケーブルについて述べたものである．□□□内に入れるべき字句を下の番号から選べ．

(1) 同心円状に内部導体と外部導体を配置した構造で，□ ア □形給電線として広く用いられている．

(2) 図の「A」の部分は，□ イ □である．

(3) マイクロ波のように周波数が高くなると，□ ウ □により内部導体の抵抗損が増える．

(4) 平行二線式給電線に比べて外部からの電波の影響を受けることが□ エ □．

(5) 特性インピーダンスは，□ オ □のものが多い．

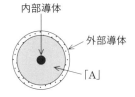

内部導体

外部導体

「A」

■図 10.21　同軸ケーブルの断面

1　不平衡	2　誘電体	3　ゼーベック効果	4　多い
5　50 Ω と 75 Ω	6　平衡	7　磁性体	8　表皮効果
9　少ない	10　300 Ω		

10章

解説　同軸ケーブルは，**誘電体**（絶縁体）の内部に内部導体があり，それを覆うように外部導体を巻いた構造の**不平衡形**の給電線です．マイクロ波のように周波数が高くなると，**表皮効果**により，内部導体の抵抗損が増え，減衰しやすくなります．

　同軸ケーブルは，外部導体にシールド効果があるため，外部から電波の影響を**受けにくい**特徴があります．同軸ケーブルの特性インピーダンスは **50 Ω** と **75 Ω** があります．

答え▶▶▶ア－1　イ－2　ウ－8　エ－9　オ－5

問題 7 ★★★　　　　　　　　　　　　　　　　　　　　　→10.4.2

　次の記述は，マイクロ波（SHF）帯の伝送線路として用いられる導波管について述べたものである．このうち正しいものを 1，誤っているものを 2 として解答せよ．

　ア　一般に断面は，六角形である．

　イ　導波管の内部は，通常，磁性体である．

　ウ　基本モードの遮断周波数以下の周波数の信号は，伝送されない．

　エ　一般に，電波が管内から外部へ漏洩することはない．

　オ　基本モードで伝送するときは，高い周波数に用いる導波管ほど外径が大きい．

解説　ア　「**六角形**」でなく，正しくは「**方形や円形**」です．

イ　「**磁性体**」でなく，正しくは「**中空（空気）**」です．

オ　「外径が**大きい**」でなく，正しくは「外径が**小さい**」です．

答え▶▶▶アー2　イー2　ウー1　エー1　オー2

問題 8 ★★★　　　　　　　　　　　　　　　　　　　　　→10.4.3

　次の記述は，アンテナと給電線について述べたものである．このうち正しいものを 1，誤っているものを 2 として解答せよ．

　ア　通常，アンテナの入力インピーダンスと給電線の特性インピーダンスを整合させて使用する．

　イ　アンテナと給電線のインピーダンスの整合がとれているとき，給電線上に定在波が生ずる．

　ウ　アンテナと給電線のインピーダンスの整合がとれているときの電圧定在波比（VSWR）は 0 である．

　エ　半波長ダイポールアンテナは平衡形アンテナである．また，同軸給電線は不平衡形給電線である．

　オ　半波長ダイポールアンテナと同軸給電線を接続して電波を効率よく放射するには，バランなどを用いる．

解説　イ　「定在波が**生ずる**」でなく，正しくは「定在波が**生じない**」です．

ウ　「電圧定在波比（VSWR）は **0**」でなく，正しくは「電圧定在波比（VSWR）は **1**」です．

答え▶▶▶アー1　イー2　ウー2　エー1　オー1

問題 9 ★★ → 10.4.3

次の記述は，アンテナと給電線の接続について述べたものである．ᅟ　　内に入れるべき字句を下の番号から選べ．ただし，送信機と給電線は整合しているものとする．

(1) アンテナの入力インピーダンスと給電線の ｜ ア ｜ を整合させて接続する．

(2) アンテナと給電線の整合がとれているとき，給電線に ｜ イ ｜ ．

(3) アンテナと給電線の整合がとれているとき，電圧定在波比（VSWR）の値は， ｜ ウ ｜ である．

(4) アンテナと給電線の整合がとれているとき，反射係数は， ｜ エ ｜ である．

(5) 平衡形アンテナの半波長ダイポールアンテナと不平衡給電線の同軸給電線を接続するための変換器として，一般に， ｜ オ ｜ が用いられる．

1 損失抵抗	2 定在波が生じる	3 1		4 ∞
5 バラン	6 特性インピーダンス	7 定在波が生じない		8 2
9 0	10 サーキュレータ			

解説 　アンテナの入力インピーダンスと給電線の**特性インピーダンス**を整合させて接続します．アンテナと給電線の整合がとれているとき，給電線に**定在波が生じない**ので，電圧定在波比（VSWR）の値は **1**，反射係数は **0** となります．

半波長ダイポールアンテナは平衡形で，同軸ケーブルは不平衡形なので，直接接続すると不要放射などが生じます．そこで**バラン**を挿入して整合をとります．

答え▶▶▶ア－6　イ－7　ウ－3　エ－9　オ－5

10
章

11章 電波伝搬

この章から **1** 問出題

電波は，電界と磁界からなる横波です．電波の速度と波長と周波数の関係，偏波などの電波の性質と伝わり方を学びます．HF，VHF，UHF，SHF 帯の電波伝搬の特徴を明らかにしておきましょう．

11.1 電波の性質

11.1.1 電界と偏波面

電波は電界と磁界が伴って存在し，真空中では光速度（3×10^8 m/s）で伝搬します．電界と磁界の振動方向は，どちらもそれぞれの進行方向に**直交**する面内にあり，互いに垂直になっている**横波**です．このうち電界の振動する面を**偏波面**といい，偏波面が波の進行方向に対して一定である場合を**直線偏波**といいます．また，偏波面が時間的に回転する場合を**円偏波**といいます．直線偏波の電波の場合，**図 11.1** に示すように電界が地面に対して水平の場合を**水平偏波**，垂直の場合を**垂直偏波**といいます．実線で示したのが電界の振動方向，点線で示したのが磁界の振動方向です．

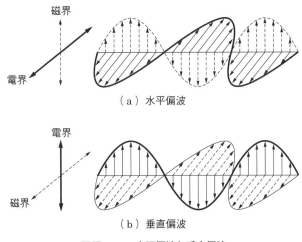

（a）水平偏波

（b）垂直偏波

■**図 11.1　水平偏波と垂直偏波**

偏波面は電波を受信するときに影響します．アンテナの向きを電界の振動方向に一致するように設置すると，電波の受信効率がよくなります．テレビ用のアンテナの多くが水平に設置してあるのは，多くのテレビ放送局で発射されている電波が，水平偏波で送信されているからです．

▍11.1.2　電波の周波数と波長

図 **11.2** のように，一つの波の繰返しに要する時間を**周期**（通常 T で表す），1 秒間に繰返しが何回起きるかを**周波数**（通常 f で表す）といいます．周期の単位は〔s〕（秒），周波数の単位は〔Hz〕（ヘルツ）です．

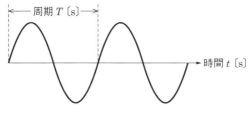

■**図 11.2　波の周期**

周期 T〔s〕と周波数 f〔Hz〕は逆数の関係にあり，次式で表すことができます．

$$T = \frac{1}{f}, \ f = \frac{1}{T} \tag{11.1}$$

周波数は 1 秒あたりの波の繰返し数で，一つの波の長さの波長 λ〔m〕をかけると，1 秒に波が進む距離になります．これが電波の速度 c〔m/s〕で次式になります．

$$c = f\lambda \tag{11.2}$$

式（11.2）を変形すると，次式になります．

$$f = \frac{c}{\lambda}, \ \lambda = \frac{c}{f} \tag{11.3}$$

波長はアンテナの長さを求めるときに必要になりますので，任意の周波数の波長を計算できるようにしましょう．

電波の周波数 f と周期 T の関係は，$f = \dfrac{1}{T}$

電波の速度 c，周波数 f，波長 λ の関係は，$c = f\lambda$

電波の固有インピーダンスについて学習します．

真空中における電界の強さ E〔V/m〕と磁界の強さ H〔A/m〕の比

$$Z = \frac{E}{H} = \sqrt{\frac{\mu_0}{\varepsilon_0}} \tag{11.4}$$

を**固有インピーダンス**といいます.

　真空中の誘電率 $\varepsilon_0 = \dfrac{10^{-9}}{36\pi} \fallingdotseq 8.85 \times 10^{-12}\ \mathrm{F/m}$, 透磁率 $\mu_0 = 4\pi \times 10^{-7}\ \mathrm{H/m}$ なので, 固有インピーダンス Z は

$$Z = \frac{E}{H} = \sqrt{\frac{\mu_0}{\varepsilon_0}} = \sqrt{4\pi \times 10^{-7} \times 36\pi \times 10^9} = \sqrt{4\pi \times 36\pi \times 10^2} = 120\pi$$

$$\fallingdotseq 377\ \Omega \tag{11.5}$$

になります.

　また, 真空中の光速度 c は, 次のように求めることができます.

$$c = \frac{1}{\sqrt{\varepsilon_0 \mu_0}} = \frac{1}{\sqrt{(10^{-9}/36\pi) \times (4\pi \times 10^{-7})}} = \frac{1}{\sqrt{(10^{-16}/9)}} = \sqrt{9 \times 10^{16}}$$

$$= 3 \times 10^8\ \mathrm{m/s} \tag{11.6}$$

　自由空間中の光速度は, 誘電率を ε〔F/m〕, 透磁率を μ〔H/m〕とすると

$$c = \frac{1}{\sqrt{\varepsilon\mu}} \tag{11.7}$$

となります.

問題 1　★★★　　　　　　　　　　　　　　　　　　→11.1.1, 11.1.2

　次の記述は, 電波の基本的性質について述べたものである. 　　　内に入れるべき字句を下の番号から選べ. ただし, 電波の伝搬速度 (空気中) を c〔m/s〕, 周波数を f〔Hz〕及び波長を λ〔m〕とする.

(1) 電波は, 　ア　である.

(2) 電波は, 互いに　イ　電界と磁界から成り立っている.

(3) 電波の伝搬速度 c は, 約　ウ　である.

(4) λ と c と f との関係は, $\lambda =$　エ　である.

(5) 電波の電界の振動する方向を偏波といい, 偏波面が常に大地に対して垂直なものを　オ　という.

1　縦波	2　直交する	3　3×10^{10}〔m/s〕	4　cf	5　垂直偏波
6　横波	7　平行な	8　3×10^8〔m/s〕	9　c/f	10　水平偏波

解説 電波は電界と磁界が伴って存在し，互いに**直交する**面内にあり，互いに垂直になっている**横波**です．電波の電界の振動する方向を偏波といい，偏波面が常に大地に対して垂直なものを**垂直偏波**といいます．

電波の波長 λ と速度 c と周波数 f には，$\lambda = c/f$ の関係があり，電波の伝搬速度 c は，約 3×10^8 **m/s** です．

答え▶▶▶アー6　イー2　ウー8　エー9　オー5

問題 2 ★★　→ 11.1.2

次の記述は，自由空間における電波の速度 c 及び固有インピーダンス Z について述べたものである．□内に入れるべき字句の正しい組合せを下の番号から選べ．ただし，電波の周波数を f〔Hz〕及び波長を λ〔m〕とし，自由空間の誘電率を ε〔F/m〕及び透磁率を μ〔H/m〕とする．また，自由空間の磁界強度を H〔A/m〕，電界強度を E〔V/m〕とする．

(1) c は，f と λ で表すと，$c = \boxed{\text{A}}$〔m/s〕である．
(2) c は，ε と μ で表すと，$c = \boxed{\text{B}}$〔m/s〕である．
(3) Z は，H と E で表すと，$Z = \boxed{\text{C}}$〔Ω〕である．

	A	B	C
1	$f^2\lambda$	$1/(\varepsilon\mu)$	H/E
2	$f^2\lambda$	$1/\sqrt{\varepsilon\mu}$	E/H
3	$f^2\lambda$	$1/(\varepsilon\mu)$	E/H
4	$f\lambda$	$1/\sqrt{\varepsilon\mu}$	E/H
5	$f\lambda$	$1/(\varepsilon\mu)$	H/E

解説 (1) 波長 λ を速度 c と周波数 f で表すと，$c = f\lambda$ となります．
(2) 速度 c を自由空間の誘電率 ε と透磁率 μ で表すと，$c = 1/\sqrt{\varepsilon\mu}$ となります．
(3) 固有インピーダンス Z を自由空間の磁界強度 H と電界強度 E で表すと，$Z = E/H$ となります．

答え▶▶▶ 4

11.2　電波伝搬

11.2.1　電波の伝わり方

　電波は，真空中では，1秒間に 3×10^8 m（30万km）進みます．しかし，電波が媒質中（例えば，空気中や水蒸気を多く含む大気中など）を伝搬する場合は，3×10^8 m/s より遅くなります．

　電波の伝わり方の種類には，地面から近い順番に「地上波伝搬」，「対流圏伝搬」「電離層伝搬」があります．電波の伝わり方を図に示したものを**図11.3**，電波の伝わり方を分類したものを**表11.1**に示します．

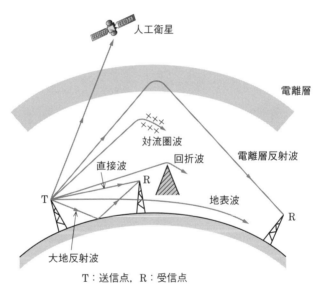

T：送信点，R：受信点

■**図11.3　電波の伝わり方**

（1）地上波伝搬

　送受信間の距離が近く，大地，山，海などの影響を受けて伝搬する電波を**地上波**といいます．地上波には，「直接波」「大地反射波」「地表波」「回折波」があります．地上波が伝搬するのを**地上波伝搬**といいます．

■表11.1　電波の伝わり方の分類

伝搬の種類	名　称	特　徴
地上波伝搬	直接波	送信アンテナから受信アンテナに直接伝搬
	大地反射波	地面で反射し伝搬
	地表波	地表面に沿って伝搬
	回折波	山の陰のような見通し外でも伝搬
対流圏伝搬	対流圏波	大気（屈折率）の影響を受けて伝搬
電離層伝搬	電離層反射波	遠距離通信可能

注）電離層伝搬を考えなくてもよい伝搬を対流圏伝搬といいます.

直接波：送信アンテナから受信アンテナに直接到達する電波.

大地反射波：送信アンテナから出て，地面に反射して受信アンテナに到達する電波.

地表波：地表面に沿って伝搬する電波. 波長が短くなるにしたがって地表面による損失が増加し伝搬距離が短くなる.

回折波：送受信点間に山などの障害物があり，見通し距離外でも回り込んで到達する電波.

（2）対流圏伝搬

　地上からの高さが 12 km 程度（緯度，経度，季節により高さは変化）までを**対流圏**といいます. 対流圏では高度が高くなるに従って大気が薄くなり，温度が 100 m につき約 0.6℃ 程下がります. 大気が薄くなると屈折率が小さくなり，電波は地上方向にわん曲して伝搬するようになります. このように対流圏の影響をうけて電波が伝搬するのを**対流圏伝搬**といいます.

（3）電離層伝搬

　電離層は太陽から出る放射線により発生したイオンと電子からなる電離気体で，地面に近い方から，D 層，E 層，F 層と名付けられています. 電離層の密度は，太陽活動，季節，時刻などで常に変化しています. 電離層での伝搬を**電離層伝搬**といい，電離層は短波帯の電波伝搬に大きな影響を与え，小さな電力の電波でも電離層で反射し遠距離まで伝搬します. 超短波帯以上の電波は電離層を利用できませんが，**春から夏**にかけて昼間に**スポラジック E 層**が出現し，超短波の電波を反射し遠距離通信ができることがあります.

> 📡 **Column**＼　**電離層になぜ A 層，B 層，C 層がないの？**
>
> 　電離層があることを確認したのは，アップルトン（イギリスのノーベル賞受賞者）です．論文の中で，電離層反射波の電界を表すのに E を用いたので E 層と命名しました．その後，E 層より高い場所に反射層が見つかり，F 層と命名しました．同様に，E 層より低い場所にも反射層が見つかり，D 層と命名されました．よって，D 層〜F 層しかなく，A 層，B 層，C 層はありません．

▌11.2.2　VHF，UHF，SHF の電波伝搬

　VHF，UHF，SHF 電波の伝搬は基本的には見通し距離内伝搬ですが例外もあります．

(1) 超短波（VHF）及び極超短波（UHF）の電波伝搬

- 直接波による見通し**距離内**の伝搬の利用が主体である．
- 見通し距離内の通信では，直接波と大地反射波が利用される．
- 電離層を突き抜けるので電離層は利用できない（反射波は**無視できる**）．
- 電波の見通し距離は，一般に電波が地表の方に曲がりながら伝搬するので，幾何学的な見通し距離より少し**長くなる**．
- **春から夏**にかけて時々発生する電離層のスポラジック E 層（Es 層）により、VHF 帯の電波が見通し外に伝搬することがある．
- 大気中に温度の異常（逆転層）が生じて**ラジオダクトが形成され**、より遠方まで伝搬することがある．
- 地表波伝搬では中波（MF）帯に比べて減衰が**大きい**．
- UHF 電波は VHF 電波に比べ，受信アンテナの高さを変えると電波の強さが大きく変化し，建造物や樹木などの障害物による減衰も大きくなる．

> 　地上からの高さが高くなると温度が低下しますが，温度の逆転層があると，ラジオダクトが発生し，VHF 帯や UHF 帯の電波が遠くまで伝搬することがあります．

(2) マイクロ波（SHF）の電波伝搬

- 波長が**短い**．
- 光と同様に**直進性が強く**，見通し内の通信に使用される．

- 電離層の影響はほとんど受けない.
- 標準大気中では,高度が高くなると屈折率が減少するため,一般の地球の半径より大きな半径の円弧状の伝搬路に沿って伝搬する.
- 見通し距離より遠くなると,受信電界強度の減衰が大きくなる.
- 波長が短くなるので,小型で指向性の鋭いアンテナを使用できる.
- 固定回線では,**直接波**による伝搬が主体である.
- 超短波(VHF)帯の電波と比べ,伝搬距離に対する**損失(自由空間基本伝送損失)が大きい**.
- 概ね 10 GHz 以上の周波数になると降雨による影響を**受けやすい**.

問題 3 ★★ ➡ 11.2.2

次の記述は,超短波(VHF)帯から極超短波(UHF)帯の電波伝搬について述べたものである. ☐ 内に入れるべき字句の正しい組合せを下の番号から選べ.

(1) 地表波伝搬では中波(MF)帯に比べて減衰が A .
(2) 大気中に温度の異常(逆転層)が生じて B ,より遠方まで伝搬することがある.
(3) C にかけて時々発生する電離層のスポラジックE層(Es層)により,電波の見通し距離外に伝搬することがある.

	A	B	C
1	大きい	ラジオダクトが形成され	春から夏
2	大きい	電離層が形成され	秋から冬
3	大きい	ラジオダクトが形成され	秋から冬
4	小さい	電離層が形成され	秋から冬
5	小さい	ラジオダクトが形成され	春から夏

解説 地表波伝搬では中波帯に比べて減衰が**大きい**です.大気中に温度の異常(逆転層)が生じて**ラジオダクトが形成され**,より遠方まで伝搬することがあります.また,**春から夏**にかけて,電離層のスポラジックE層によって電波の見通し距離外に伝搬することがあります.

答え ▶ ▶ ▶ 1

11章

問題 4 ★★★ ➡ 11.2.2

　次の記述は，超短波（VHF）帯及び極超短波（UHF）帯の電波伝搬について述べたものである．□□□内に入れるべき字句の正しい組合せを下の番号から選べ．

(1) 電離層による反射は，一般に［　A　］．

(2) 通信では，直接波による見通し［　B　］の伝搬の利用が主体となる．

(3) 電波の見通し距離は，一般に電波が地表の方に曲がりながら伝搬するので，幾何学的な見通し距離より少し［　C　］なる．

	A	B	C
1	無視できる	距離外	短く
2	無視できる	距離内	長く
3	無視できる	距離外	長く
4	無視できない	距離内	長く
5	無視できない	距離外	短く

解説　(1) 電離層を突き抜けるため，反射波は**無視できます**．

(2) 直接波による見通し**距離内**の通信で利用されます．

(3) 大気の屈折率は上空に行くほど小さくなり，電波が地表の方に曲がりながら伝搬するため，幾何学的な見通し距離より少し**長く**なります．

答え ▶▶▶ 2

問題 5 ★★★ ➡ 11.2.2

　次の記述は，マイクロ波（SHF）帯の電波の一般的な特徴について述べたものである．□□□内に入れるべき字句を下の番号から選べ．

(1) 超短波（VHF）帯の電波と比べ，波長が［　ア　］．

(2) 超短波（VHF）帯の電波と比べ，電波の直進性が［　イ　］．

(3) 固定回線では，［　ウ　］による伝搬が主体である．

(4) 超短波（VHF）帯の電波と比べ，伝搬距離に対する［　エ　］．

(5) 概ね 10 GHz 以上の周波数になると降雨による影響を［　オ　］．

　　1　短い　　　2　弱い　　　3　電離層（F層）反射波

　　4　損失（自由空間基本伝送損失）が大きい　　　5　受けやすい

　　6　長い　　7　強い　　8　直接波

　　9　損失（自由空間基本伝送損失）が小さい　　　10　受けにくい

解説 マイクロ波は波長が**短く**，直進性が**強い**性質があり，伝搬距離に対する**損失（自由空間基本伝送損失）**が**大きく**なります．

固定回線では，**直接波**によって伝搬され，概ね10 GHz以上の周波数では降雨による影響を**受けやすく**なります．

答え▶▶▶アー1　イー7　ウー8　エー4　オー5

問題 6 ★★★　　　　　　　　　　　　　　　　　　　　→11.2.2

次の記述は，超短波（VHF）帯の電波と比べたときのマイクロ波（SHF）帯の電波の一般的な特徴について述べたものである．このうち正しいものを1，誤っているものを2として解答せよ．

ア　波長が長い．

イ　電波の直進性が顕著である．

ウ　電離層による反射波による伝搬が主体である．

エ　伝搬距離に対する損失（自由空間基本伝送損失）が小さい．

オ　10 GHz以上の周波数になると降雨による影響を受けやすい．

解説 ア　「波長が**長い**」ではなく，正しくは「波長が**短い**」です．

ウ　電離層の影響はほとんど受けません．なお，電離層による反射波によって伝搬を行うのは短波（HF）です．

エ　「伝搬距離に対する損失が**小さい**」ではなく，正しくは「伝搬距離に対する損失が**大きい**」です．

答え▶▶▶アー2　イー1　ウー2　エー2　オー1

11章

2編
法　　規

1章 電波法の概要

この章から 0 〜 1 問出題

電波法令は，法律（電波法），政令（電波法施行令など），省令（無線局運用規則など）から構成されています．本章では，電波法令の必要性と用語の定義を学びます．

1.1 電波法の目的

電波法は 1950 年（昭和 25 年）6 月 1 日に施行されました（6 月 1 日は「電波の日」です）．電波は限りある貴重な資源ですので，許可なく自分勝手に使用することはできません．電波を秩序なしに使うと混信や妨害を生じ，円滑な通信ができなくなりますので約束事が必要になります．この約束事が電波法です．

電波法は法律全体の解釈・理念を表しています．細目は政令や省令に記されています．

電波法が施行される前の電波に関する法律は無線電信法でした．無線電信法は「無線電信及び無線電話は政府これを管掌す」とされ，「電波は国家のもの」でしたが，電波法になって初めて「電波が国民のもの」になりました．

電波法　第 1 条（目的）

　この法律は，電波の**公平かつ能率的な利用**を確保することによって，**公共の福祉を増進すること**を目的とする．

問題 1 ★　　　　　　　　　　　　　　　　　　　　　　　　→ 1.1

　次の記述は，電波法の目的について，電波法（第 1 条）の規定に沿って述べたものである．☐☐☐☐内に入れるべき字句の正しい組合せを下の 1 から 4 までのうちから一つ選べ．

　この法律は，電波の ☐ A ☐ を確保することによって，☐ B ☐ することを目的とする．

	A	B
1	有効且つ適正な利用	社会の発展に寄与すること
2	有効且つ適正な利用	公共の福祉を増進すること
3	公平且つ能率的な利用	社会の発展に寄与すること
4	公平且つ能率的な利用	公共の福祉を増進すること

答え▶▶▶ 4

出題傾向　電波法第 1 条の出題は少ないですが，電波法の根幹をなすものですのでしっかりと理解しましょう．

1.2 電波法令

電波法令は電波を利用する社会の秩序維持に必要な法令です．電波法令は，**表1.1**に示すように，国会の議決を経て制定される法律である「**電波法**」，内閣の議決を経て制定される「**政令**」，総務大臣により制定される「**総務省令**（以下，**省令**という）」から構成されています．

■表1.1　電波法令の構成

電波法令	電波法（法律）		国会の議決を経て制定される
	命令	政令	内閣の議決を経て制定される
		省令（総務省令）	総務大臣により制定される

電波法は**表1.2**に示す内容で構成されています．

■表1.2　電波法の構成

第1章	総則（第1条〜第3条）
第2章	無線局の免許等（第4条〜第27条の36）
第3章	無線設備（第28条〜第38条の2）
第3章の2	特定無線設備の技術基準適合証明等（第38条の2の2〜第38条の48）
第4章	無線従事者（第39条〜第51条）
第5章	運用（第52条〜第70条の9）
第6章	監督（第71条〜第82条）
第7章	審査請求及び訴訟（第83条〜第99条）
第7章の2	電波監理審議会（第99条の2〜第99条の14）
第8章	雑則（第100条〜第104条の5）
第9章	罰則（第105条〜第116条）

政令には，**表1.3**に示すようなものがあります．

■表1.3　政令

電波法施行令
電波法関係手数料令

省令には，**表1.4**に示すようなものがあります．「無線局運用規則」のように「〜規則」と呼ばれるものは省令です．

■表1.4　省令（総務省令）

電波法施行規則
無線局免許手続規則
無線局（基幹放送局を除く）の開設の根本的基準
特定無線局の開設の根本的基準
基幹放送局の開設の根本的基準
無線従事者規則
無線局運用規則
無線設備規則
電波の利用状況の調査等に関する省令
無線機器型式検定規則
特定無線設備の技術基準適合証明等に関する規則
測定器等の較正に関する規則
登録検査等事業者等規則
電波法による伝搬障害の防止に関する規則

1.3　電波法の条文の構成

条文は，**表1.5**のように，「条」「項」「号」で構成されています．

■表1.5　条文の構成

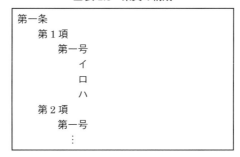

注）本書では，「条」の漢数字をアラビア数字（例：第14条），「項」をアラビア数字（例：2），「号」の漢数字を括弧付きのアラビア数字（例：(1)）で表すことにします．

例として電波法第14条の一部を示します．

電波法 第14条（免許状）

総務大臣は，免許を与えたときは，免許状を交付する．←（第1項の数字は省略）

2　免許状には，次に掲げる事項を記載しなければならない．　　←（第2項）

(1) 免許の年月日及び免許の番号

(2) 免許人（無線局の免許を受けた者をいう．以下同じ）の氏名又は名称及び住所

(3) 無線局の種別

(4) 無線局の目的（主たる目的及び従たる目的を有する無線局にあっては，その主従の区別を含む）

(5)〜(11) は省略

3　基幹放送局の免許状には，前項の規定にかかわらず，次に掲げる事項を記載しなければならない．　　　　　　　　　　　　　　　←（第3項）

(1) 前項各号（基幹放送のみをする無線局の免許状にあっては，(5) を除く）に掲げる事項

以下略

例えば，上記の「無線局の種別」は，電波法第14条第2項第三号ですが，本書では電波法第14条第2項（3）と表記します．

Point

航空通の試験では条数を問う問題は出題されませんので，法令の第〇条といった条数は覚える必要はありませんが，インターネットで電波法などの法令を検索する際の参考として掲載しています．

1.4　用語の定義

条文は，**表 1.5** のように，「条」「項」「号」で構成されています．

電波法　第 2 条（定義）

(1)「電波」とは，**300 万 MHz** 以下の周波数の電磁波をいう．

> 周波数を f とすると，300 万 MHz は，$f = 3 \times 10^{12}$ Hz になります．電波の波長を λ〔m〕とすると，電波の速度 $c = 3 \times 10^8$ m/s より，$\lambda = c/f = (3 \times 10^8)/(3 \times 10^{12}) = 10^{-4}$ m となります．すなわち，波長が 0.1 mm より長い電磁波が電波ということになります．

(2)「無線電信」とは，電波を利用して，符号を送り，又は受けるための通信設備をいう．

(3)「無線電話」とは，電波を利用して，音声その他の音響を送り，又は受けるための通信設備をいう．

(4)「無線設備」とは，無線電信，無線電話その他電波を送り，又は受けるための電気的設備をいう．

(5)「無線局」とは，無線設備及び無線設備の**操作**を行う者の総体をいう．ただし，受信のみを目的とするものを含まない．

> 「無線局」は物的要素である「無線設備」と，人的要素である「無線設備の操作を行う者」の総体をいいます．「無線設備」というハードウエアだけがあっても，操作を行う人がいないと「無線局」にはなりません．

(6)「無線従事者」とは，無線設備の**操作又はその監督**を行う者であって，総務大臣の免許を受けたものをいう．

問題 2 ★ →1.4

次の記述のうち，用語の定義として正しいものはどれか．電波法（第2条）の規定に照らし，下の1から4までのうちから一つ選べ．

1 「電波」とは，500万MHz以下の周波数の電磁波をいう．

2 「無線電話」とは，電波を利用して，音声その他の音響を送り，又は受けるための通信設備をいう．

3 「無線従事者」とは，無線設備の操作又はその管理を行う者であって，総務大臣の免許を受けたものをいう．

4 「無線局」とは，無線設備及び無線設備の管理を行う者の総体をいう．ただし，受信のみを目的とするものを含まない．

解説 1 「**500万** MHz」ではなく，正しくは「**300万** MHz」です．

3 「無線設備の操作又はその**管理**を行う者」ではなく，正しくは「無線設備の操作又はその**監督**を行う者」です．

4 「無線設備及び無線設備の**管理**を行う者」ではなく，正しくは「無線設備及び無線設備の**操作**を行う者」です．

答え▶▶▶ 2

2章 無線局の免許

この章から **2** 問出題

無線局を開設するには総務大臣の免許が必要です．本章では無線局の免許を得るために必要な手続き，免許の有効期間，免許内容の変更，再免許など無線局の開設後に必要な事項も学びます．

2.1 無線局の開設と免許

　無線局は自分勝手に開設することはできません．無線局を開設しようとする者は総務大臣の免許を受けなければなりません．免許がないのに無線局を開設したり，又は運用した者は，1年以下の懲役又は100万円以下の罰金に処せられます．ただし，発射する電波が著しく微弱な場合など，一定の範囲の無線局においては免許を受けなくてもよい場合もあります．

Point　無線設備やアンテナを設置し，容易に電波を発射できる状態にある場合は無線局を開設したとみなされますので注意が必要です．

電波法　第4条（無線局の開設）

　無線局を開設しようとする者は，**総務大臣の免許**を受けなければならない．ただし，次の各号に掲げる無線局については，この限りでない．

(1) 発射する電波が著しく微弱な無線局で総務省令(*1)で定めるもの

　　　　　　*1　電波法施行規則第6条（免許を要しない無線局）第1項

(2) 26.9メガヘルツから27.2メガヘルツまでの周波数の電波を使用し，かつ，空中線電力が0.5ワット以下である無線局のうち総務省令(*2)で定めるものであって，適合表示無線設備のみを使用するもの

　　　　　　　　　　　　　　　　　*2　電波法施行規則第6条第3項

Point　(2)は市民ラジオの無線局が該当します．

(3) 空中線電力が1ワット以下である無線局のうち総務省令(*3)で定めるものであって，指定された呼出符号又は呼出名称を自動的に送信し，又は受信する機能その他総務省令(*4)で定める機能を有することにより他の無線局にその運用を阻害するような混信その他の妨害を与えないように運用することができるもので，かつ，適合表示無線設備のみを使用するもの

＊3 電波法施行規則第6条第4項

＊4 電波法施行規則第6条の2，無線設備規則第9条の4（混信防止機能）

Point

（3）はコードレス電話の無線局，特定小電力無線局，小電力セキュリティシステムの無線局，小電力データシステムの無線局，デジタルコードレス電話の無線局，PHSの陸上移動局などが該当します．

（4）登録局（総務大臣の登録を受けて開設する無線局）

Point

無線局を開設しようとする者は，総務大臣の免許を受けなければなりません．

関連知識 適合表示無線設備

適合表示無線設備とは，電波法で定める技術基準に適合していることを証する表示が付された無線設備のことです．

問題 1 ★★★　　　　　　　　　　　　　　　　　　　➡ 2.1

次の記述は，無線局の開設について述べたものである．電波法（第4条）の規定に照らし，□□□内に入れるべき最も適切な字句の組合せを下の1から4までのうちから一つ選べ．なお，同じ記号の□□□内には，同じ字句が入るものとする．

無線局を開設しようとする者は，　A　．ただし，次に掲げる無線局については，この限りではない．

(1) 発射する電波が著しく微弱な無線局で総務省令で定めるもの

(2) 26.9メガヘルツから27.2メガヘルツまでの周波数の電波を使用し，かつ，空中線電力が0.5ワット以下である無線局のうち総務省令で定めるものであって，　B　のみを使用するもの

(3) 空中線電力が1ワット以下である無線局のうち総務省令で定めるものであって，電波法第4条の2（呼出符号又は呼出名称の指定）の規定により指定された呼出符号又は呼出名称を自動的に送信し，又は受信する機能その他総務省令で定める機能を有することにより他の無線局にその運用を阻害するような混信その他の妨害を与えないように運用することができるもので，かつ，　B　のみを使用するもの

(4) 　C　無線局

	A	B	C
1	総務大臣の免許を受けなければならない	その型式について，総務大臣の行う検定に合格した無線設備の機器	地震，台風，洪水，津波等非常の事態が発生した場合において，臨時に開設する
2	総務大臣の免許を受けなければならない	適合表示無線設備	総務大臣の登録を受けて開設する
3	あらかじめ総務大臣に届け出なければならない	その型式について，総務大臣の行う検定に合格した無線設備の機器	総務大臣の登録を受けて開設する
4	あらかじめ総務大臣に届け出なければならない	適合表示無線設備	地震，台風，洪水，津波等非常の事態が発生した場合において，臨時に開設する

解説　無線局を開設しようとする者は，**総務大臣の免許**を受けなければなりません．なお，「総務大臣の免許がないのに無線局を開設した者は，1 年以下の懲役又は 100 万円以下の罰金に処する」と規定されています．

答え▶▶▶2

2.2　無線局の免許の欠格事由

2.2.1　絶対的欠格事由（外国性の排除）

　電波法第 5 条で「日本の国籍を有しない人などは，無線局の免許を申請しても免許は与えられない」と規定されています．電波は限られた希少な資源であり，周波数も逼迫しており，日本国民の需要を満たすのも充分ではなく，日本の国籍を有しない人などには免許は与えられません．

電波法　第 5 条（欠格事由）第 1 項

次の（1）～（4）のいずれかに該当する者には，無線局の免許を与えない．

（1）日本の国籍を有しない人

（2）外国政府又はその代表者

（3）外国の法人又は団体

2 章

（4）法人又は団体であって，（1）から（3）に掲げる者がその代表者であるもの
又はこれらの者がその役員の3分の1以上若しくは議決権の3分の1以上を
占めるもの

なお，絶対的欠格事由は，実験等無線局，大使館や公使館又は領事館の公用に
供する無線局，アマチュア無線局などには適用されません．

2.2.2 相対的欠格事由（反社会性の排除）

| 電波法 | 第5条（欠格事由）第3項 |

次の（1）～（4）のいずれかに該当する者には，無線局の免許を与えないことが
できる．
（1）電波法又は放送法に規定する罪を犯し罰金以上の刑に処せられ，その執行
を終わり，又はその執行を受けることがなくなった日から2年を経過しない
者
（2）**無線局の免許の取消しを受け，その取消しの日から2年を経過しない者**
（3）電波法第27条の15第1項（第1号を除く．）又は第2項（第3号及び第4
号を除く．）の規定により特定基地局の開設計画に係る認定の取消しを受け，
その取消しの日から2年を経過しない者
（4）無線局の登録の取消しを受け，その取消しの日から2年を経過しない者

| 問題 2 | ★ | ➡2.2.2 |

無線局の免許に関する次の記述のうち，電波法（第5条）の規定に照らし，総
務大臣が無線局の免許を与えないことができる者に該当するものはどれか．下の1
から4までのうちから一つ選べ．
1 無線局の免許の有効期間満了により免許が効力を失い，その効力を失った日
から2年を経過しない者
2 電波法第11条の規定により免許を拒否され，その拒否の日から2年を経過
しない者
3 無線局の免許の取消しを受け，その取消しの日から2年を経過しない者
4 無線局を廃止し，その廃止の日から2年を経過しない者

答え▶▶▶3

2.3　無線局の免許の申請と審査

　無線局の免許を受けようとする者は，申請書に，所定の事項を記載した書類を添えて，総務大臣に提出しなければなりません．

　無線局の免許申請はいつでも行うことができますが，電気通信業務を行うことを目的として陸上に開設する移動する無線局や基幹放送局などの無線局は申請期間を定めて公募することになっています．

2.3.1　一般の無線局の免許の申請

電波法　第6条（免許の申請）第1項〈抜粋・一部改変〉

　無線局の免許を受けようとする者は，**申請書**に，次に掲げる事項を記載した書類を添えて，総務大臣に提出しなければならない．

(1) 目的（2以上の目的を有する無線局であって，その目的に主たるものと従たるものの区別がある場合にあっては，その主従の区別を含む．）

(2) 開設を必要とする理由

(3) 通信の相手方及び通信事項

(4) 無線設備の設置場所（移動する無線局のうち，人工衛星の無線局についてはその人工衛星の軌道又は位置，人工衛星局，船舶の無線局，船舶地球局，航空機の無線局及び航空機地球局以外のものについては移動範囲．）

(5) **電波の型式並びに希望する周波数の範囲**及び空中線電力

(6) 希望する**運用許容時間**（運用することができる時間をいう．）

(7) 無線設備の工事設計及び**工事落成の予定期日**

(8) 運用開始の予定期日

電波法　第6条（免許の申請）第5項

　航空機局（航空機の無線局のうち，無線設備がレーダーのみのもの以外のものをいう．）の免許を受けようとする者は，電波法第6条第1項のほか，その航空機に関する次に掲げる事項を併せて記載しなければならない．

(1) **所有者**

(2) 用途

(3) 型式

(4) 航行区域

(5) 定置場

(6) 登録記号

(7) 航空法第60条の規定により無線設備を設置しなければならない航空機であるときは，その旨

2.3.2　申請の審査

電波法　第7条（申請の審査）第1項

総務大臣は，電波法第6条第1項の申請書を受理したときは，遅滞なくその申請が次の各号のいずれにも適合しているかどうかを審査しなければならない．

(1) **工事設計**が第3章（無線設備）に定める技術基準に適合すること．

(2) **周波数**の割当てが可能であること．

(3) 主たる目的及び従たる目的を有する無線局にあっては，その従たる目的の遂行がその主たる目的の遂行に支障を及ぼすおそれがないこと．

(4) 総務省令で定める無線局（基幹放送局を除く．）の開設の根本的基準に合致すること．

問題 3 ★★★ ➡ 2.3.1

次の記述は，航空機局の開設の手続について述べたものである．電波法（第6条）の規定に照らし，◻◻◻内に入れるべき最も適切な字句を下の1から10までのうちからそれぞれ一つ選べ．

◻ア◻に，次に掲げる事項を記載した書類を添えて，総務大臣に提出しなければならない．

(1) 目的　　　　　　　　　　　(2) 開設を必要とする理由

(3) 通信の相手方及び通信事項　(4) 無線設備の設置場所

(5) ◻イ◻及び空中線電力　　　(6) 希望する ◻ウ◻

(7) 無線設備の工事設計及び ◻エ◻　(8) 運用開始の予定期日

(9) その航空機に関する次の（イ）から（ト）までの事項

　（イ）◻オ◻　　　　（ロ）用途　　　（ハ）型式

　（ニ）航行区域　　　（ホ）定置場　　（ヘ）登録記号

　（ト）航空法第60条の規定により無線設備を設置しなければならない航空機であるときは，その旨

> 1　航空機局を開設しようとする者は，届書
> 2　航空機局の免許を受けようとする者は，申請書
> 3　電波の型式並びに希望する周波数の範囲
> 4　電波の型式，周波数　　5　運用許容時間
> 6　運用義務時間　　　　　7　工事着手の予定期日
> 8　工事落成の予定期日　　9　航空機を運行する者　　10　航空機の所有者

解説　無線局の免許を受けようとする者は，申請書に所定の事項（目的，開設を必要とする理由，通信の相手方及び通信事項，無線設備の設置場所，**電波の型式並びに希望する周波数の範囲**及び空中線電力，希望する**運用許容時間**，無線設備の工事設計及び**工事落成の予定期日**，運用開始の予定期日）を記載した書類を添えて，総務大臣に提出しなければなりません．

なお，**航空機局の免許を受けようとする者**は，前述の所定の事項の他に，航空機に関する次に掲げる事項（**所有者**，用途，型式，航行区域，定置場，登録記号など）を記載しなくてはいけません．

答え▶▶▶ア－2　イ－3　ウ－5　エ－8　オ－10

問題 4　★　　　　　　　　　　　　　　　　　　　　　　　**➡ 2.3.2**

次の記述は，航空機局の免許申請の審査について，述べたものである．電波法（第6条及び第7条）の規定に照らし，□□□内に入れるべき最も適切な字句の組合せを下の1から4までのうちから一つ選べ．

総務大臣は，航空機局の免許の申請書を受理したときは，遅滞なくその申請が次の（1）から（3）までのいずれにも適合しているかどうかを審査しなければならない．

(1)　□A□設計が電波法第3章に定める技術基準に適合すること．
(2)　□B□の割当てが可能であること．
(3)　（1）及び（2）に掲げるもののほか，総務省令で定める無線局の開設の根本的基準に合致すること．

	A	B
1	無線局の	識別信号
2	無線局の	周波数
3	無線設備の工事	識別信号
4	無線設備の工事	周波数

解説 総務大臣は,「**無線設備の工事設計**が電波法に定める技術基準に適合しているか」,「**周波数**の割当てが可能であるかどうか」などを審査します.

答え▶▶▶ 4

2.4 予備免許

予備免許は正式に免許されるまでの一段階にすぎません.予備免許が付与されても,まだ正式に免許された無線局ではありませんので,「試験電波の発射」を行う場合を除いて電波の発射は禁止されています.

2.4.1 予備免許の付与

電波法 第8条（予備免許）

総務大臣は,電波法第7条の規定により審査した結果,その申請が同条第1項各号又は第2項各号に適合していると認めるときは,申請者に対し,次に掲げる事項を指定して無線局の予備免許を与える.

(1) **工事落成の期限**

(2) **電波の型式及び周波数**

(3) 呼出符号（標識符号を含む.）,呼出名称その他の総務省令*で定める識別信号

　　　　　　　　　　　　　　　　　＊ 電波法施行規則第6条の5

(4) **空中線電力**

(5) 運用許容時間

2 総務大臣は,予備免許を受けた者から申請があった場合において,相当と認めるときは,**工事落成の期限**を延長することができる.

予備免許時に指定される事項は,「工事落成の期限」「電波の型式及び周波数」「識別信号」「空中線電力」「運用許容時間」です.

2.4.2 予備免許の工事設計等の変更

予備免許を受けた後,無線設備等の工事をして予備免許の内容を実現する訳ですが,工事の途中で設計の変更が生じる場合があります.その場合,総務大臣の許可を受けて計画を変更することができます.

予備免許を受けた者は，工事設計を変更しようとするときは，あらかじめ総務大臣の許可を受けなければなりません．

電波法　第 9 条（工事設計等の変更）〈抜粋〉

　法第 8 条の予備免許を受けた者は，工事設計を変更しようとするときは，あらかじめ**総務大臣の許可**を受けなければならない．但し，総務省令[*]で定める軽微な事項については，この限りでない．

　　　　　　　　　　　　　　　　　　　　＊　電波法施行規則第 10 条

2　前項ただし書の事項について工事設計を変更したときは，遅滞なくその旨を総務大臣に届け出なければならない．

3　工事設計の変更は，周波数，電波の型式又は空中線電力に変更を来すものであってはならず，かつ，法第 7 条第 1 項（1）又は第 2 項（1）の技術基準（法第 3 章に定めるものに限る．）に合致するものでなければならない．

4　予備免許を受けた者は，無線局の目的，通信の相手方，通信事項，放送事項，放送区域，無線設備の設置場所又は基幹放送の業務に用いられる電気通信設備を変更しようとするときは，あらかじめ**総務大臣の許可**を受けなければならない．

電波法　第 19 条（申請による周波数等の変更）

　総務大臣は，免許人又は第 8 条の予備免許を受けた者が識別信号，電波の型式，周波数，空中線電力又は運用許容時間の指定の変更を申請した場合において，混信の除去その他特に必要があると認めるときは，その指定を変更することができる．

問題 5 　★　　　　　　　　　　　　　　　　　　　→ 2.4.1

　次の記述は，航空移動業務の無線局の予備免許について述べたものである．電波法（第 8 条）の規定に照らし，□□□内に入れるべき最も適切な字句の組合せを下の 1 から 4 までのうちから一つ選べ．なお，同じ記号の□□□内には，同じ字句が入るものとする．

①　総務大臣は，電波法第 7 条（申請の審査）の規定により審査した結果，その申請が同条第 1 項各号に適合していると認めるときは，申請者に対し，次の（1）から（5）までに掲げる事項を指定して，無線局の予備免許を与える．

　（1）　A 　　（2）　B 　　（3）　識別信号　　（4）　C 　　（5）　運用許容時間

②　総務大臣は，予備免許を受けた者から申請があった場合において，相当と認めるときは，①の（1）の A を延長することができる．

	A	B	C
1	工事落成の期限	電波の型式及び周波数	空中線電力
2	工事落成の期限	発射可能な電波の型式及び周波数の範囲	実効輻射電力
3	工事着手の期限	発射可能な電波の型式及び周波数の範囲	実効輻射電力
4	工事着手の期限	電波の型式及び周波数	空中線電力

解説　総務大臣が無線局の予備免許を与えるときに指定する事項は，「**工事落成の期限**」，「**電波の型式及び周波数**」，「**識別信号**」，「**空中線電力**」，「**運用許容時間**」です．

答え ▶▶▶ 1

問題 6 ★★　　　　　　　　　　　　　　　　　　　　**➡ 2.4.2**

　航空移動業務の無線局の予備免許を受けた者が行う工事設計の変更等に関する次の記述のうち，電波法（第8条，第9条及び第19条）の規定に照らし，これらの規定に定めるところに適合するものを1，これらの規定に定めるところに適合しないものを2として解答せよ．

　ア　電波法8条の予備免許を受けた者は，予備免許の際に指定された工事落成の期限を延長しようとするときは，あらかじめ総務大臣に届け出なければならない．

　イ　電波法8条の予備免許を受けた者は，混信の除去等のため予備免許の際に指定された周波数及び空中線電力の指定の変更を受けようとするときは，総務大臣に指定の変更の申請を行い，その指定の変更を受けなければならない．

　ウ　電波法8条の予備免許を受けた者は，無線設備の設置場所を変更しようとするときは，あらかじめ総務大臣に届け出なければならない．ただし，総務省令で定める軽微な事項については，この限りでない．

　エ　電波法8条の予備免許を受けた者は，工事設計を変更しようとするときは，あらかじめ総務大臣の許可を受けなければならない．ただし，総務省令で定める軽微な事項については，この限りでない．

　オ　電波法8条の予備免許を受けた者が行う工事設計の変更は，周波数，電波の型式又は空中線電力に変更を来すものであってはならず，かつ，電波法第7条（申請の審査）第1項第1号の技術基準に合致するものでなければならない．

解説 ア，ウ　工事落成の期限などの予備免許を与えるときに指定する事項を変更する場合や，予備免許を受けた者が行う工事設計の変更等の場合は，総務大臣に申請して許可を受ける必要がありますので，届け出だけでは不十分です．

答え▶▶▶ア-2　イ-1　ウ-2　エ-1　オ-1

2.5　工事落成及び落成後の検査

　予備免許を受けた者は，工事が落成（完了）したときは，その旨を総務大臣に届け出て（落成届），その無線設備等について検査を受けなければなりません．

この検査を新設検査といいます．

> **電波法　第10条（落成後の検査）〈一部改変〉**
> 　電波第8条の予備免許を受けた者は，**工事が落成したとき**は，その旨を総務大臣に届け出て，その**無線設備**，無線従事者の資格及び員数並びに時計及び書類（以下「無線設備等」という.）について検査を受けなければならない.
> 2　前項の検査は，同項の検査を受けようとする者が，当該検査を受けようとする無線設備等について検査等事業者の登録を受けた者が総務省令で定めるところにより行った当該登録に係る点検の結果を記載した書類を添えて前項の届出をした場合においては，その**一部を省略**することができる.

問題 7 ★　→2.5

　次の記述は，航空移動業務の無線局の落成後の検査について述べたものである．電波法（第10条）の規定に照らし，□□□内に入れるべき最も適切な字句の組合せを下の1から4までのうちから一つ選べ．なお，同じ記号の□□□内には，同じ字句が入るものとする．

① 電波法第8条の予備免許を受けた者は，□A□は，その旨を総務大臣に届け出て，その□B□，無線従事者の資格（主任無線従事者の要件に係るものを含む.）及び員数並びに時計及び書類について検査を受けなければならない．

② ①の検査は，①の検査を受けようとする者が，当該検査を受けようとする ┌ B ┐ ，無線従事者の資格及び員数等について登録検査等事業者[注1]又は登録外国点検事業者[注2]が総務省令で定めるところにより行った当該登録に係る点検の結果を記載した書類を添えて①の届出をした場合においては， ┌ C ┐ を省略することができる.

注1 登録検査等事業者とは，電波法第 24 条の 2（検査等事業者の登録）第 1 項の登録を受けた者をいう.

注2 登録外国点検事業者とは，電波法第 24 条の 13（外国点検事業者の登録等）第 1 項の登録を受けた者をいう.

2 章

	A	B	C
1	工事が落成したとき	無線設備	その一部
2	工事落成の期限の日になったとき	無線設備	当該検査
3	工事が落成したとき	電波の型式，周波数及び空中線電力	当該検査
4	工事落成の期限の日になったとき	電波の型式，周波数及び空中線電力	その一部

解説 電波第 8 条の予備免許を受けた者は，**工事が落成したとき**は，その旨を総務大臣に届け出て，その**無線設備**，無線従事者の資格及び員数並びに時計及び書類（以下「無線設備等」という.）について検査を受けなければなりません.

答え ▶ ▶ ▶ 1

問題 8 ★★ ➡ 2.5

航空移動業務の無線局の落成後の検査に関する次の記述のうち，電波法（第 10 条）の規定に照らし，この規定に定めるところに適合するものはどれか. 下の 1 から 4 までのうちから一つ選べ.

1 電波法第 8 条の予備免許を受けた者は，工事が落成したときは，その旨を総務大臣に届け出て，その無線設備，無線従事者の資格（主任無線従事者の要件に係るものを含む.）及び員数並びに時計及び書類について検査を受けなければならない.

2 電波法第 8 条の予備免許を受けた者は，工事落成の期限の日になったときは，その旨を総務大臣に届け出て，電波の型式，周波数及び空中線電力，無線従事者の資格（主任無線従事者の要件に係るものを含む.）及び員数並びに時計及び書類について検査を受けなければならない.

3　電波法第 8 条の予備免許を受けた者は，工事が落成したときは，その旨を総
　　務大臣に届け出て，電波の型式，周波数及び空中線電力，無線従事者の資格（主
　　任無線従事者の要件に係るものを含む．）及び員数並びに計器及び予備品につ
　　いて検査を受けなければならない．
　　4　電波法第 8 条の予備免許を受けた者は，工事落成の期限の日になったときは，
　　その旨を総務大臣に届け出て，その無線設備並びに無線従事者の資格（主任無
　　線従事者の要件に係るものを含む．）及び員数について検査を受けなければな
　　らない．

解説　電波第 8 条の予備免許を受けた者は，**工事が落成したとき**は，その旨を総務
大臣に届け出て，その**無線設備**，**無線従事者の資格及び員数並びに時計及び書類**につい
て検査を受けなければなりません．

答え▶▶▶ 1

免許申請を審査した結果，予備免許の付与に適合していないと認めるとき
は，予備免許は付与されません．工事落成期限経過後，2 週間以内に工事
落成届を提出しないと，総務大臣から無線局の免許を拒否されます．落成
後の検査（新設検査）に不合格になった場合も免許を拒否されます．

2.6　免許の付与，免許の有効期間と再免許

2.6.1　免許の付与

電波法　第 12 条（免許の付与）〈一部改変〉

　総務大臣は，落成後の検査を行った結果，その無線設備が工事設計に合致し，か
つ，その無線従事者の資格及び員数，時計，書類が法の規定に違反しないと認める
ときは，遅滞なく申請者に対し免許を与えなければならない．

2.6.2　免許状

電波法　第 14 条（免許状）第 1 ～ 2 項

　総務大臣は，**免許**を与えたときは，免許状を交付する．
　2　免許状には，次に掲げる事項を記載しなければならない．

（1）免許の年月日及び免許の番号

（2）免許人（無線局の免許を受けた者をいう．）の氏名又は名称及び住所

（3）無線局の種別

（4）無線局の目的（主たる目的及び従たる目的を有する無線局にあっては，その主従の区別を含む．）

（5）通信の相手方及び通信事項

（6）無線設備の設置場所

（7）免許の有効期間

（8）識別信号

（9）電波の型式及び周波数

（10）空中線電力

（11）運用許容時間

2.6.3　免許の有効期間

無線局の免許の有効期間は次のようになっています．

電波法　第 13 条（免許の有効期間）

　免許の有効期間は，免許の日から起算して **5 年**を超えない範囲内において総務省令 ${}^{(*)}$ で定める．ただし，再免許を妨げない．

　　　　　　　　　　　　　　　　　　　＊　電波法施行規則第 7 条～第 9 条

2　船舶安全法第 4 条の船舶の船舶局（「義務船舶局」という．）及び航空法第 60 条の規定により無線設備を設置しなければならない航空機の航空機局（「義務航空機局」という．）の免許の有効期間は，第 1 項の規定にかかわらず，無期限とする．

電波法施行規則　第 7 条（免許等の有効期間）

　法第 13 条第 1 項の総務省令で定める免許の有効期間は，次の（1）～（7）に掲げる無線局の種別に従い，それぞれ（1）～（7）に定めるとおりとする．

（1）地上基幹放送局（臨時目的放送を専ら行うものに限る．）

　　→当該放送の目的を達成するために必要な期間

（2）地上基幹放送試験局 → 2 年

（3）衛星基幹放送局（臨時目的放送を専ら行うものに限る．）

　　→当該放送の目的を達成するために必要な期間

（4）衛星基幹放送試験局 → 2 年

(5) 特定実験試験局（総務大臣が公示する周波数，当該周波数の使用が可能な
地域及び期間並びに空中線電力の範囲内で開設する実験試験局をいう.）
→ 当該周波数の使用が可能な期間

(6) 実用化試験局 → 2 年

(7) その他の無線局 → 5 年

航空局は上記の「(7) その他の無線局」に該当しますので，免許の
有効期間は 5 年です．

2.6.4　再免許

　再免許は，無線局の免許の有効期間満了と同時に，今までと同じ免許内容で新
たに免許状が交付されることです．再免許の申請は次のように行います．

自動車の免許は「更新」といいますが，
無線局の場合は「再免許」といいます．

無線局免許手続規則　第 16 条（再免許の申請）第 1 項〈一部改変〉

　再免許を申請しようとするときは，下記の（1）～（5）に掲げる事項を記載した
申請書を総務大臣又は総合通信局長に提出して行わなければならない．
　（1）無線局の免許を受けようとする者の氏名又は名称及び住所並びに法人に
　　　あっては，その代表者の氏名
　（2）免許を受けようとする無線局の種別及び局数
　（3）希望する免許の有効期間
　（4）識別信号
　（5）免許の番号及び免許の年月日

無線局免許手続規則　第 18 条（申請の期間）〈一部改変〉

　再免許の申請は，下の（1）～（4）の無線局を除き，免許の有効期間満了前 **3 箇
月以上 6 箇月**を超えない期間において行わなければならない．
　（1）アマチュア局（人工衛星等のアマチュア局を除く.）
　　　［免許の有効期間満了前 1 箇月以上 1 年を超えない期間において行わなければ
　　　ならない］

（2）特定実験試験局

　［免許の有効期間満了前1箇月以上3箇月を超えない期間において行わなければならない］

（3）免許の有効期間が1年以内である無線局

　［免許の有効期間満了前1箇月までに行うことができる］

（4）免許の有効期間満了前1箇月以内に免許を与えられた無線局

　［免許を受けた後直ちに再免許の申請を行わなければならない］

無線局免許手続規則　第19条（審査及び免許の付与）第1項

　総務大臣又は総合通信局長は，再免許の申請を審査した結果，その申請が審査要件に適合していると認めるときは，申請者に対し，次に掲げる事項を指定して，**無線局の免許**を与える．

（1）電波の型式及び周波数

（2）識別信号

（3）**空中線電力**

（4）運用許容時間

2.6.5　免許状の備付け

　平成30年3月1日より，免許状の掲示義務（船舶局，無線航行移動局又は船舶地球局を除く）は廃止され，「無線設備の常置場所に備え付けなければならない」と変更されました．

電波法施行規則　第38条（備付けを要する業務書類）第3項

　3　遭難自動通報局（携帯用位置指示無線標識のみを設置するものに限る．），船上通信局，陸上移動局，携帯局，無線標定移動局，携帯移動地球局，陸上を移動する地球局であって停止中にのみ運用を行うもの又は移動する実験試験局（宇宙物体に開設するものを除く．），アマチュア局（人工衛星に開設するものを除く．），簡易無線局（パーソナル無線を除く．）若しくは気象援助局にあっては，第1項の規定にかかわらず，無線設備の常置場所（VSAT地球局にあっては，当該VSAT地球局の送信の制御を行う他の1の地球局（VSAT制御地球局）の無線設備の設置場所とする．）に免許状を備え付けなければならない．

▌2.6.6　免許状の訂正

電波法　第 21 条（免許状の訂正）

　免許人は，免許状に記載した事項に変更を生じたときは，その免許状を総務大臣に提出し，訂正を受けなければならない．

無線局免許手続規則　第 22 条（免許状の訂正）

　免許人は，電波法第 21 条の免許状の訂正を受けようとするときは，次に掲げる事項を記載した申請書を総務大臣又は総合通信局長に提出しなければならない．
　（1）免許人の氏名又は名称及び住所並びに法人にあっては，その代表者の氏名
　（2）無線局の種別及び局数
　（3）識別信号（包括免許に係る特定無線局を除く．）
　（4）免許の番号又は包括免許の番号
　（5）訂正を受ける箇所及び訂正を受ける理由
2　省略
3　第 1 項の申請があった場合において，総務大臣又は総合通信局長は，新たな免許状の交付による訂正を行うことがある．
4　総務大臣又は総合通信局長は，第 1 項の申請による場合のほか，職権により免許状の訂正を行うことがある．
5　免許人は，新たな免許状の交付を受けたときは，遅滞なく旧免許状を**返さなければならない**．

▌2.6.7　免許状の再交付

無線局免許手続規則　第 23 条（免許状の再交付）第 1 項

　免許人は，免許状を破損し，汚し，失った等のために免許状の再交付の申請をしようとするときは，次に掲げる事項を記載した申請書を総務大臣又は総合通信局長に提出しなければならない．
　（1）免許人の氏名又は名称及び住所並びに法人にあっては，その代表者の氏名
　（2）無線局の種別及び局数
　（3）識別信号（包括免許に係る特定無線局を除く．）
　（4）免許の番号又は包括免許の番号
　（5）再交付を求める理由

2.6.8 免許が効力を失った際にとるべき措置

電波法 第22条（無線局の廃止）

　免許人は，その無線局を廃止するときは，**その旨を総務大臣に届け出**なければならない．

電波法 第23条（無線局の廃止）

　免許人が無線局を廃止したときは，免許は，その効力を失う．

電波法 第24条（免許状の返納）

　免許がその効力を失ったときは，免許人であった者は，**一箇月以内**にその免許状を**返納**しなければならない．

電波法 第78条（電波の発射の防止）

　無線局の免許等がその効力を失ったときは，免許人等であった者は，遅滞なく空中線の撤去その他の総務省令で定める電波の発射を防止するために必要な措置を講じなければならない．

電波の発射を防止するために必要な措置として，「航空機用救命無線機及び航空機用携帯無線機においては，電池を取り外すこと」などです．

電波法 第113条〈抜粋・一部改変〉

　次の各号のいずれかに該当する者は，**30万円以下**の罰金に処する．

22　無線従事者が業務に従事することを停止されたのに，無線設備の操作を行った者

罰則の詳細は7章に記載されています．

問題 ⑨ ★★　　　　　　　　　　　　　　　　　　　　　　**➡ 2.6.3, 2.6.4**

　　次の記述は，無線局の免許の有効期間及び再免許について述べたものである．電波法（第 13 条），電波法施行規則（第 7 条及び第 8 条）及び無線局免許手続規則（第 17 条及び第 19 条）の規定に照らし，ｌ　　ｌ内に入れるべき最も適切な字句を下の 1 から 10 までのうちからそれぞれ一つ選べ．

① 　免許の有効期間は，免許の日から起算して　ア　において総務省令で定める．ただし，再免許を妨げない．

② 　義務航空機局の免許の有効期間は，①にかかわらず無期限とする．

③ 　航空局の免許の有効期間は，　イ　とする．

④ 　③の規定は，同一の種別に属する無線局について同時に有効期間が満了するよう総務大臣が定める一定の時期に免許をした無線局に適用があるものとし，免許をする時期がこれと異なる無線局の免許の有効期間は，③の規定にかかわらず，この一定の時期に免許を受けた当該種別の無線局に係る免許の有効期間の満了の日までの期間とする．

⑤ 　③の無線局の再免許の申請は，免許の有効期間満了前　ウ　を超えない期間において行わなければならない (注)．

　　注　無線局免許手続規則第 17 条（申請の期間）第 1 項ただし書及び同条第 2 項において別に定める場合を除く．

⑥ 　総務大臣は，電波法第 7 条（申請の審査）の規定により再免許の申請を審査した結果，その申請が同条の規定に適合していると認めるときは，申請者に対し，次の（1）から（4）までに掲げる事項を指定して，　エ　を与える．

　　（1）電波の型式及び周波数　　（2）識別信号　　（3）　オ　　　（4）運用許容時間

　　1 　10 年を超えない範囲内　　　2 　5 年を超えない範囲内　　　3 　5 年

　　4 　10 年　　　5 　6 箇月以上 12 箇月　　　6 　3 箇月以上 6 箇月

　　7 　無線局の予備免許　　　8 　無線局の免許　　　9 　実効輻射電力

　　10 　空中線電力

解説　　免許の有効期間は，免許の日から起算して **5 年**を超えない範囲内において定められ，航空局の有効期間は **5 年**です．

　　再免許の申請は，免許の有効期間満了前 **3 箇月以上 6 箇月**を超えない期間において行わなければならないとされています（特定実験試験局は 1 箇月以上 3 箇月，アマチュア局は 1 箇月以上 1 年を超えない期間））．

　　総務大臣は，再免許の申請を審査した結果，審査要件に適合していると認めたとき，

申請者に対し，「電波の型式及び周波数」，「識別信号」，「**空中線電力**」，「運用許容時間」を指定して，**無線局の免許**を与えます．

答え▶▶▶アー2　イー3　ウー6　エー8　オー10

2章

問題 10 ★★　　　　　　　　　　　　　　　　　　　→ 2.6.2, 2.6.5～2.6.8

　航空移動業務の無線局の免許状に関する次の記述のうち，電波法（第14条，第21条及び第24条），電波法施行規則（第38条）及び無線局免許手続規則（第23条）の規定に照らし，これらの規定に定めるところに適合するものを1，これらの規定に定めるところに適合しないものを2として解答せよ．

　ア　総務大臣は，無線局の予備免許を与えたときは，免許状を交付する．

　イ　無線局の免許がその効力を失ったときは，免許人であった者は，1箇月以内にその免許状を破棄しなければならない．

　ウ　免許人は，免許状に記載した事項に変更を生じたときは，その免許状を総務大臣に提出し，訂正を受けなければならない．

　エ　免許人は，免許状を汚したために免許状の再交付を申請し，免許状の再交付を受けたときは，遅滞なく旧免許状を廃棄しなければならない．

　オ　免許状は，主たる送信装置のある場所の見やすい箇所に掲げておかなければならない．ただし，掲示を困難とするものについては，その掲示を要しない．

解説　ア　「**予備免許を与えたとき**」ではなく，正しくは「**免許を与えたとき**」です．

イ　「免許状を**破棄**しなければならない」ではなく，正しくは「免許状を**返納**しなければならない」です．

エ　「旧免許状を**廃棄**しなければならない」ではなく，正しくは「旧免許状を**返さ**なければならない」です．

答え▶▶▶アー2　イー2　ウー1　エー2　オー1

問題 11 ★★　　　　　　　　　　　　　　　　　　　　　　→ 2.6.8

　次の記述は，無線局（包括免許に係るものを除く．）の免許がその効力を失ったときにとるべき措置等について述べたものである．電波法（第22条から第24条まで，第78条及び第113条）及び電波法施行規則（第42条の3）の規定に照らし，□□□内に入れるべき最も適切な字句を下の1から10までのうちからそれぞれ一つ選べ．

①　免許人は，その無線局を廃止するときは，□ ア □ならない．

②　免許人が無線局を廃止したときは，免許は，その効力を失う．

163

③　無線局の免許がその効力を失ったときは，免許人であった者は，　イ　にその免許状を　ウ　しなければならない．

④　無線局の免許がその効力を失ったときは，免許人であった者は，遅滞なく空中線の撤去その他総務省令で定める電波の発射を防止するために必要な措置を講じなければならない．

⑤　④の総務省令で定める電波の発射を防止するために必要な措置は，航空機用救命無線機及び航空機用携帯無線機については，　エ　とする．

⑥　④に違反した者は，　オ　に処する．

1　総務大臣の許可を受けなければ　2　その旨を総務大臣に届け出なければ
3　3箇月以内　　4　1箇月以内　　5　返納　　6　廃棄
7　電池を取り外すこと　　　　8　送信機を撤去すること
9　6月以下の懲役又は30万円以下の罰金　　10　30万円以下の罰金

解説　免許人は，その無線局を廃止するときは，**その旨を総務大臣に届け出**なければなりません．また，免許がその効力を失ったときは，免許人であった者は，**1箇月以内**にその免許状を**返納**しなければなりません．

電波の発射を防止するために必要な措置として，「航空機用救命無線機及び航空機用携帯無線機においては，**電池を取り外すこと**」などがあります

答え▶▶▶アー2　イー4　ウー5　エー7　オー10

2.7　免許内容の変更

免許人は，無線局の目的，通信の相手方，通信事項，放送事項，放送区域，無線設備の設置場所若しくは基幹放送の業務に用いられる電気通信設備を変更し，又は無線設備の変更の工事をしようとするときは，あらかじめ総務大臣の許可を受けなければなりません．

無線局を開局した後，免許内容を変更する必要がある場合があります．免許内容を変更する場合には，「免許人の意志で免許内容を変更する場合」と「監督権限によって免許内容を変更する場合」があります．

2.7.1　免許人の意志で免許内容を変更する場合

電波法　第 17 条（変更等の許可）第 1 項

　免許人は，無線局の目的，通信の相手方，**通信事項**，放送事項，放送区域，無線設備の設置場所若しくは基幹放送の業務に用いられる電気通信設備を変更し，又は無線設備の変更の工事をしようとするときは，あらかじめ**総務大臣の許可**を受けなければならない．ただし，次に掲げる事項を内容とする無線局の目的の変更は，これを行うことができない．

　（1）基幹放送局以外の無線局が基幹放送をすることとすること．

　（2）基幹放送局が基幹放送をしないこととすること．

2.7.2　変更検査

電波法　第 18 条（変更検査）

　法第 17 条第 1 項の規定により無線設備の設置場所の変更又は無線設備の変更の工事の許可を受けた免許人は，**総務大臣の検査を受け，当該変更又は工事の結果が同条同項の許可の内容に適合していると認められた後でなければ，許可に係る無線設備を運用してはならない**．ただし，総務省令^(*)で定める場合は，この限りでない．

　　　　　　　　　　　　　　　　　　　　＊　電波法施行規則第 10 条の 4

2　変更検査を受けようとする者が，当該検査を受けようとする無線設備について登録検査等事業者又は登録外国点検事業者が総務省令で定めるところにより行った当該登録に係る点検の結果を記載した書類を総務大臣に提出した場合においては，その一部を省略することができる．

2.7.3　指定事項の変更

電波法　第 19 条（申請による周波数等の変更）

　総務大臣は，免許人又は法第 8 条の予備免許を受けた者が識別信号，電波の型式，周波数，空中線電力又は運用許容時間の指定の変更を申請した場合において，混信の除去その他特に必要があると認めるときは，その指定を変更することができる．

問題 12 ★★　　　　　　　　　　　　　　　➡ 2.4.2, 2.7.1～2.7.3

　航空移動業務の無線局の免許後の変更に関する次の記述のうち，電波法（第17条から第19条まで）の規定に照らし，これらの規定に定めるところに適合しないものはどれか．下の1から4までのうちから一つ選べ．

1　無線局の免許人は，無線局の目的，通信の相手方，通信事項若しくは無線設備の設置場所を変更し，又は無線設備の変更の工事をしようとするときは，あらかじめ総務大臣の許可を受けなければならない^(注)．ただし，無線設備の変更の工事であって，総務省令で定める軽微な事項のものについては，この限りでない．

注　航空移動業務の無線局が基幹放送をすることとすることを内容とする無線局の目的の変更は，これを行うことができない．

2　無線設備の変更の工事は，周波数，電波の型式又は空中線電力に変更を来すものであってはならず，かつ，電波法第7条（申請の審査）第1項の技術基準に合致するものでなければならない．

3　電波法第17条（変更等の許可）の規定により，無線局の通信の相手方，通信事項若しくは無線設備の設置場所の変更又は無線設備の変更の工事の許可を受けた免許人は，総務大臣の検査を受け，当該変更又は工事の結果が同条同項の許可の内容に適合していると認められた後でなければ，当該無線局の無線設備を運用してはならない．ただし，総務省令で定める場合は，この限りでない．

4　総務大臣は，無線局の免許人が電波の型式，周波数又は空中線電力の指定の変更を申請した場合において，混信の除去その他特に必要があると認めるときは，その指定を変更することができる．

解説　3　「無線局の通信の相手方，通信事項若しくは」の部分は不要です．

答え ▶ ▶ ▶ 3

出題傾向　選択肢1の「通信事項」「総務大臣の許可」が穴埋めになっている問題も出題されています．

問題 13 ★★ → 2.7.2

　無線設備の変更の工事について総務大臣の許可を受けた免許人は，どのような手続をとった後でなければ，その許可に係る無線設備を運用することができないか．電波法（第 18 条）の規定に照らし，下の 1 から 4 までのうちから一つ選べ．

1　無線設備の変更の工事の許可を受けた免許人は，総務省令で定める場合を除き，総務大臣の検査を受け，当該無線設備の変更の工事の結果が許可の内容に適合していると認められた後でなければ，許可に係る無線設備を運用してはならない．

2　無線設備の変更の工事の許可を受けた免許人は，申請書にその工事の結果を記載した書面を添えて総務大臣に提出し，許可を受けた後でなければ，その許可に係る無線設備を運用してはならない．

3　無線設備の変更の工事の許可を受けた免許人は，その工事の結果を記載した書面を添えてその旨を総務大臣に届け出た後でなければ，許可に係る無線設備を運用してはならない．

4　無線設備の変更の工事の許可を受けた免許人は，総務省令で定める場合を除き，登録検査等事業者[注1]又は登録外国点検事業者[注2]の検査を受け，当該無線設備の変更の工事の結果が電波法第 3 章（無線設備）に定める技術基準に適合していると認められた後でなければ，許可に係る無線設備を運用してはならない．

注 1　登録検査等事業者とは，電波法第 24 条の 2（検査等事業者の登録）第 1 項の登録を受けた者をいう．

注 2　登録外国点検事業者とは，電波法第 24 条の 13（外国点検事業者の登録等）第 1 項の登録を受けた者をいう．

解説　電波法第 18 条において，「無線設備の設置場所の変更又は無線設備の変更の工事の許可を受けた免許人は，総務大臣の検査を受け，当該変更又は工事の結果が同条同項の許可の内容に適合していると認められた後でなければ，許可に係る無線設備を運用してはならない．ただし，総務省令で定める場合は，この限りでない．」と規定されています．

答え▶▶▶ 1

3章 無線設備

この章から **1** 問出題

無線設備は，送信機，受信機，空中線系，付帯設備で構成されています．本章では，周波数の偏差及び幅，高調波の強度等の電波の質，送受信設備の条件，安全設備・保護装置・周波数測定装置などの付帯設備の条件などの無線設備の機能と機能の維持などについて学びます．

3.1 無線設備とは

「無線局は無線設備と無線設備を操作する者の総体」と規定されています．無線設備は無線局の構成に必要不可欠です．

無線設備は，電波法第2条（4）において（「無線設備」とは，無線電信，無線電話その他電波を送り，又は受けるための電気的設備をいう．）と規定されています．

通常，無線設備は，送信設備，受信設備，空中線系，付帯設備などで構成されています．送信設備は送信機などの送信装置，受信設備は受信機などの受信装置，空中線系は送信用空中線や受信用空中線などがありますが，送受信を一つの空中線で共用する場合もあります．送信機，受信機と空中線を接続する給電線も必要になります．給電線には同軸ケーブルや導波管などがあります．付帯設備には，安全施設，保護装置，周波数測定装置などがあります．

Point

無線設備は，免許を要する無線局はもちろん，免許を必要としない無線局も電波法で規定する技術的条件に適合するものでなければなりません．

電波法に基づく命令の規定の解釈に関して，電波法施行規則第2条第1項で（1）〜（93）まで定義しています．用語の意味が分からない場合は，電波法施行規則第2条を参考にして下さい．ここでは，航空通の試験で出題されている「ILS」「ATCRBS」「ACAS」「VOR」「航空用DME」を紹介します．

電波法施行規則 第2条（定義等）第1項

(49)「ILS」とは，計器着陸方式（航空機に対し，その着陸降下直前又は着陸降下中に，水平及び垂直の誘導を与え，かつ，定点において着陸基準点までの距離を示すことにより，着陸のための**一の固定した進入の経路**を設定する無線航行方式をいう．）をいう．

ILS は Instrument Landing System の略で計器着陸装置ともいいます．

(49の4)「ATCRBS」とは，地表の定点において，位置，識別，高度その他航空機に関する情報（飛行場内を移動する車両に関するものを含む．）を取得するための航空交通管制の用に供する通信の方式をいう．

ATCRBS は Air Traffic Control Radar Beacon System の略で航空交通管制用レーダービーコンシステムともいいます．

(49の5)「ACAS」とは，航空機局の無線設備であって，他の航空機の位置，高度その他の情報を取得し，他の航空機との衝突を防止するための情報を自動的に表示するものをいう．

ACAS は Air Collision Avoidance System の略で航空機衝突防止装置ともいいます．

(50)「VOR」とは，108 MHz から 118 MHz までの周波数の電波を全方向に発射する回転式の無線標識業務を行う設備をいう．

VOR は VHF Omni-directional radio-Range の略で超短波全方向式無線標識ともいいます．

(51)「航空用 DME」とは，960 MHz から 1 215 MHz までの周波数の電波を使用
し，航空機において，当該航空機から地表の定点までの**見通し距離を測定**する
ための無線航行業務を行う設備をいう．

Point

DME は Distance Measuring Equipment の略で距離測定装置ともいい
ます．

問題 1 ★ ➡ 3.1

航空無線航行業務に関する次の記述のうち，電波法施行規則（第 2 条）の規定
に照らし，この規定に定めるところに適合するものを 1，この規定に定めるところ
に適合しないものを 2 として解答せよ．

ア 「ILS」とは，計器着陸方式（航空機に対し，その着陸降下直前又は着陸降
下中に，水平及び垂直の誘導を与え，かつ，定点において着陸基準点までの距
離を示すことにより，着陸のための複数の進入の経路を設定する無線航行方式
をいう．

イ 「ATCRBS」とは，地表の定点において，位置，識別，高度その他航空機に
関する情報（飛行場内を移動する車両に関するものを含む．）を取得するため
の航空交通管制の用に供する通信の方式をいう．

ウ 「ACAS」とは，航空機局の無線設備であって，他の航空機の位置，高度そ
の他の情報を取得し，他の航空機との衝突を防止するための情報を自動的に表
示するものをいう．

エ 「VOR」とは，108 MHz から 118 MHz までの周波数の電波を全方向に発射
する回転式の無線標識業務を行う設備をいう．

オ 「航空用 DME」とは，960 MHz から 1 215 MHz までの周波数の電波を使
用し，航空機において，当該航空機から地表の定点までの見通し距離及び方位
を測定するための無線航行業務を行う設備をいう．

解説 ア × 「着陸のための**複数**の進入の経路」ではなく，正しくは「着陸のため
の**一の固定した進入の経路**」です．

オ × 「**見通し距離及び方位**を測定するための無線航行業務」ではなく，正しくは
「**見通し距離**を測定するための無線航行業務」です．

答え▶▶▶ ア－2 イ－1 ウ－1 エ－1 オ－2

3.2 電波の型式の表示

電波法施行規則 第4条の2（電波の型式の表示）

　電波の主搬送波の変調の型式，主搬送波を変調する信号の性質及び伝送情報の型式は，**表3.1〜表3.3**に掲げるように分類し，それぞれに掲げる記号をもって表示する．ただし，主搬送波を変調する信号の性質を表示する記号は，対応する算用数字をもって表示することがあるものとする．

3章

■表3.1　主搬送波の変調の型式を表す記号

主搬送波の変調の型式			記　号	
(1) 無変調			N	
(2) 振幅変調	**両側波帯**		**A**	★★★ 超重要
	全搬送波による単側波帯		H	
	低減搬送波による単側波帯		R	
	抑圧搬送波による単側波帯		**J**	★★ 重要
	独立側波帯		B	
	残留側波帯		C	
(3) **角度変調**	周波数変調		F	
	位相変調		**G**	★★ 重要
(4) 同時に，又は一定の順序で振幅変調及び角度変調を行うもの			D	
(5) パルス変調	無変調パルス列		P	
	変調パルス列			
		ア　振幅変調	K	
		イ　幅変調又は時間変調	L	
		ウ　位置変調又は位相変調	M	
		エ　パルスの期間中に搬送波を角度変調するもの	Q	
		オ　アからエまでの各変調の組合せ又は他の方法によって変調するもの	V	
(6) (1) から (5) までに該当しないものであって，同時に，又は一定の順序で振幅変調，角度変調又はパルス変調のうちの2以上を組み合わせて行うもの			W	
(7) その他のもの			X	

■表3.2　主搬送波を変調する信号の性質を表す記号

主搬送波を変調する信号の性質		記　号	
(1)　変調信号のないもの		0	
(2)　デジタル信号であ る単一チャネルの もの	変調のための副搬送波を使用しないもの	1	★★ 重要
	変調のための副搬送波を使用するもの	2	★★ 重要
(3)　アナログ信号である単一チャネルのもの		3	★★★ 超重要
(4)　デジタル信号である2以上のチャネルのもの		7	
(5)　アナログ信号である2以上のチャネルのもの		8	
(6)　デジタル信号の1又は2以上のチャネルとアナログ信号の1 又は2以上のチャネルを複合したもの		9	
(7)　その他のもの		X	

■表3.3　伝送情報の型式を表す記号

伝送情報の型式		記　号	
(1)　無情報		N	
(2)　電信	聴覚受信を目的とするもの	A	
	自動受信を目的とするもの	B	★★ 重要
(3)　ファクシミリ		C	
(4)　データ伝送，遠隔測定又は遠隔指令		D	★★ 重要
(5)　電話（音響の放送を含む）		E	★★★ 超重要
(6)　テレビジョン（映像に限る）		F	
(7)　(1) から (6) までの型式の組合せのもの		W	
(8)　その他のもの		X	★★ 重要

電波の型式は，「主搬送波の変調の型式」，「主搬送波を変調する信号の
性質」，「伝送情報の型式」の順序に従って表記します.

例

- 中波 AM ラジオ放送, 航空管制通信は「A3E」

  (振幅変調で両側波帯を使用するアナログ信号の単 1 チャネルの電話)

- FM のアナログ式無線電話は「F3E」

  (周波数変調でアナログ信号の単 1 チャネルの電話)

- 短波帯で使用される無線電話は「J3E」

  (振幅変調で抑圧搬送波の単側波帯のアナログ信号の単 1 チャネルの電話)

- 航空機用救命無線機, 衛星非常用位置指示無線標識は「G1B」

  (位相変調した電信で自動受信を目的とするもの)

- VHF のデジタルリンクは「A2D」

  (振幅変調で両側波帯を使用するデータ伝送)

関連知識 **周波数帯の範囲と略称**

　電波の周波数やスペクトルは電波法施行規則第 4 条の 3 で**表 3.4** のように定められています.

■表 3.4　周波数帯の範囲と略称

周波数帯の周波数の範囲	周波数帯の番号	周波数帯の略称	メートルによる区分
3 kHz 超え, 30 kHz 以下	4	VLF	ミリアメートル波
30 kHz を超え, 300 kHz 以下	5	LF	キロメートル波
300 kHz を超え, 3 000 kHz 以下	6	MF	ヘクトメートル波
3 MHz を超え, 30 MHz 以下	7	HF	デカメートル波
30 MHz を超え, 300 MHz 以下	8	VHF	メートル波
300 MHz を超え, 3 000 MHz 以下	9	UHF	デシメートル波
3 GHz を超え, 30 GHz 以下	10	SHF	センチメートル波
30 GHz を超え, 300 GHz 以下	11	EHF	ミリメートル波
300 GHz を超え, 3 000 GHz (又は 3 THz) 以下	12		デシミリメートル波

※波長 1 m ～ 1 mm 程度をマイクロ波と呼ぶことがある.

VLF：very low frequency　　　LF：low frequency
MF：medium frequency　　　HF：high frequency
VHF：very high frequency　　UHF：ultra high frequency
SHF：super high frequency　　EHF：extremely high frequency

問題 2 ★★★　　　　　　　　　　　　　　　　　　　　　　→ 3.2

　次の表の各欄の記述は，それぞれ電波の型式の記号表示と主搬送波の変調の型式，主搬送波を変調する信号の性質及び伝送情報の型式に分類して表す電波の型式を示すものである．電波法施行規則（第4条の2）の規定に照らし，電波の型式の記号表示とその内容が適合していないものはどれか．下の表の1から4までのうちから一つ選べ．

区分 番号	電波の型式の記号	電波の型式		
		主搬送波の変調の型式	主搬送波を変調する信号の性質	伝送情報の型式
1	A2D	振幅変調で両側波帯	デジタル信号である単一チャネルのものであって，変調のための副搬送波を使用するもの	データ伝送，遠隔測定又は遠隔指令
2	A3X	振幅変調で両側波帯	アナログ信号である単一チャネルのもの	無情報
3	G1B	角度変調で位相変調	デジタル信号である単一チャネルのものであって変調のための副搬送波を使用しないもの	電信（自動受信を目的にするもの）
4	J3E	振幅変調で抑圧搬送波による単側波帯	アナログ信号である単一チャネルのもの	電話（音響の放送を含む）

解説　2　伝送情報の型式におけるXは「その他のもの」で，「無情報」はNです．

答え▶▶▶ 2

問題 3 ★★★　　　　　　　　　　　　　　　　　　　　　　→ 3.2

　次の表の各欄の記述は，それぞれ電波の型式の記号表示と主搬送波の変調の型式，主搬送波を変調する信号の性質及び伝送情報の型式に分類して表す電波の型式を示すものである．電波法施行規則（第4条の2）の規定に照らし，　　　内に入れるべき最も適切な字句を下の1から10までのうちからそれぞれ一つ選べ．なお，同じ記号の　　　内には，同じ字句が入るものとする．

電波の型式の記号	電波の型式		
	主搬送波の変調の型式	主搬送波を変調する信号の性質	伝送情報の型式
G1B	ア	デジタル信号である単一チャネルのであって，変調のための副搬送波を使用しないもの	イ
A2D	ウ	デジタル信号である単一チャネルのであって，変調のための副搬送波を使用するもの	エ
A3E	ウ	オ	電話（音響の放送を含む.）
J3E	振幅変調で抑圧搬送波による単側波帯	オ	電話（音響の放送を含む.）

1 パルス変調（変調パルス列）で時間変調
2 角度変調で位相変調
3 電信（自動受信を目的とするもの）
4 電信（聴覚受信を目的とするもの）
5 振幅変調で残留側波帯
6 振幅変調で両側波帯
7 ファクシミリ
8 データ伝送，遠隔測定又は遠隔指令
9 アナログ信号である単一チャネルのもの
10 デジタル信号である2以上のチャネルのもの

答え▶▶▶アー2 イー3 ウー6 エー8 オー9

出題
傾向 　最近出題されている電波型式は，A2D，A3E，A3X，J3E，G1B です。

3.3　電波の質と受信設備の条件

3.3.1　電波の質

電波法　第28条（電波の質）

　送信設備に使用する電波の周波数の偏差及び幅，高調波の強度等電波の質は，総務省令 (*) で定めるところに適合するものでなければならない．

＊　無線設備規則第5条～第7条

Point

無線設備規則第5条から第7条において，「周波数の許容偏差」「占有周波数帯幅の許容値」「スプリアス発射又は不要発射の強度の許容値」の許容値が規定されています．

Point

電波の質（電波の周波数の偏差及び幅，高調波の強度等）は覚えておきましょう．

(1)　周波数の偏差

　送信装置から発射される電波の周波数は変動しないことが理想的です．発射される電波の源は，通常水晶発振器などの発振器で信号を発生させます．どのように精密に製作された水晶発振器でも（たとえ原子発振器であっても）時間が経過すれば周波数がずれてきます．すなわち，発射している電波の周波数は偏差を伴っていることになります．これを電波の**周波数の偏差**といいます．

(2)　周波数の幅

　送信装置から発射される電波は，情報を送るために変調されます．変調されると，周波数に幅を持つことになり，この幅は変調の方式によって変化します．1つの無線局が広い「周波数の幅」を占有すると，多くの無線局が電波を使用することができなくなりますので，周波数の幅を必要最小限に抑える必要があり，「空中線電力の99％が含まれる周波数の幅」と定義されています．

(3)　高調波の強度等

　発射する電波は必然的に，電波の強度が弱いとはいえ，その周波数の2倍や3倍（これを**高調波**という）の周波数成分も発射していることになります．この

「高調波の強度等」が定められた値以上に強いと他の無線局に妨害を与えることになります.

また，高調波成分だけでなく，他の不要な周波数成分も同時に発射している可能性もありますので，これらの不要発射について厳格な規制があります.

3.3.2 送信設備の一般的条件

送信設備は送信周波数の確度と安定化が最重要事項です．電源電圧や負荷の変化により発振周波数に影響を与えないものでなければなりません．そのため，送信装置の水晶発振回路は，同一の条件の回路によりあらかじめ試験を行って決定されているものであることとされています．また，恒温槽を有する場合は，恒温槽は水晶発振子の温度係数に応じてその温度変化の許容値を正確に維持するものでなければなりません.

また，実際上起こり得る振動又は衝撃によっても周波数をその許容偏差内に維持するものでなければなりません.

3.3.3 受信設備の一般的条件

電波法 第29条（受信設備の条件）

受信設備は，その副次的に発する電波又は高周波電流が，総務省令で定める限度をこえて**他の無線設備の機能に支障を与える**ものであってはならない.

無線設備規則 第24条（副次的に発する電波等の限度）第1項

法第29条に規定する副次的に発する電波が他の無線設備の機能に支障を与えない限度は，受信空中線と電気的常数の等しい擬似空中線回路を使用して測定した場合に，その回路の電力が **4 nW** 以下でなければならない.

無線設備規則 第25条（その他の条件）

受信設備は，なるべく次の（1）から（4）に適合するものでなければならない.
(1) 内部雑音が小さいこと.
(2) 感度が十分であること.
(3) 選択度が適正であること.
(4) 了解度が十分であること.

受信設備は，副次的に発する電波又は高周波電流が，総務省令で定める限度をこえて他の無線設備の機能に支障を与えるものであってはなりません．

関連知識

空中線についても無線設備規則で規定されています．
送信空中線の型式及び構成は，次の（1）から（3）に適合するものでなければならない．
(1) 空中線の利得及び能率がなるべく大であること．
(2) 整合が十分であること．
(3) 満足な指向特性が得られること．

〔無線設備規則第 20 条〕

空中線の指向特性は，次の（1）から（4）に掲げる事項によって定める．
(1) 主輻射方向及び副輻射方向
(2) 水平面の主輻射の角度の幅
(3) 空中線を設置する位置の近傍にあるものであって電波の伝わる方向を乱すもの
(4) 給電線よりの輻射

〔無線設備規則第 22 条〕

問題 4 ★★　→ 3.3.1, 3.3.3

次の記述は，電波の質及び受信設備の条件について述べたものである．電波法（第 28 条及び第 29 条）及び無線設備規則（第 5 条から第 7 条まで及び第 24 条）の規定に照らし，□内に入れるべき最も適切な字句を下の 1 から 10 までのうちからそれぞれ一つ選べ．なお，同じ記号の□内には，同じ字句が入るものとする．

① 送信設備に使用する電波の ア 電波の質は，総務省令で定める送信設備に使用する電波の周波数の許容偏差，発射電波に許容される イ の値及び ウ の強度の許容値に適合するものでなければならない．

② 受信設備は，その副次的に発する電波又は高周波電流が，総務省令で定める限度をこえて エ を与えるものであってはならない．

③ ②に規定する副次的に発する電波が エ を与えない限度は，受信空中線と電気的常数の等しい擬似空中線回路を使用して測定した場合に，その回路の電力が オ 以下でなければならない．

④ 無線設備規則第 24 条（副次的に発する電波の限度）の規定において，③にかかわらず別に定めのある場合は，その定めるところによるものとする．

1 周波数の偏差及び幅，高調波の強度等

2 周波数の偏差，幅及び安定度，高調波の強度等

3 占有周波数帯幅   4 必要周波数帯幅

5 寄生発射又は帯域外発射   6 スプリアス発射又は不要発射

7 電気通信業務の用に供する無線設備の機能に支障

8 他の無線設備の機能に支障

9 4 nW   10 40 nW

解説 電波の質は，「送信設備に使用する電波の**周波数の偏差及び幅，高調波の強度等**電波の質は，総務省令で定めるところに適合するものでなければならない。」と規定されています．また，この総務省令において，「周波数の許容偏差」「**占有周波数帯幅の許容値**」「**スプリアス発射又は不要発射**の強度の許容値」の許容値が規定されています．

　「受信設備は，その副次的に発する電波又は高周波電流が，総務省令で定める限度をこえて**他の無線設備の機能に支障**を与えるものであってはならない。」と規定されています．また，この限度は，受信空中線と電気的常数の等しい擬似空中線回路の回路の電力が **4 nW** 以下と規定されています．

答え▶▶▶アー1　イー3　ウー6　エー8　オー9

3.4 安全施設

　無線設備は，人に危害を与えたり，物に損傷を与えないような施設をすることが求められます．又，安全性を確保するためにさまざまな規定があります．自局の発射する電波の周波数の監視のため，周波数測定装置を備え付けなければならない無線局もあります．

電波法施行規則 第21条の3（電波の強度に対する安全施設）第1項

　無線設備には，当該無線設備から発射される電波の強度（電界強度，磁界強度，電力束密度及び磁束密度をいう．）が所定の値を超える場所（**人が通常，集合し，通行し，その他出入りする場所に限る**．）に取扱者のほか容易に出入りすることができないように，施設をしなければならない．ただし，次の（1）から（4）に掲げる無線局の無線設備については，この限りでない．

(1)　**平均電力が 20 mW** 以下の無線局の無線設備

(2)　**移動する無線局**の無線設備

(3)　地震，台風，洪水，津波，雪害，火災，暴動その他非常の事態が発生し，又は発生するおそれがある場合において，臨時に開設する無線局の無線設備

(4)　(1)～(3) に掲げるもののほか，この規定を適用することが不合理であるものとして総務大臣が別に告示する無線局の無線設備

関連知識　**無線設備の保護装置〔無線設備規則第 9 条〕**

　無線設備の電源回路には，ヒューズ又は自動しゃ断器を装置しなければならない．ただし，負荷電力 10 ワット以下のものについては，この限りでない．

　周波数測定装置の備付け〔電波法第 31 条〕

　総務省令で定める送信設備には，その誤差が使用周波数の許容偏差の 2 分の 1 以下である周波数測定装置を備え付けなければならない．

問題 5　★★　　　　　　　　　　　　　　　　　　　**⇒ 3.4**

　次の記述は，無線設備から発射される電波の強度に対する安全施設について述べたものである．電波法施行規則（第 21 条の 3）の規定に照らし，［　　　］内に入れるべき最も適切な字句の組合せを下の 1 から 4 までのうちから一つ選べ．

　無線設備には，当該無線設備から発射される電波の強度が電波法施行規則別表第 2 号の 3 の 2（電波の強度の値の表）に定める値を超える場所（［　A　］）に取扱者のほか容易に出入りすることができないように，施設をしなければならない．ただし，次の (1) から (3) までに掲げる無線局の無線設備については，この限りでない．

(1)　［　B　］以下の無線局の無線設備

(2)　［　C　］の無線設備

(3)　(1) 及び (2) に掲げるもののほか，電波法施行規則第 21 条の 3（電波の強度に対する安全施設）第 1 項第 3 号及び第 4 号に掲げる無線局の無線設備

	A	B	C
1	人が通常，集合し，通行し，その他出入りする場所に限る．	平均電力が 20 mW	移動する無線局
2	人が通常，集合し，通行し，その他出入りする場所に限る．	平均電力が 1 W	移動業務の無線局
3	人が出入りする虞のあるいかなる場所も含む．	平均電力が 1 W	移動する無線局
4	人が出入りする虞のあるいかなる場所も含む．	平均電力が 20 mW	移動業務の無線局

答え▶▶▶ 1

3.5 航空機用救命無線機の一般的条件

無線設備規則 第 45 条の 12 の 2（航空機用救命無線機）第 1 項〈抜粋〉

航空機用救命無線機は，次の条件に適合するものでなければならない．

（1）一般的条件

イ 航空機に固定され，容易に取り外せないものを除き，小型かつ軽量であって，一人で容易に**持ち運び**ができること．

ロ **水密**であること．

ハ 海面に浮き，横転した場合に復元すること，救命浮機等に係留することができること（救助のため海面で使用するものに限る．）．

ニ 筐体に**黄色又は橙色**の彩色が施されていること．

ホ 電源として独立の電池を備え付けるものであり，かつ，その電池の**有効期限**を明示してあること．

ヘ 筐体の見やすい箇所に取扱方法その他注意事項を簡明に表示してあること．

ト 取扱いについて特別の**知識又は技能**を有しない者にも容易に操作できるものであること．

チ 不注意による動作を防ぐ措置が施されていること．

リ 電波が発射されていることを警告音，警告灯等により示す機能を有すること（救助のため海面において 121.5 MHz の周波数の電波のみを使用するものを除く．）．

> ヌ　別に告示する墜落加速度感知機能の要件に従い，墜落等の衝撃により自動
> 的に無線機が作動すること．また，手動操作によっても容易に無線機が動作
> すること（救助のため海面で使用するものを除く．）．
> ル　通常起こり得る温度の変化又は振動若しくは衝撃があった場合において
> も，支障なく動作すること．

関連知識　航空機用救命無線機

　航空機用救命無線機（ELT：Emergency Locator Transmitter）は電波法施行規則第2条第1項（40）で，「航空機が遭難した場合に，その送信の地点を探知させるための信号を自動的に送信するもの（A3E電波を使用する無線電話を附置するもの又は人工衛星の中継によりその送信の地点を探知させるための信号を併せて送信するものを含む．）をいう．」と規定されています．

問題 6 ★★　　　　　　　　　　　　　　　　　　　　　　　　　→3.5

　次の記述は，航空機用救命無線機の一般的条件について述べたものである．無線設備規則（第45条の12の2）の規定に照らし，□□□□内に入れるべき最も適切な字句を下の1から10までのうちからそれぞれ一つ選べ．

　航空機用救命無線機は，次の（1）から（9）までに掲げる条件に適合するものでなければならない．

(1) 航空機に固定され，容易に取り外せないものを除き，小型かつ軽量であって，一人で容易に　ア　ができること．

(2)　イ　であること．

(3) 海面に浮き，横転した場合に復元すること，救命浮機等に係留することができること（救助のため海面で使用するものに限る．）．

(4) 筐体に　ウ　の彩色が施されていること．

(5) 電源として独立の電池を備え付けるものであり，かつ，その電池の　エ　を明示してあること．

(6) 筐体の見やすい箇所に取扱方法その他注意事項を簡明に表示してあること．

(7) 取扱いについて特別の　オ　を有しない者にも容易に操作できるものであること．

(8) 不注意による動作を防ぐ措置が施されていること．

(9) (1)から(8)までに掲げる条件のほか，無線設備規則第45条の12の2（航空機用救命無線機）に掲げるところに適合すること．

1	持ち運び	2	保守点検	3	水密
4	気密	5	赤色	6	黄色又はだいだい色
7	有効期限	8	取替方法	9	経験	10	知識又は技能

答え▶▶▶アー1　イー3　ウー6　エー7　オー10

3 章

3.6 有効通達距離

電波法 第 36 条（義務航空機局の条件）

　義務航空機局の送信設備は，総務省令で定める有効通達距離をもつものでなければならない．

電波法施行規則 第 31 条の 3（義務航空機局の有効通達距離）〈抜粋〉

　電波法第 36 条の規定による義務航空機局の送信設備の有効通達距離は，次の(1)～(2)に掲げるとおりとする．

(1) **A3E 電波 118 MHz から 144 MHz まで**の周波数を使用する送信設備及び ATCRBS の無線局のうち航空機に開設するものの無線設備（以下「**ATC トランスポンダ**」という．）の送信設備については，**370.4 km**（当該航空機の飛行する最高高度について，次に掲げる式により求められる D の値が **370.4 km** 未満のものにあっては，その値）以上であること．

　　$D = 3.8\sqrt{h}$〔km〕

　　h は，当該航空機の飛行する最高高度を〔m〕で表した数とする．

(2) 航空機に設置する航空用 DME（以下「機上 DME」という．）及び航空機に設置するタカン（以下「機上タカン」という．）の送信設備については，314.8 km（当該航空機の飛行する最高高度について，(1)に掲げる式により求められる D の値が 314.8 km 未満のものにあっては，その値）以上であること．

問題 7 ★★★ → 3.6

　次の記述は，義務航空機局の送信設備の有効通達距離について述べたものである．電波法施行規則（第31条の3）の規定に照らし，□□□内に入れるべき最も適切な字句の組合せを下の1から4までのうちから一つ選べ．なお，同じ記号の□□□内には，同じ字句が入るものとする．

　義務航空機局の □ A □ の周波数を使用する送信設備及び □ B □ の送信設備の有効通達距離は，□ C □ （当該航空機の飛行する最高高度について，次に掲げる式により求められる D の値が □ C □ 未満のものにあっては，その値）以上であること．

　　$D = 3.8 \sqrt{h}$ 〔km〕

　　h は，当該航空機の飛行する最高高度を〔m〕で表した数とする．

	A	B	C
1	A3E 電波 118 MHz から 144 MHz まで	機上 DME	314.8 km
2	A3E 電波 118 MHz から 144 MHz まで	ATC トランスポンダ	370.4 km
3	J3E 電波又は H3E 電波 2 850 kHz から 17 970 kHz まで	ATC トランスポンダ	314.8 km
4	J3E 電波又は H3E 電波 2 850 kHz から 17 970 kHz まで	機上 DME	370.4 km

解説　義務航空機局の送信設備の有効通達距離については「**A3E 電波 118 MHz から 144 MHz まで**の周波数を使用する送信設備及び **ATC トランスポンダ**の送信設備については，**370.4 km**（当該航空機の飛行する最高高度について，次に掲げる式により求められる D の値が **370.4 km** 未満のものにあっては，その値）以上であること．」と規定されています．

答え▶▶▶ 2

4章 無線従事者

この章から **1～2** 問出題

無線局の無線設備を操作するには無線従事者でなければなりません．本章では，航空無線通信士の免許取得方法と操作可能な範囲，免許取得後に無線従事者が守らなければならない事柄について学びます．

4.1 無線設備の操作

4.1.1 無線従事者とは

電波は拡散性があり，複数の無線局が同じ周波数を使用すると混信などを起こすことがあるため，誰もが勝手に無線設備を操作することはできません．そのため，無線局や放送局などの無線設備を操作するには，「無線従事者」でなければなりません．無線従事者は，電波法第2条（6）で「**「無線従事者」とは，無線設備の操作又はその監督を行う者であって，総務大臣の免許を受けたものをいう．**」と定義されています．すなわち，無線設備を操作するには，「無線従事者免許証」を取得して無線従事者になる必要があります．

一方，コードレス電話機やラジコン飛行機用の無線設備などは，電波を使用しているにもかかわらず，誰でも無許可で使えます．このように無線従事者でなくても操作可能な無線設備もあります．本章では，無線従事者について，航空無線通信士の国家試験で出題される範囲を中心に学びます．

4.1.2 無線設備の操作ができる者

無線局の無線設備を操作するには，無線従事者でなければなりません．

無線従事者は，無線設備の操作又はその監督を行う者であって，総務大臣の免許を受けたものです．

これら無線設備の操作については，電波法第39条で次のように規定されています．

電波法 **第39条（無線設備の操作）〈抜粋〉**

法第40条（無線従事者の資格）の定めるところにより無線設備の操作を行うことができる無線従事者以外の者は，無線局（アマチュア無線局を除く.）の**無線設備の操作の監督**を行う者（以下「主任無線従事者」という.）として選任された者であって第4項の規定によりその選任の届出がされたものにより監督を受けなければ，無線局の無線設備の操作（簡易な操作であって総務省令で定めるものを除

く.）を行ってはならない．ただし，船舶又は**航空機が航行中**であるため無線従事者を補充することができないとき，その他総務省令で定める場合は，この限りでない．

2　**モールス符号を送り，又は受ける無線電信**の操作その他総務省令で定める無線設備の操作は，前項本文の規定にかかわらず，第40条の定めるところにより，無線従事者でなければ行ってはならない．

3　主任無線従事者は，第40条の定めるところにより**無線設備の操作の監督**を行うことができる無線従事者であって，総務省令で定める事由に該当しないもの（4.2.1を参照）でなければならない．

4　無線局の免許人等は，主任無線従事者を選任したときは，遅滞なく，その旨を総務大臣に届け出なければならない．これを解任したときも，同様とする．

> 電波法第51条にて「第4項の規定は，主任無線従事者以外の無線従事者の選任又は解任に準用する」とされています．

5　前項の規定によりその選任の届出がされた主任無線従事者は，無線設備の操作の監督に関し総務省令で定める職務を誠実に行わなければならない．

6　第4項の規定によりその選任の届出がされた主任無線従事者の監督の下に無線設備の操作に従事する者は，当該主任無線従事者が前項の職務を行うため必要であると認めてする指示に従わなければならない．

電波法施行規則　**第34条の2（無線従事者でなければ行ってはならない無線設備の操作）**

電波法第39条第2項の総務省令で定める無線設備の操作は，次のとおりとする．

（1）省略

（2）航空局，航空機局，航空地球局又は航空機地球局の無線設備の通信操作で**遭難通信又は緊急通信**に関するもの

（3）航空局の無線設備の通信操作で次に掲げる通信の連絡の設定及び及び終了に関するもの（自動装置による連絡設定が行われる無線局の無線設備のものを除く.）

　①　無線方向探知に関する通信

　②　航空機の安全運航に関する通信

　③　気象通報に関する通信（②に掲げるものを除く.）

（4）前各号に掲げるもののほか，総務大臣が別に告示するもの

無線設備の操作には「通信操作」と「技術操作」があります．「通信操作」はマイクロフォン，キーボード，電鍵（モールス電信）などを使用して通信を行うために無線設備を操作することで，「技術操作」は通信や放送が円滑に行われるように，無線機器などを調整することです．

4章

関連知識　航空局と航空機局

空港にある飛行場管制所（管制タワー）など，航空機の安全及び正常な飛行について無線通信を行う地上の無線局（固定局）を**航空局**といいます．

航空機に設置して航空機の安全及び正常な飛行について無線通信を行う航空機に設置した無線局（移動局）を**航空機局**といいます．

航空機局のうち，旅客や貨物などを運ぶ航空運送事業用の飛行機など，特定の無線設備（航空法第60条に規定）を装備した航空機局のことを**義務航空機局**といいます．航空法第60条では「国土交通省で定める航空機には，航空機の姿勢，高度，位置又は針路を測定するための装置，無線電話その他の航空機の航行の安全を確保するために必要な装置を装備しなければ，これを航空の用に供してはならない」とあります．逆に，義務航空機局のような無線設備を装備していない飛行機（ヘリコプターやセスナなど）が航空機局となります．

また，電気通信業務を行うため，人工衛星局の中継によって通信を行う航空機局のことを**航空機地球局**といいます．例えば，旅客用航空機に搭載している旅客用の電話はインマルサットなどの人工衛星を使用していますので，航空機地球局であり義務航空機局でもあります．

4.1.3　主任無線従事者

本来，電波法上，無線従事者でなければできない無線設備の操作を，その無線局の主任無線従事者として選任を受けた者の監督の下であれば，だれでも行うことができる制度があります．

主任無線従事者は，電波法第39条第3項で，「無線設備の操作の監督を行うことができる無線従事者であって，総務省令（電波法施行規則第34条の3）で定める事由に該当しないものでなければならない．」と規定されています．

(1) 主任無線従事者の非適格事由

電波法施行規則　第34条の3（主任無線従事者の非適格事由）〈改変〉

主任無線従事者は次に示す非適格事由に該当する者であってはならない．

(1) 電波法上の罪を犯し罰金以上の刑に処せられ，その執行を終わり，又はその執行を受けることがなくなった日から2年を経過しない者であること．

(2) 電波法令の規定に違反したこと等により業務に従事することを停止され，その処分の期間が終了した日から3箇月を経過していない者であること．

(3) 主任無線従事者として選任される日以前5年間において無線局の無線設備の操作又はその監督の業務に従事した期間が**3箇月**に満たない者であること.

(2) 主任無線従事者の職務

電波法第39条第5項で「主任無線従事者は，無線設備の操作及び監督に関し，総務省令（電波法施行規則第34条の5）で定める職務を誠実に行わなければならない.」とされています.

> **電波法施行規則** 　**第34条の5（主任無線従事者の職務）**
>
> 電波法第39条第5項の総務省令で定める職務は，次のとおりとする.
> (1) 主任無線従事者の監督を受けて無線設備の操作を行う者に対する訓練（実習を含む.）の計画を立案し，実施すること.
> (2) 無線設備の機器の点検若しくは保守を行い，又はその監督を行うこと.
> (3) 無線業務日誌その他の書類を作成し，又は，その作成を監督すること（記載された事項に関し必要な措置を執ることを含む.）.
> (4) 主任無線従事者の職務を遂行するために必要な事項に関し免許人等に対して意見を述べること.
> (5) その他無線局の無線設備の操作の監督に関し必要と認められる事項

(3) 主任無線従事者の選解任

主任無線従事者を選任もしくは解任した場合は，遅滞なくその旨を所定の様式により総務大臣に届け出なくてはいけません（無線従事者を選任又は解任した場合も同様です）.届出をしなかった者及び虚偽の届出をした者は，罰則（30万円以下の罰金）が定められています.

(4) 主任無線従事者の定期講習

> **電波法** 　**第39条（無線設備の操作）〈抜粋〉**
>
> 7　無線局（総務省令で定めるものを除く.）の免許人等は，第4項の規定によりその選任の届出をした主任無線従事者に，**総務省令*で定める期間**ごとに，無線設備の操作の監督に関し総務大臣の行う**講習**を受けさせなければならない.
>
> ＊　電波法施行規則第34条の7

Point
総務省令で定められている期間は，「選任の日から6箇月以内」及び「1度講習を受けてから5年間以内」です．

定期講習を受講する目的は，主任無線従事者は無線従事者の資格を持たない者に無線設備の操作をさせることができることから，最近の無線設備，電波法令の知識を習得して資格を持たない者を適切に監督ができるようにするためです．

問題 1　★　　　　　　　　　　　　　　　　　　　　　→ 4.1.2

次の記述は，航空移動業務の無線局の無線設備の操作について述べたものである．電波法（第39条）及び電波法施行規則（第34条の2）の規定に照らし，　　　　内に入れるべき最も適切な字句の組合せを下の1から4までのうちから一つ選べ．

① 電波法第40条（無線従事者の資格）の定めるところにより無線設備の操作を行うことができる無線従事者以外の者は，無線局の　A　を行う者（「主任無線従事者」という．）として選任された者であって総務大臣にその選任の届出がされたものにより監督を受けなければ，無線局の無線設備の操作（簡易な操作であって総務省令で定めるものを除く．）を行ってはならない．ただし，航空機が航行中であるため無線従事者を補充することができないとき，その他総務省令で定める場合は，この限りでない．

② 　B　の操作その他総務省令で定める無線設備の操作は，①の本文の規定にかかわらず，電波法第40条の定めるところにより，無線従事者でなければ行ってはならない．

③ ②の総務省令で定める無線設備の操作は，次の（1）から（3）までに掲げるとおりとする．

（1）航空局，航空機局，航空地球局又は航空機地球局の無線設備の通信操作で　C　に関するもの

（2）航空局の無線設備の通信操作で次の（イ）から（ハ）までに掲げる通信の連絡の設定及び及び終了に関するもの（自動装置により連絡設定が行われる無線局の無線設備のものを除く．）

（イ）無線方向探知に関する通信　　（ロ）航空機の安全運航に関する通信

（ハ）気象通報に関する通信（（ロ）に掲げるものを除く．）

（3）（1）及び（2）に掲げるもののほか，総務大臣が別に告示するもの

	A	B	C
1	無線設備の操作の監督	モールス符号を送り，又は受ける無線電信	遭難通信又は緊急通信
2	無線設備の操作の監督	無線電信	遭難通信
3	無線設備の操作及び運用	無線電信	遭難通信又は緊急通信
4	無線設備の操作及び運用	モールス符号を送り，又は受ける無線電信	遭難通信

解説 主任無線従事者は無線局の**無線設備の操作の監督**を行う者です．

無線従事者のみができる操作は「**モールス符号を送り，又は受ける無線電信**の操作その他総務省令で定める無線設備の操作」です．また，無線設備の操作として，「航空局，航空機局，航空地球局又は航空機地球局の無線設備の通信操作は**遭難通信又は緊急通信**に関するもの」などが規定されています．

答え▶▶▶ 1

出題傾向 下線の部分を穴埋めにした問題も出題されています．

問題 2 ★★★　→ 4.1.2, 4.1.3

次の記述は，航空移動業務の無線局の無線設備の操作について述べたものである．電波法（第39条）及び電波法施行規則（第34条の3）の規定に照らし，□□□内に入れるべき最も適切な字句を下の1から10までのうちからそれぞれ一つ選べ．なお，同じ記号の□□□内には，同じ字句が入るものとする．

① 電波法第40条（無線従事者の資格）の定めるところにより無線設備の操作を行うことができる無線従事者以外の者は，無線局の無線設備の□ア□を行う者（以下「主任無線従事者」という．）として選任された者であって②によりその選任の届出がされたものにより監督を受けなければ，無線局の無線設備の操作（簡易な操作であって総務省令で定めるものを除く．）を行ってはならない．ただし，□イ□ため無線従事者を補充することができないとき，その他総務省令で定める場合は，この限りでない．

② 無線局の免許人は，主任無線従事者を選任したときは，遅滞なく，その旨を総務大臣に届け出なければならない．これを解任したときも，同様とする．

③ 無線局の免許人は, ②によりその選任の届出をした主任無線従事者に, ウ ごとに, 無線設備の ア に関し総務大臣の行う エ を受けさせなければならない.

④ 主任無線従事者は, 電波法第40条の定めるところにより, 無線設備の ア を行うことができる無線従事者であって, 次に定める事由に該当しないものでなければならない.

(1) 電波法第42条（免許を与えない場合）第1号に該当する者であること.

(2) 電波法第79条（無線従事者免許の取消し等）第1項第1号（同条第2項において準用する場合を含む.）の規定により業務に従事することを停止され, その処分の期間が終了した日から3箇月を経過していない者であること.

(3) 主任無線従事者として選任される日以前5年間において無線局（無線従事者の選任を要する無線局でアマチュア局以外のものに限る.）の無線設備の操作又はその監督の業務に従事した期間が オ に満たない者であること.

1 操作	2 操作の監督	3 航空機が航行中である	
4 航空機の運航計画の変更の		5 総務省令で定める地域	
6 総務省令で定める期間		7 講習	
8 訓練	9 3箇月	10 6箇月	

解説 主任無線従事者は無線局の無線設備の**操作の監督**を行う者です.

主任無線従事者の監督があれば, 無線従事者以外でも無線設備の操作が可能です. ただし, 船舶又は**航空機が航行中**であるため無線従事者を補充することができないときは, 例外として無資格の者が操作できます.

主任無線従事者は**総務省令で定める期間**ごとに総務大臣が行う**講習**を受けることが義務付けられています.

主任無線従事者として選任される日以前5年間において, 無線局の無線設備の操作又はその監督の業務に従事した期間が**3箇月**に満たない場合は, 主任無線従事者になることができません.

答え▶▶▶ア－2　イ－3　ウ－6　エ－7　オ－9

問題 3 ★★　　　　　　　　　　　　　　　　　　　　➡ 4.1.2, 4.1.3

航空移動業務の無線局の主任無線従事者に関する次の記述のうち, 電波法（第39条）及び電波法施行規則（第34条の5）の規定に照らし, この規定に定めるところに適合しないものはどれか. 下の1から4までのうちから一つ選べ.

1　電波法第40条（無線従事者の資格）の定めるところにより無線設備の操作を行うことができる無線従事者以外の者は，無線局の無線設備の操作の監督を行う者（以下2，3及び4において「主任無線従事者」という．）として選任された者であってその選任の届出がされたものにより監督を受けなければ，無線局の無線設備の操作（簡易な操作であって総務省令で定めるものを除く．）を行ってはならない．ただし，航空機が航行中であるため無線従事者を補充することができないとき，その他総務省令で定める場合は，この限りでない．

2　無線局の主任無線従事者として選任の届出がされた主任無線従事者は，主任無線従事者の監督を受けて無線設備の操作を行う者に対する訓練（実習を含む．）の計画を立案し，実施する等無線設備の操作の監督に関し総務省令で定める職務を誠実に行わなければならない．

3　無線局（総務省令で定めるものを除く．）の免許人は，主任無線従事者としてその選任の届出をした主任無線従事者に毎年1回無線設備の操作及び運用に関し総務大臣の行う講習を受けさせなければならない．

4　無線局の主任無線従事者として選任の届出がされた主任無線従事者の監督の下に無線設備の操作に従事する者は，当該主任無線従事者がその職務を行うために必要であると認めてする指示に従わなければならない．

解説　3　「**毎年1回**」ではなく，正しくは「**選任の日から6箇月以内**」です．

答え▶▶▶3

4.2　無線従事者の資格と航空無線通信士の操作範囲

4.2.1　無線従事者の資格

　無線従事者の資格は，（1）総合無線従事者，（2）航空無線従事者，（3）陸上無線従事者，（4）海上無線従事者，（5）アマチュア無線従事者の5系統に分類され，17区分の資格が定められています．航空，陸上，海上の3系統の特殊無線技士は，さらに9資格に分けられていますので，無線従事者の資格は合計で23種類あります．航空無線従事者には，「航空無線通信士」と「航空特殊無線技士」の2資格があります．無線従事者の資格23種類について，電波法施行令第3条でそれぞれの資格ごとに操作及び監督できる範囲が決められています．

4.2.2 航空無線通信士の操作範囲

航空無線通信士の操作の範囲を以下に示します.

（1）航空機に施設する無線設備並びに航空局，航空地球局及び航空機のための無線航行局の**無線設備の通信操作**（モールス符号による通信操作を除く.）

（2）次に掲げる無線設備の外部の調整部分の技術操作

　①　航空機に施設する無線設備

　②　**航空局，航空地球局**及び航空機のための無線航行局の無線設備で空中線電力 **250 W** 以下のもの

　③　航空局及び航空機のための無線航行局のレーダーで②に掲げるもの以外のもの

問題 4 ★★ ➡ 4.2.2

　次に掲げる無線設備の操作（モールス符号による通信操作を除く.）のうち，航空無線通信士の資格の無線従事者が行うことのできる無線設備の操作に該当するものはどれか. 電波法施行令（第 3 条）の規定に照らし，下の 1 から 4 までのうちから一つ選べ.

　1　航空局及び航空地球局の無線設備で空中線電力 500 W 以下のものの外部の調整部分の技術操作

　2　航空機のための無線航行局の無線設備で空中線電力 500 W 以下のものの外部の調整部分の技術操作

　3　航空機局の無線設備の技術操作

　4　航空局及び航空機局の無線設備の通信操作

解説 1 「空中線電力 **500 W** 以下」ではなく，正しくは，「空中線電力 **250 W** 以下」です.

2 「空中線電力 **500 W** 以下」ではなく，正しくは，「空中線電力 **250 W** 以下」です.

3 「無線設備の**技術操作**」ではなく，正しくは，「無線設備の**通信操作**」です.

　なお，「通信操作」はマイクロフォン，キーボード，電鍵（モールス電信）などを使用して通信を行うために無線設備を操作することで，「技術操作」は通信や放送が円滑に行われるように，無線機器などを調整することです.

答え ▶▶▶ 4

問題 5 ★　　　　　　　　　　　　　　　　　　→ 4.2.2

　次の記述は，航空無線通信士の資格の無線従事者が行うことができる無線設備の操作（アマチュア無線局の無線設備の操作を除く.）の範囲について述べたものである. 電波法施行令（第3条）の規定に照らし，[　　]内に入れるべき最も適切な字句の組合せを下の1から4までのうちから一つ選べ. なお，同じ記号の[　　]内には，同じ字句が入るものとする.

　航空無線通信士の資格の無線従事者は，次の①及び②に掲げる無線設備の操作を行うことができる.

① 航空機に施設する無線設備並びに[A]及び航空機のための無線航行局の無線設備の通信操作（モールス符号による通信操作を除く.）

② 次に掲げる無線設備の[B]の技術操作

　(1) 航空機に施設する無線設備

　(2) [A]及び航空機のための無線航行局の無線設備で空中線電力[C]以下のもの

　(3) 航空局及び航空機のための無線航行局のレーダーで（2）に掲げるもの以外のもの

	A	B	C
1	航空局，航空地球局	調整部分	500 W
2	航空局，航空地球局	外部の調整部分	250 W
3	航空局	外部の調整部分	500 W
4	航空局	調整部分	250 W

解説　航空無線通信士には以下の操作が認められています.

＜通信操作＞

・航空機に施設する無線設備

・**航空局，航空地球局，**航空機のための無線航行局の無線設備

＜外部の調整部分の技術操作＞

・**航空局，航空地球局，**航空機のための無線航行局の無線設備（空中線電力 **250 W** 以下）など

答え▶▶▶ 2

出題傾向　航空無線通信士の資格を有する者が行うことができる無線設備の操作の範囲に関する問題はしばしば出題されています.

4.3 無線従事者の免許

▌4.3.1 無線従事者の免許の取得方法

無線従事者の免許を取得するには,「無線従事者国家試験に合格する」,「養成課程を受講して修了する」,「学校で必要な科目を修めて卒業する」,「認定講習を修了する」の四つの方法がありますが,航空無線通信士の免許を取得するには,一般的には国家試験に合格するか養成課程を修了する必要があります.

▌4.3.2 航空無線通信士の国家試験

航空無線通信士の国家試験の試験科目は,「無線工学」,「法規」,「英語」,「電気通信術」の4科目です.科目合格制度があり,一度に4科目すべてに合格する必要はなく,3年以内にすべての科目に合格すれば良いことになります).

問題数,1問の配点,満点,合格点,試験時間等を**表 4.1**,**表 4.2** に示します.

■ **表 4.1　航空無線通信士の国家試験の試験科目と合格基準**

試験科目		問題数	問題形式	1問あたりの問題数と配点	満点	合格点	試験時間
無線工学		14	A 形式 10 問	1（5点）	70	49	1 時間 30 分
			B 形式 4 問	5（5点）			
法規		20	A 形式 14 問	1（5点）	100	70	1 時間 30 分
			B 形式 6 問	5（5点）			
英語	英文和訳	2	A 形式 1 問	5（20点）	40	60 ※1	1 時間 30 分
			B 形式 1 問	4（20点）			
	和文英訳	3	B 形式 3 問	5（10点）	30		
	英会話	7	A 形式 7 問	1（5点）	35		※2

A 形式は多肢選択式,B 形式は穴埋め補完式又は正誤式問題です.
※ 1　英会話の得点が 15 点未満の場合は,英語の試験は不合格となります.
※ 2　英会話の試験時間は,30 分以内です.

■ **表 4.2　航空無線通信士の電気通信術試験の合格基準**

試験科目	問題の型式		問題の字数	満点	合格点	試験時間
電気通信術	送話	欧文暗語	100	100	80	各 2 分
	受話	欧文暗語	100	100	80	

▌4.3.3　航空無線通信士の試験範囲

　航空無線通信士の試験に課せられている，「無線工学」，「法規」，「英語」，「電気通信術」の各科目の出題内容は次の通りです.

- 無線工学
  - （1）無線設備の理論，構造及び機能の基礎
  - （2）空中線系等の理論，構造及び機能の基礎
  - （3）無線設備及び空中線系等の保守及び運用の基礎
- 法規
  - （1）電波法及びこれに基づく命令（航空法及び電気通信事業法並びにこれらに基づく命令の関係規定を含む.）の概要
  - （2）通信憲章，通信条約，無線通信規則，電気通信規則規則及び国際民間航空条約（電波に関する規定に限る.）の概要
- 英語
  - （1）文書を適当に理解するために必要な英文和訳
  - （2）文書により適当に意思を表明するために必要な和文英訳
  - （3）口頭により適当に意思を表明するに足りる英会話
- 電気通信術
  - 電話　1 分間 50 字の速度の欧文（運用規則別表第 5 号の欧文通話表（注）によるものをいう.）による約 2 分間の送話及び受話

4.4　無線従事者免許証

▌4.4.1　免許の申請

　免許を受けようとする者は，所定の様式の申請書に次に掲げる書類を添えて，総務大臣又は総合通信局長に提出します.

- ①　氏名及び生年月日を証する書類（住民票など）
  - ただし，住民票コード又は他の無線従事者免許証番号等を記入すれば不要
- ②　医師の診断書（総務大臣又は総合通信局長が必要と認めるときに限る）
- ③　写真 1 枚（申請前 6 月以内に撮影した無帽，正面，上三分身，無背景の縦 30 mm，横 24 mm のもので，裏面に申請に係る資格及び氏名を記載したもの）

また，養成課程により免許を申請する場合は，養成課程の修了証明書等が必要になります．

4.4.2 免許の欠格事由

次のいずれかに該当する者には，無線従事者の免許が与えられないことがあります．

> **電波法　第42条（免許を与えない場合）〈一部改変〉**
>
> 次の（1）〜（3）のいずれかに該当する者に対しては，無線従事者の免許を与えないことができる．
>
> （1）電波法上の罪を犯し罰金以上の刑に処せられ，その執行を終わり，又はその執行を受けることがなくなった日から2年を経過しない者
>
> （2）無線従事者の免許を取り消され，取消しの日から2年を経過しない者
>
> （3）著しく心身に欠陥があって無線従事者たるに適しない者

4.4.3 無線従事者免許証の交付

総務大臣又は総合通信局長は，免許を与えたときは，免許証を交付します．

Point 無線従事者免許証は無線設備の操作を行わなくても一生涯有効です．

4.4.4 無線従事者免許証の携帯

> **電波法施行規則　第38条（備付けを要する業務書類）第10項**
>
> 10　無線従事者は，その業務に従事しているときは，免許証を携帯していなければならない．

4.4.5 無線従事者免許証の再交付

結婚などで氏名が変わったとき，免許証を汚し，破り，若しくは失った場合は無線従事者免許証の再交付を受けることができます．

免許証の再交付を受けようとするときは，所定の申請書に次に掲げる書類を添えて総務大臣又は総合通信局長に提出しなければなりません．

① 免許証（免許証を失った場合を除く）

② 写真1枚

③ 氏名の変更の事実を証する書類（氏名に変更を生じたときに限る）

免許証に住所の記載欄はありませんので，住所が変更になっても再交付を受ける必要はありません．

4.4.6　無線従事者免許証の返納

無線従事者規則　第51条（免許証の返納）

　無線従事者は，免許の取消しの処分を受けたときは，その処分を受けた日から10日以内にその免許証を総務大臣又は総合通信局長に返納しなければならない．免許証の再交付を受けた後失った免許証を発見したときも同様とする．

2　無線従事者が死亡し，又は失そうの宣告を受けたときは，戸籍法による死亡又は失そう宣告の届出義務者は，遅滞なく，その免許証を総務大臣又は総合通信局長に返納しなければならない．

・免許証を紛失した場合などは再交付を申請することができます．
・免許の取り消し処分を受けた場合は，10日以内に免許証を返納しなければいけません．
・業務に従事しているときは，免許証を携帯していなければいけません．

問題 6 ★★ ➡ 4.1.2, 4.4.2, 4.4.5

航空移動業務の無線局の無線従事者に関する次の記述のうち，電波法（第 39 条及び第 42 条），電波法施行規則（第 36 条）及び無線従事者規則（第 50 条）の規定に照らし，これらの規定に定めるところに適合しないものはどれか．下の 1 から 4 までのうちから一つ選べ．

1　無線局には，当該無線局の無線設備の操作を行い，又はその監督を行うために必要な無線従事者を配置しなければならない．

2　総務大臣は，無線従事者の免許を取り消され，取消しの日から 2 年を経過しない者に対しては，無線従事者の免許を与えないことができる．

3　電波法第 40 条（無線従事者の資格）の定めるところにより無線設備の操作を行うことができる無線従事者以外の者は，無線局の無線設備の操作の監督を行う者として選任された者であって，その選任の届出がされたものにより監督を受けなければ，無線局の無線設備の操作 ⁽注⁾ を行ってはならない．ただし，航空機が航行中であるため無線従事者を補充することができないとき，その他総務省令で定める場合は，この限りでない．

注　簡易な操作であって総務省令で定めるものを除く．

4　無線従事者は，氏名又は住所に変更を生じたときに免許証の再交付を受けようとするときは，氏名又は住所に変更を生じた日から 10 日以内に，申請書に次に掲げる書類を添えて総務大臣又は総合通信局長（沖縄総合通信事務所長を含む．）に提出しなければならない．

（1）免許証

（2）写真 1 枚

（3）氏名又は住所の変更の事実を証する書類

解説　4　免許証に住所の記載欄はありませんので，住所が変更になっても再交付を受ける必要はありません．

答え ▶▶▶ 4

問題 7 ★　　　　　　　　　　　　　　　　　　　　　➡ 4.4.3〜4.4.6

　無線従事者の免許証に関する次の記述のうち，無線従事者規則（第 47 条，第 50 条及び第 51 条）及び電波法施行規則（第 38 条）の規定に照らし，これらの規定に定めるところに適合しないものはどれか．下の 1 から 4 までのうちから一つ選べ．

　1　総務大臣又は総合通信局長（沖縄総合通信事務所長を含む．以下同じ．）は，無線従事者の免許を与えたときは，免許証を交付するものとし，無線従事者は，その業務に従事しているときは，免許証を携帯していなければならない．

　2　無線従事者は，免許の取消しの処分を受けたときは，その処分を受けた日から 10 日以内にその免許証を総務大臣又は総合通信局長に返納しなければならない．

　3　無線従事者は，免許証を失ったために免許証の再交付を受けようとするときは，申請書に写真 1 枚を添えて総務大臣又は総合通信局長に提出しなければならない．

　4　無線従事者は，免許証の再交付を受けた後失った免許証を発見したときは，その免許証を発見した日から 10 日以内に再交付を受けた免許証を総務大臣又は総合通信局長に返納しなければならない．

解説　4　「**再交付を受けた**免許証」ではなく，正しくは，「**発見した**免許証」です．

答え ▶ ▶ ▶ 4

5章 運 用

電波は拡散性があり，混信なく無線局を能率的に運用するために運用規則が必要です．本章では，無線通信の原則，混信の防止，通信の秘密の保護，擬似空中線の使用，通信方法などを学びます．航空移動業務の無線電話の通信方法は，陸上や海上の通信と少し違う部分（「こちらは」を省略する）がありますので注意して下さい．なお，本章から法規の試験20問の約半数が出題されます．

5.1 通 則

無線局は無線設備及び無線設備の操作を行う者の総体をいいます．無線局を運用することは，電波を送受信し通信を行うことです．電波は空間を四方八方に拡散して伝わるため，混信や他の無線局への妨害防止などを考慮する必要があります．無線局の運用を適切に行うことにより，電波を能率的に利用することができます．

電波法令は，無線局の運用の細目を定めていますが，すべての無線局に共通した事項と，それぞれ特有の業務を行う無線局（例えば，航空機局や標準周波数局など）ごとの事項が定められています．すべての無線局の運用に共通する事項を表5.1に示します．

■表5.1 すべての無線局の運用に共通する事項

(1) 目的外使用の禁止（免許状記載事項の遵守）（電波法第52，53，54，55条）
(2) 混信等の防止（電波法第56条）
(3) 擬似空中線回路の使用（電波法第57条）
(4) 通信の秘密の保護（電波法第59条）
(5) 時計，業務書類等の備付け（電波法第60条）
(6) 無線局の通信方法（電波法第58，61条，無線局運用規則全般）
(7) 無線設備の機能の維持（無線局運用規則第4条）
(8) 非常の場合の無線通信（電波法第74条）

5.1.1 目的外使用の禁止（免許状記載事項の遵守）

無線局は免許状に記載されている範囲内で運用しなければなりません．ただし，「遭難通信」，「緊急通信」，「安全通信」，「非常通信」などを行う場合は，免許状に記載されている範囲を超えて運用することができます．

電波法 第 52 条（目的外使用の禁止等）

無線局は，免許状に記載された目的又は**通信の相手方若しくは通信事項**（特定地上基幹放送局については放送事項）の範囲を超えて運用してはならない．ただし，次に掲げる通信については，この限りでない．

(1) 遭難通信（**船舶又は航空機が重大かつ急迫の危険に陥った場合**に遭難信号を前置する方法その他総務省令で定める方法により行う無線通信）

Point 遭難信号は「MAYDAY（メーデー）」又は「遭難」です．

(2) 緊急通信（**船舶又は航空機が重大かつ急迫の危険に陥るおそれがある場合その他緊急の事態が発生した場**合に緊急信号を前置する方法その他総務省令で定める方法により行う無線通信）

Point 緊急信号は「PAN PAN（パン パン）」又は「緊急」です．

(3) 安全通信（船舶又は航空機の航行に対する重大な危険を予防するために安全信号を前置する方法その他総務省令で定める方法により行う無線通信）

Point 安全信号は「SECURITE（セキュリテ）」又は「警報」です．

(4) 非常通信（地震，台風，洪水，津波，雪害，火災，暴動その他非常の事態が発生し，又は発生するおそれがある場合において，有線通信を利用することができないか又はこれを利用することが著しく困難であるときに人命の救助，災害の救援，交通通信の確保又は秩序の維持のために行われる無線通信）

(5) 放送の受信

(6) その他総務省令で定める通信

関連知識　非常通信と非常の場合の無線通信

「地震，台風，洪水，津波，雪害，火災，暴動その他非常の事態が発生し，又は発生するおそれがある場合において，有線通信を利用することができないか又はこれを利用することが著しく困難であるときに人命の救助，災害の救援，交通通信の確保又は秩序の維持のために行われる無線通信」を非常通信と呼びます．　　　　　　　　　　　　（電波法第 52 条（4））

次に示す通信を「非常の場合の無線通信」といいます．

総務大臣は，地震，台風，洪水，津波，雪害，火災，暴動その他非常の事態が発生し，又は発生するおそれがある場合においては，人命の救助，災害の救援，交通通信の確保又は秩序の維持のために必要な通信を無線局に行わせることができます．その通信を行わせたときは，国は，その通信に要した実費を弁償しなければなりません．　　　　　（電波法第 74 条）

「非常通信」は自分の意志で行う通信，「非常の場合の無線通信」は総務大臣の命令で行う通信をいいます．混同しないようにしましょう．

電波法　第53条（目的外使用の禁止等）

無線局を運用する場合においては，**無線設備の設置場所**，識別信号，**電波の型式及び周波数**は，免許状等に記載されたところによらなければならない．ただし，**遭難通信**については，この限りでない．

電波法　第54条（目的外使用の禁止等）

無線局を運用する場合においては，空中線電力は，次の各号の定めるところによらなければならない．ただし，遭難通信については，この限りでない．

（1）免許状等に記載されたものの範囲内であること．

（2）通信を行うため**必要最小**のものであること．

電波法　第55条（目的外使用の禁止等）

無線局は，免許状に記載された運用許容時間内でなければ，運用してはならない．ただし，第52条各号に掲げる通信を行う場合及び総務省令で定める場合は，この限りでない．

5.1.2　免許状の目的等にかかわらず運用することができる通信

電波法第52条（6）の「その他総務省令で定める通信」は33種類ありますが，試験に出題されているものを次に示します．

電波法施行規則　第37条（免許状の目的等にかかわらず運用することのできる通信）〈抜粋〉

（1）無線機器の試験又は調整をするために行う通信

（12）気象の照会又は時刻の照合のために行う航空局と航空機局との間若しくは航空機局相互間の通信

（21）国又は地方公共団体の飛行場管制塔の航空局と当該飛行場内を移動する陸上移動局又は携帯局との間で行う飛行場の交通の整理その他飛行場内の取締りに関する通信又は航空局と航空機局との間若しくは航空機局相互間の通信

（22）一の免許人に属する航空機局と当該免許人に属する海上移動業務，陸上移動業務又は携帯移動業務の無線局との間で行う**当該免許人のための急を要する通信**

（24）電波の規正に関する通信

問題 1　★★★　　　　　　　　　　　　　　　　　　　　➡ 5.1.1

遭難通信は，遭難信号を前置する方法その他総務省令で定める方法により，どのような場合に行う通信か．電波法（第52条）の規定に照らし，下の1から4までのうちから一つ選べ．

1　船舶又は航空機が重大かつ急迫の危険に陥るおそれがある場合その他緊急の事態が発生した場合に行う通信

2　船舶又は航空機が重大かつ急迫の危険に陥った場合又は陥るおそれがある場合に行う通信

3　船舶又は航空機の航行に対する重大な危険を予防する場合に行う通信

4　船舶又は航空機が重大かつ急迫の危険に陥った場合に行う通信

解説　遭難通信は**船舶又は航空機が重大かつ急迫の危険に陥った場合に行う通信**です．

答え▶▶▶4

問題 2　★★★　　　　　　　　　　　　　　　　　　　　➡ 5.1.1

緊急信号を前置する方法その他総務省令で定める方法により行う緊急通信は，どのような場合に行う通信か．電波法（第52条）の規定に照らし，下の1から4までのうちから一つ選べ．

1　船舶又は航空機の航行に対する重大な危険を予防する場合

2　船舶又は航空機が重大かつ急迫の危険に陥った場合又は陥るおそれがある場合

3　船舶又は航空機が重大かつ急迫の危険に陥るおそれがある場合その他緊急の事態が発生した場合

4　船舶又は航空機が重大かつ急迫の危険に陥った場合

解説　緊急通信は**船舶又は航空機が重大かつ急迫の危険に陥るおそれがある場合その他緊急の事態が発生した場合に行う通信**です．

答え▶▶▶3

➡ 5.1.1

問題 3 ★★★

次の記述は，航空移動業務の無線局の免許状に記載された事項の遵守について述べたものである．電波法（第53条）の規定に照らし，[____]内に入れるべき最も適切な字句の組合せを下の1から4までのうちから一つ選べ．

無線局を運用する場合においては，<u>無線設備の設置場所，識別信号，</u>[A]は，免許状に記載されたところによらなければならない．ただし，[B]については，この限りでない．

	A	B
1	電波の型式及び周波数	遭難通信
2	電波の型式及び周波数	遭難通信，緊急通信及び安全通信
3	電波の型式，周波数及び空中線電力	遭難通信
4	電波の型式，周波数及び空中線電力	遭難通信，緊急通信及び安全通信

解説 無線局を運用する場合においては，無線設備の設置場所，識別信号，**電波の型式及び周波数**は，免許状等に記載されたところによらなければなりません．ただし，**遭難通信**については，この限りではありません．

答え▶▶▶ 1

出題傾向 下線の部分は，ほかの試験問題で穴埋めの字句として出題されています．

問題 4 ★★★

➡ 5.1.1

次の記述は，航空移動業務の無線局における免許状に記載された事項の遵守について述べたものである．電波法（第52条から第55条まで）の規定に照らし，[____]内に入れるべき最も適切な字句の組合せを下の1から4までのうちから一つ選べ．

① 無線局は，免許状に記載された[A]の範囲を超えて運用してはならない．ただし，次の（1）から（6）までに掲げる通信については，この限りでない．

（1）遭難通信 （2）緊急通信 （3）安全通信 （4）非常通信
（5）放送の受信 （6）その他総務省令で定める通信

② 無線局を運用する場合においては，[B]，識別信号，<u>電波の型式及び周波数</u>は，その無線局の免許状に記載されたところによらなければならない．ただし，<u>遭難通信</u>については，この限りでない．

③ 無線局を運用する場合においては，空中線電力は，次の（1）及び（2）に定

5章

めるところによらなければならない．ただし，遭難通信については，この限りでない．

（1）免許状に記載されたものの範囲内であること．

（2）通信を行うため　 C 　であること．

④　無線局は，免許状に記載された運用許容時間内でなければ，運用してはならない．ただし，①の（1）から（6）までに掲げる通信を行う場合及び総務省令で定める場合は，この限りでない．

	A	B	C
1	目的又は通信の相手方若しくは通信事項	無線設備の機器	十分なもの
2	無線局の種別	無線設備の設置場所	十分なもの
3	目的又は通信の相手方若しくは通信事項	無線設備の設置場所	必要最小のもの
4	無線局の種別	無線設備の機器	必要最小のもの

解説　無線局は，免許状に記載された**目的又は通信の相手方若しくは通信事項**の範囲を超えて運用してはいけません．

無線局を運用する場合においては，無線設備の設置場所，識別信号，**電波の型式及び周波数**は，免許状等に記載されたところによらなければなりません．

無線局を運用する場合の空中線電力は「免許状等に記載されたものの範囲内」及び「通信を行うため**必要最小のもの**」でなくてはなりません．

答え▶▶▶3

出題傾向　下線の部分は，ほかの試験問題で穴埋めの字句として出題されています．

問題 5　★★　→ 5.1.1, 5.1.2

次の記述は，航空移動業務の無線局の免許状に記載された事項の遵守について述べたものである．電波法（第52条）及び電波法施行規則（第37条）の規定に照らし，　　　内に入れるべき最も適切な字句の組合せを下の1から4までのうちから一つ選べ．

①　無線局は，免許状に記載された目的又は　 A 　の範囲を超えて運用してはならない．ただし，　 B 　，放送の受信その他総務省令で定める通信については，この限りでない．

② 次の（1）から（5）までに掲げる通信は，①の総務省令で定める通信（①の範囲を超えて運用することができる通信）とする．

（1）無線機器の試験又は調整をするために行う通信

（2）気象の照会又は時刻の照合のために行う航空局と航空機局との間又は航空機局相互間の通信

（3）電波の規正に関する通信

（4）一の免許人に属する航空機局と当該免許人に属する海上移動業務，陸上移動業務又は携帯移動業務の無線局との間で行う　C

（5）（1）から（4）までに掲げる通信のほか，電波法施行規則第37条に掲げる通信

	A	B	C
1	通信の相手方，通信事項，電波の型式，周波数若しくは空中線電力	遭難通信	当該免許人のための急を要する通信
2	通信の相手方若しくは通信事項	遭難通信，緊急通信，安全通信，非常通信	当該免許人のための急を要する通信
3	通信の相手方若しくは通信事項	遭難通信	当該免許人及び当該免許人以外の者のための急を要する通信
4	通信の相手方，通信事項，電波の型式，周波数若しくは空中線電力	遭難通信，緊急通信，安全通信，非常通信	当該免許人及び当該免許人以外の者のための急を要する通信

解説 無線局は，免許状に記載された目的又は**通信の相手方若しくは通信事項**の範囲を超えて運用してはいけませんが，例外として，**遭難通信，緊急通信，安全通信，非常通信**，放送の受信，その他総務省令で定める通信が認められています．

その他総務省令で定める通信として，「免許人に属する航空機局と当該免許人に属する海上移動業務，陸上移動業務又は携帯移動業務の無線局との間で行う**当該免許人のための急を要する通信**」が認められています．　　　　　　　　　　　　答え▶▶▶ 2

5.2 混信等の防止

「混信」とは，他の無線局の正常な業務の運行を妨害する電波の発射，輻射又は誘導をいいます．この混信は，無線通信業務で発生するものに限定されており，送電線や高周波設備などから発生するものは含みません．

電波法 第 56 条（混信等の防止）〈抜粋〉

　無線局は，**他の無線局**又は電波天文業務（宇宙から発する電波の受信を基礎とする天文学のための当該電波の受信の業務をいう．）の用に供する受信設備その他の総務省令で定める受信設備（無線局のものを除く．）で総務大臣が指定するものにその運用を阻害するような混信その他の妨害を**与えないように運用**しなければならない．ただし，**遭難通信，緊急通信，安全通信又は非常通信**については，この限りでない．

問題 6 ★★★　　　　　　　　　　　　　　　　　　　　　→ 5.2

　次の記述は，混信等の防止について述べたものである．電波法（第 56 条）の規定に照らし，□□□内に入れるべき最も適切な字句の組合せを下の 1 から 4 までのうちから一つ選べ．

　無線局は，□A□又は電波天文業務の用に供する受信設備その他の総務省令で定める受信設備（無線局のものを除く．）で総務大臣が指定するものにその運用を阻害するような混信その他の妨害を□B□ならない．ただし，□C□については，この限りでない．

	A	B	C
1	他の無線局	与えないように運用しなければ	遭難通信，緊急通信，安全通信又は非常通信
2	他の無線局	与えない機能を有しなければ	遭難通信
3	重要無線通信を行う無線局	与えないように運用しなければ	遭難通信，緊急通信，安全通信又は非常通信
4	重要無線通信を行う無線局	与えない機能を有しなければ	遭難通信

解説　無線局は，**他の無線局**又は電波天文業務の用に供する受信設備その他の総務省令で定める受信設備で総務大臣が指定するものにその運用を阻害するような混信その他の妨害を**与えないように運用しなければ**なりません．ただし，**遭難通信，緊急通信，安全通信又は非常通信**については，この限りではありません．

答え ▶▶▶ 1

5.3 擬似空中線回路の使用

送信機などの試験や調整を行うときに，実際のアンテナに接続すると，電波が放射されて他の無線局に妨害を与えるおそれがあります．そこで，アンテナの代わりに擬似空中線回路（アンテナと等価な抵抗，インダクタンス，キャパシタンスを有する回路）を接続することにより，空中に電波を放射することなく送信機などの試験や調整を行うことができます．

電波法 第 57 条（擬似空中線回路の使用）

無線局は，「**無線設備の機器の試験又は調整**を行うために運用するとき」，「**実験等無線局を運用**するとき」は，なるべく擬似空中線回路を使用しなければならない．

問題 7 ★★ →5.3

次に掲げる場合のうち，無線局がなるべく擬似空中線回路を使用しなければならないときに該当しないものはどれか．電波法（第 57 条）の規定に照らし，下の 1 から 4 までのうちから一つ選べ．
1 実験等無線局を運用するとき．
2 航空局の無線設備の機器の調整を行うために運用するとき．
3 航空機局の無線設備の機器の試験を行うために運用するとき．
4 総務大臣又は総合通信局長（沖縄総合通信事務所長を含む．）の行う無線局の検査に際してその運用を必要とするとき．

解説 なるべく擬似空中線回路を使用しなければならないのは，「無線設備の機器の**試験又は調整**を行うために運用するとき」及び「**実験等無線局を運用**するとき」です．4 についての規定はありません． 答え▶▶▶ 4

5.4 通信の秘密の保護

憲法第 21 条で通信の秘密の保護が定められていますが，電波法第 59 条においても通信の秘密が保護されています．通信の秘密の保護とは，通信内容が他人に知られないことをいいます．電波法第 59 条に規定されていることは，無線従事者や免許人はもちろん，国民全員に要求されます．なお，違反者には罰則規定があります．

電波法　第59条（秘密の保護）

　何人も法律に別段の定めがある場合を除くほか，特定の相手方に対して行われる無線通信を傍受してその存在若しくは内容を漏らし，又はこれを窃用してはならない．

> 「法律に別段の定めがある場合」とは，犯罪捜査などが該当します．「傍受」は自分宛ではない無線通信を積極的意思を持ち受信することです．「窃用」は，無線通信の存在，内容をその無線通信の発信者又は受信者の意思に反して，自分又は第三者のために利用することをいいます．

電波法　第109条（罰則）

　無線局の取扱中に係る**無線通信**の秘密を漏らし，又は窃用した者は，1年以下の懲役又は50万円以下の罰金に処する．

　2　**無線通信の業務に従事する者**がその業務に関し知り得た前項の秘密を漏らし，又は窃用したときは，**2年以下の懲役又は100万円以下の罰金**に処する．

問題 8　★★★　　　　　　　　　　　　　　　　　　　　　　→5.4

　無線通信(注)の秘密の保護に関する次の記述のうち，電波法（第59条）の規定に照らし，この規定に定めるところに適合するものはどれか．下の1から4までのうちから一つ選べ．

　注　電気通信事業法第4条（秘密の保護）第1項又は第164条（適用除外等）第2項の通信であるものを除く．

1　何人も法律に別段の定めがある場合を除くほか，いかなる無線通信も傍受してはならない．

2　何人も法律に別段の定めがある場合を除くほか，いかなる無線通信も傍受してその存在若しくは内容を漏らし，又はこれを窃用してはならない．

3　何人も法律に別段の定めがある場合を除くほか，特定の相手方に対して行われる無線通信を傍受してその存在若しくは内容を漏らし，又はこれを窃用してはならない．

4　何人も法律に別段の定めがある場合を除くほか，総務省令で定める周波数の電波を使用して行われるいかなる無線通信も傍受してその存在若しくは内容を漏らし，又はこれを窃用してはならない．

解説 電波法第 59 条において,「何人も法律に別段の定めがある場合を除くほか,特定の相手方に対して行われる無線通信を傍受してその存在若しくは内容を漏らし,又はこれを窃用してはならない」と規定されています.

答え ▶▶▶ 3

出題傾向 条文の「特定の相手方に対して」,「傍受してその存在若しくは内容を漏らし,又はこれを窃用」の部分が穴埋めの字句として出題されています.

問題 9 ★★★　　　　　　　　　　　　　　　➡ 5.4

次の記述は,無線通信 (注) の秘密の保護について述べたものである.電波法(第59 条及び第 109 条)の規定に照らし,□□□内に入れるべき最も適切な字句を下の 1 から 10 までのうちからそれぞれ一つ選べ.なお,同じ記号の□□□内には,同じ字句が入るものとする.

注　電気通信事業法第 4 条(秘密の保護)第 1 項又は第 164 条(適用除外等)第 3 項の通信であるものを除く.

① 何人も法律に別段の定めがある場合を除くほか,□ ア □行われる□ イ □を□ ウ □してはならない.

② 無線局の取扱中に係る□ イ □の秘密を漏らし,又は窃用した者は,1 年以下の懲役又は 50 万円以下の罰金に処する.

③ □ エ □がその業務に関し知り得た②の秘密を漏らし,又は窃用したときは,□ オ □に処する.

1　特定の相手方に対して

2　総務省令で定める周波数の電波により

3　無線通信　　　　　　　　　　4　暗語による無線通信

5　傍受してその存在若しくは内容を漏らし,又はこれを窃用

6　傍受　　　　　　　　　　　　7　無線従事者

8　無線通信の業務に従事する者

9　2 年以下の懲役又は 100 万円以下の罰金

10　5 年以下の懲役又は 500 万円以下の罰金

解説 電波法第 59 条において,「何人も法律に別段の定めがある場合を除くほか,特定の相手方に対して行われる無線通信を傍受してその存在若しくは内容を漏らし,又はこれを窃用してはならない」と規定されています.

無線局の取扱中に係る無線通信の秘密を漏らした場合は罰則規定（1 年以下の懲役又は 50 万円以下）が設けられていますが，**無線通信の業務に従事する者**の場合は **2 年以下の懲役又は 100 万円以下の罰金**とより罰が重くなっています．

答え▶▶▶アー1　イー3　ウー5　エー8　オー9

5.5　義務航空機局の無線設備の機能試験

　航空機に設置して航空機の安全及び正常な飛行について無線通信を行う航空機に設置した無線局（移動局）を航空機局といい，旅客や貨物などを運ぶ航空運送事業用の飛行機など，特定の無線設備（航空法第 60 条に規定）を装備した航空機局のことを**義務航空機局**といいます．

　義務航空機局の無線設備の機能試験は無線局運用規則で次のように規定されています．

| 無線局運用規則　**第 9 条の 2（義務航空機局の無線設備の機能試験）** |

　義務航空機局においては，**その航空機の飛行前に**その無線設備が**完全に動作できる状態にあるかどうか**を確かめなければならない．

| 無線局運用規則　**第 9 条の 3（義務航空機局の無線設備の機能試験）** |

　義務航空機局においては，**1 000 時間**使用するたびごとに 1 回以上，その送信装置の出力及び変調度並びに受信装置の感度及び選択度について設備規則に規定する性能を維持しているかどうかを試験しなければならない．

問題 10 ★★★　　　　　　　　　　　　　　　　　　　　　　　➡5.5

　次の記述は，義務航空機局の無線設備の機能試験について述べたものである．無線局運用規則（第 9 条の 2 及び第 9 条の 3）の規定に照らし，	内に入れるべき最も適切な字句の組合せを下の 1 から 4 までのうちから一つ選べ．

① 　義務航空機局においては，	A	その無線設備が	B	を確かめなければならない．

② 　義務航空機局においては，	C	使用するたびごとに 1 回以上，その送信装置の出力及び変調度並びに受信装置の感度及び選択度について無線設備規則に規定する性能を維持しているかどうかを試験しなければならない．

	A	B	C
1	その航空機の飛行前に	有効通達距離の条件を満たしているかどうか	2 000 時間
2	毎日 1 回以上	有効通達距離の条件を満たしているかどうか	1 000 時間
3	毎日 1 回以上	完全に動作できる状態にあるかどうか	2 000 時間
4	その航空機の飛行前に	完全に動作できる状態にあるかどうか	1 000 時間

解説　義務航空機局においては，**その航空機の飛行前に**その無線設備が**完全に動作できる状態にあるかどうか**を確かめなければなりません．また，**1 000 時間**使用するたびごとに 1 回以上試験しなければなりません．

答え ▶ ▶ ▶ 4

5.6　通信方法

　無線局の運用における通信方法を統一することは，無線局の能率的な運用にかかせません．通信の方法は無線電信の時代から存在しており，無線電信の通信の方法が基準になっています．無線電話が開発されたのは，無線電信の後ですので，無線電話の通信方法は無線電信の通信方法の一部分を読み替えて行います（例えば，「DE」を「こちらは」に読み替える）．無線局は，相手局を呼び出そうとするときは，電波を発射する前に，受信機を最良の感度に調整し，自局の発射しようとする電波の周波数その他必要と認める周波数によって聴守し，他の通信に混信を与えないことを確かめなければならないとされています．

> **電波法** **第 61 条（通信方法等）**
> 　無線局の呼出し又は応答の方法その他の通信方法，時刻の照合並びに救命艇の無線設備及び方位測定装置の調整その他無線設備の機能を維持するために必要な事項の細目は，総務省令で定める．

5.6.1　無線通信の原則
　無線通信の原則は次のようになっています．

無線局運用規則 第10条（無線通信の原則）

必要のない無線通信は，これを行ってはならない．

2　無線通信に使用する用語は，できる限り簡潔でなければならない．

3　無線通信を行うときは，自局の識別信号を付して，その出所を明らかにしなければならない．

Point

識別信号は，呼出符号や呼出名称のことです．呼出符号は無線電信と無線電話の両方に使用され，呼出名称は無線電話に使用されます．

4　無線通信は，正確に行うものとし，通信上の誤りを知ったときは，直ちに訂正しなければならない．

電波法 第58条（実験等無線局等の通信）

実験等無線局及びアマチュア無線局の行う通信には，暗語を使用してはならない．

Point

無線通信の原則は，国際法である「無線通信規則」（国内法の無線局運用規則と混同しないように注意）の「無線局からの混信」，「局の識別」の規定より定められました．電波法第1条の「電波の能率的な利用」に係わってくる内容です．

▋5.6.2　発射前の措置

電波を発射するときは，送信機を作動させる前に他の通信に混信を与えないことを確認する必要があります．

無線局運用規則 第19条の2（発射前の措置）

無線局は，相手局を呼び出そうとするときは，電波を発射する前に，**受信機を最良の感度**に調整し，自局の発射しようとする**電波の周波数その他必要と認める周波数**によって聴守し，他の通信に混信を与えないことを確かめなければならない．ただし，遭難通信，緊急通信，安全通信及び法第74条第1項（非常の場合の無線通信）に規定する通信を行う場合並びに海上移動業務以外の業務において他の通信に混信を与えないことが確実である電波により通信を行う場合は，この限りでない．

2　前項の場合において，他の通信に混信を与えるおそれがあるときは，**その通信が終了した後**でなければ呼出しをしてはならない．

5.6.3　呼出し

(1) 呼出し事項

無線局運用規則　第 20 条（呼出し）第 1 項〈一部改変〉

　呼出しは，順次送信する次に掲げる事項（以下「呼出事項」という.）によって行うものとする.
　(1) 相手局の呼出符号　3 回以下
　(2) 自局の呼出符号　　3 回以下

　無線局運用規則第 20 条第 1 項では
　(1) 相手局の呼出符号　3 回以下（海上移動業務にあっては 2 回以下）
　(2) こちらは　　　　　1 回
　(3) 自局の呼出符号　　3 回以下（海上移動業務にあっては 2 回以下）
　となっていますが，航空移動業務などの無線局の運用においては，無線局運用規則第 154 条の 2 において，「(2) こちらは」は省略するものとされているため，航空移動業務の無線局では上記のようになります.

---

(2) 呼出しの反復

無線局運用規則　第 154 条の 3（呼出しの反復）

　無線電話通信においては，航空機局は，**航空局**に対する呼出しを行っても応答がないときは，少なくとも **10 秒間** の間隔を置かなければ，呼出しを反復してはならない.

---

(3) 呼出しの中止

無線局運用規則　第 22 条（呼出しの中止）

　無線局は，自局の呼出しが他の既に行われている通信に混信を与える旨の通知を受けたときは，**直ちにその呼出しを中止しなければならない**. 無線設備の機器の試験又は調整のための電波の発射についても同様とする.
　2　前項の通知をする無線局は，その通知をするに際し，分で表す概略の待つべき時間を示すものとする.

5.6.4　応　答

(1) 応答事項

無線局運用規則　**第23条（応答）〈一部改変〉**

　無線局は，自局に対する呼出しを受信したときは，直ちに応答しなければならない.

2　前項の規定による応答は，順次送信する次に掲げる事項（「応答事項」という.）によって行うものとする.

(1) 相手局の呼出符号　3回以下

(2) 自局の呼出符号　　1回

3　前項の応答に際して直ちに通報を受信しようとするときは，応答事項の次に「どうぞ」を送信するものとする. 但し，直ちに通報を受信することができない事由があるときは，「どうぞ」の代わりに「お待ち下さい」及び分で表す概略の待つべき時間を送信するものとする. 概略の待つべき時間が10分以上のときは，その理由を簡単に送信しなければならない.

(2) 不確実な呼出しに対する応答

無線局運用規則　**第26条（不確実な呼出しに対する応答）**

　無線局は，自局に対する呼出しであることが確実でない呼出しを受信したときは，**その呼出しが反覆され，かつ，自局に対する呼出しであることが確実に判明するまで応答してはならない**.

2　自局に対する呼出しを受信した場合において，呼出局の呼出符号が不確実であるときは，応答事項のうち相手局の呼出符号の代わりに「誰かこちらを呼びましたか」を使用して，直ちに応答しなければならない.

5.6.5　通報の送信

無線局運用規則　**第29条（通報の送信）〈一部改変〉**

　呼出しに対し応答を受けたときは，相手局が「お待ち下さい」を送信した場合及び呼出しに使用した電波以外の電波に変更する場合を除いて，直ちに通報の送信を開始するものとする.

2　通報の送信は，次に掲げる事項を順次送信して行うものとする. ただし，呼出しに使用した電波と同一の電波により送信する場合は，(1) から (2) までに掲げる事項の送信を省略することができる.

(1) 相手局の呼出符号　1回
(2) 自局の呼出符号　　1回
(3) 通報
(4) どうぞ　　　　　　1回

3　この送信において，通報は，「終わり」をもって終わるものとする．

5.6.6　長時間の送信

　第30条（長時間の送信）

　無線局は，長時間継続して通報を送信するときは，30分（アマチュア局にあっては10分）ごとを標準として適当に「こちらは」及び自局の呼出符号を送信しなければならない．

5.6.7　通信の終了

　第38条（通信の終了）

　通信が終了したときは，「さようなら」を送信するものとする．

5.6.8　試験電波の発射

　第39条（試験電波の発射）〈一部改変〉

　無線局は，無線機器の試験又は調整のため電波の発射を必要とするときは，発射する前に自局の発射しようとする**電波の周波数及びその他必要と認める周波数**によって聴守し，他の無線局の通信に混信を与えないことを確かめた後，次の符号を順次送信し，更に1分間聴守を行い，他の無線局から停止の請求がない場合に限り，**「本日は晴天なり」**の連続及び自局の呼出符号1回を送信しなければならない．この場合において，「本日は晴天なり」の連続及び自局の呼出符号の送信は，**10秒間**を超えてはならない．

(1) **ただいま試験中**　3回
(2) 自局の呼出符号　3回

2　試験又は調整中は，しばしばその電波の周波数により聴守を行い，**他の無線局から停止の要求がないかどうか**を確かめなければならない．

3　海上移動業務以外の業務の無線局にあっては，必要があるときは，10秒間をこえて「本日は晴天なり」の連続及び自局の呼出符号の送信をすることができる．

問題 11 ★★★　→ 5.6.1

　一般通信方法における無線通信の原則に関する次の記述のうち，無線局運用規則（第10条）の規定に照らし，この規定に定めるところに該当しないものはどれか．下の1から4までのうちから一つ選べ．

1　必要のない無線通信は，これを行ってはならない．

2　無線通信を行うときは，暗語を使用してはならない．

3　無線通信に使用する用語は，できる限り簡潔でなければならない．

4　無線通信を行うときは，自局の識別信号を付して，その出所を明らかにしなければならない．

解説　**2　実験等無線局及びアマチュア無線局だけ**は暗語を使用できませんが，その他の無線局は暗語を使用できます．

答え▶▶▶ 2

問題 12 ★★★　→ 5.6.2

　次の記述は，航空移動業務の無線局における電波の発射前の措置について述べたものである．無線局運用規則（第19条の2及び第18条）の規定に照らし，[　　　]内に入れるべき最も適切な字句の組合せを下の1から4までのうちから一つ選べ．

① 無線局は，相手局を呼び出そうとするときは，電波を発射する前に，[　A　]に調整し，自局の発射しようとする [　B　] によって聴守し，<u>他の通信に混信を与えないこと</u>を確かめなければならない．ただし，遭難通信，緊急通信，安全通信及び電波法第74条（非常の場合の無線通信）第1項に規定する通信を行う場合は，この限りでない．

② ①の場合において，<u>他の通信に混信を与える虞</u>があるときは，[　C　] でなければ呼出しをしてはならない．

	A	B	C
1	受信機を最良の感度	電波の周波数その他必要と認める周波数	その通信が終了した後
2	送信機を最良の状態	電波の周波数	その通信が終了した後
3	送信機を最良の状態	電波の周波数その他必要と認める周波数	少なくとも10分間経過した後
4	受信機を最良の感度	電波の周波数	少なくとも10分間経過した後

解説 無線局は，相手局を呼び出そうとするときは，電波を発射する前に，**受信機を最良の感度に調整**し，自局の発射しようとする**電波の周波数その他必要と認める周波数**によって聴守し，他の通信に混信を与えないことを確かめなければなりません．他の通信に混信を与えるおそれがあるときは，**その通信が終了した後**でなければ呼出しをしてはいけません．　　　　　　　　　　　　　　　　　　　　　　　　　　　答え▶▶▶ 1

出題傾向 下線の部分は，ほかの試験問題で穴埋めの字句として出題されています．

問題 13 ★★★　　　　　　　　　　　　　　　　　　　　　　　　➡5.6.3

　次の記述は，航空移動業務の無線局の無線電話通信における呼出し及び呼出しの反復について述べたものである．無線局運用規則（第 20 条，第 18 条，第 154 条の 2 及び第 154 条の 3）の規定に照らし，□□□内に入れるべき最も適切な字句の組合せを下の 1 から 4 までのうちから一つ選べ．

① 呼出しは，　A　を順次送信して行うものとする．
② 航空機局は，　B　に対する呼出しを行っても応答がないときは，少なくとも　C　を置かなければ，呼出しを反復してはならない．

	A	B	C
1	(1) 相手局の呼出符号又は呼出名称 3 回以下 (2) こちらは 1 回 (3) 自局の呼出符号又は呼出名称 3 回以下	航空局及び他の航空機局	10 秒間の間隔
2	(1) 相手局の呼出符号又は呼出名称 3 回以下 (2) 自局の呼出符号又は呼出名称 3 回以下	航空局	10 秒間の間隔
3	(1) 相手局の呼出符号又は呼出名称 3 回以下 (2) 自局の呼出符号又は呼出名称 3 回以下	航空局及び他の航空機局	1 分間の間隔
4	(1) 相手局の呼出符号又は呼出名称 3 回以下 (2) こちらは 1 回 (3) 自局の呼出符号又は呼出名称 3 回以下	航空局	1 分間の間隔

5章

解説 無線局運用規則第 20 条第 1 項では,「(1) 相手局の呼出符号（3 回以下）」,「(2) こちらは（1 回）」,「(3) 自局の呼出符号（3 回以下）」を送信することになっていますが,航空移動業務などの無線局の運用においては,「(2) こちらは」は省略するものとされています.

　航空機局は,**航空局**に対する呼出しを行っても応答がないときは,少なくとも **10 秒間**の間隔を置かなければ,呼出しを反復してはいけません.

答え▶▶▶ 2

問題 ⑭ ★★　　　　　　　　　　　　　　　　　　　　➡ 5.6.3

　次の記述は,航空移動業務の無線電話通信における呼出しの反復及び中止について述べたものである. 無線局運用規則（第 22 条,第 154 条の 3 及び第 18 条）の規定に照らし,　　　　内に入れるべき最も適切な字句の組合せを下の 1 から 4 までのうちから一つ選べ.

① 航空機局は,航空局に対する呼出しを行っても応答がないときは,少なくとも　 A 　の間隔をおかなければ,呼出しを反復してはならない.

② 無線局は,自局の呼出しが他の既に行われている通信に混信を与える旨の通知を受けたときは,　 B 　. 無線設備の機器の試験又は調整のための電波の発射についても同様とする.

	A	B
1	10 秒間	空中線電力を低減して呼出しを行わなければならない
2	10 秒間	直ちにその呼出しを中止しなければならない
3	1 分間	空中線電力を低減して呼出しを行わなければならない
4	1 分間	直ちにその呼出しを中止しなければならない

解説 航空機局は,航空局に対する呼出しを行っても応答がないときは,少なくとも **10 秒間**の間隔を置かなければ,呼び出しを反復してはいけません.

　無線局は,自局の呼出しが他の既に行われている通信に混信を与える旨の通知を受けたときは,**直ちにその呼出しを中止しなければ**いけません. 答え▶▶▶ 2

問題 ⑮ ★★★　　　　　　　　　　　　　　　　　　　➡ 5.6.4

　次の記述のうち,無線局が無線電話通信において,自局に対する呼出しであることが確実でない呼出しを受信したときにとるべき措置に該当するものはどれか. 無線局運用規則（第 26 条,第 14 条及び第 18 条）の規定に照らし,下の 1 から 4 までのうちから一つ選べ.

1 応答事項のうち「こちらは」及び自局の呼出符号又は呼出名称を送信して直ちに応答しなければならない.

2 応答事項のうち相手局の呼出符号又は呼出名称の代わりに「誰かこちらを呼びましたか」の語を使用して直ちに応答しなければならない.

3 応答事項のうち相手局の呼出符号又は呼出名称の代わりに「各局」の語を使用して直ちに応答しなければならない.

4 その呼出しが反覆され,且つ,自局に対する呼出しであることが確実に判明するまで応答してはならない.

解説 無線局は,自局に対する呼出しであることが確実でない呼出しを受信したときは,その呼出しが反覆され,且つ,自局に対する呼出しであることが確実に判明するまで応答してはいけません.

答え▶▶▶ 4

問題 16 ★　　　　　　　　　　　　　　　　→ 5.6.8

次の記述は,航空移動業務における無線電話による試験電波の発射について述べたものである.無線局運用規則（第39条,第14条,第18条及び第154条の2）の規定に照らし, □ 内に入れるべき最も適切な字句の組合せを下の1から4までのうちから一つ選べ.なお,同じ記号の □ 内には,同じ字句が入るものとする.

① 無線局は,無線機器の試験又は調整のため電波の発射を必要とするときは,発射する前に自局の発射しようとする □ A □ によって聴守し,他の無線局の通信に混信を与えないことを確かめた後,次の（1）及び（2）の事項を順次送信し,更に1分間聴守を行い,他の無線局から停止の請求がない場合に限り,「 □ B □ 」の連続及び自局の呼出符号又は呼出名称1回を送信しなければならない.この場合において,「 □ B □ 」の連続及び自局の呼出符号又は呼出名称の送信は,10秒間を超えてはならない.

（1）ただいま試験中　　　　　　　3回

（2）自局の呼出符号又は呼出名称　3回

② ①の試験又は調整中は,しばしばその電波の周波数により聴守を行い, □ C □ を確かめなければならない.

	A	B	C
1	電波の周波数	本日は晴天なり	他の無線局の通信に混信を与えないこと
2	電波の周波数	試験電波発射中	他の無線局から停止の要求がないかどうか
3	電波の周波数及びその他必要と認める周波数	本日は晴天なり	他の無線局から停止の要求がないかどうか
4	電波の周波数及びその他必要と認める周波数	試験電波発射中	他の無線局の通信に混信を与えないこと

解説 航空移動業務における無線電話通信においては,無線局運用規則第39条第1項(2)の「こちらは」の送信は省略するものとされています.

答え▶▶▶ 3

出題傾向 下線の部分は,ほかの試験問題で穴埋めの字句として出題されています.また,正誤を問う問題も出題されています.

5.7 航空移動業務,航空移動衛星業務及び航空航行業務の無線局の運用

空港や航空路を航行する航空機と航空交通管制機関との通信を「航空管制通信」,航空運送事業用の航空機とその航空会社との通信を「運航管理通信」,航空機使用事業用の航空機と運航会社間の通信を「航空業務通信」といいます.これら,航空通信は電波法第70条の2〜第70条の6,無線局運用規則第141条〜第178条で規定されています.

5.7.1 航空機局の運用

電波法 第70条の2(航空機局の運用)

航空機局の運用は,その航空機の**航行中及び航行の準備中**に限る.但し,受信装置のみを運用するとき,電波法第52条各号に掲げる通信(遭難通信,緊急通信,安全通信,非常通信など)を行うとき,その他総務省令(無線局運用規則第142条)で定める場合は,この限りでない.

2 航空局（航空機局と通信を行うため陸上に開設する無線局をいう．）又は海岸局は，航空機局から自局の運用に妨害を受けたときは，妨害している航空機局に対して，**その妨害を除去するために必要な措置をとることを求める**ことができる．

3 航空機局は，航空局と通信を行う場合において，通信の順序若しくは時刻又は使用電波の型式若しくは周波数について，航空局から指示を受けたときは，その指示に従わなければならない．

無線局運用規則 **第142条（航空機局の運用）**

電波法第70条の2第1項ただし書の規定により**航行中及び航行の準備中**以外の航空機の航空機局を運用することができる場合は，次のとおりとする．

(1) 無線通信によらなければ他に連絡手段がない場合であって，**急を要する通報を航空移動業務の無線局**に送信するとき．

(2) 総務大臣又は総合通信局長が行う無線局の検査に際してその運用を必要とするとき．

5.7.2 運用義務時間

電波法 **第70条の3（運用義務時間）**

義務航空機局及び航空機地球局は，総務省令で定める時間運用しなければならない．

2 航空局及び航空地球局（陸上に開設する無線局であって，人工衛星局の中継により航空機地球局と無線通信を行うものをいう．）は，**常時**運用しなければならない．ただし，総務省令で定める場合は，この限りでない．

無線局運用規則 **第143条（義務航空機局及び航空機地球局の運用義務時間）**

電波法第70条の3第1項の規定による義務航空機局の運用義務時間は，**その航空機の航行中常時**とする．

2 電波法第70条の3第1項の規定による航空機地球局の運用義務時間は，次の(1)(2)に掲げる区分に従い，それぞれ当該各号に定めるとおりとする．

(1) 航空機の安全運航又は正常運航に関する通信を行うもの

→その航空機が別に告示する区域を航行中常時

(2) 航空機の安全運航又は正常運航に関する通信を行わないもの

→運用可能な時間

5.7.3 聴守義務

| 電波法 | 第 70 条の 4 (聴守義務)

　航空局，航空地球局，航空機局及び航空機地球局（電波法第 70 条の 6 第 2 項において「航空局等」という.）は，その運用義務時間中は，総務省令で定める周波数で聴守しなければならない. ただし，総務省令で定める場合は，この限りでない.

| 無線局運用規則 | 第 146 条 (航空局等の聴守電波)

　電波法第 70 条の 4 の規定による航空局の聴守電波の型式は，**A3E 又は J3E** とし，その周波数は，別に告示する.

2　電波法第 70 条の 4 の規定による航空地球局の聴守電波の型式は，G1D 又は G7W とし，その周波数は，別に告示する.

3　電波法第 70 条の 4 の規定による義務航空機局の聴守電波の型式は A3E 又は J3E とし，その周波数は次の表の左欄に掲げる区別に従い，それぞれ同表の右欄に掲げるとおりとする.

区　別	周波数
航行中の航空機の義務航空機局	(1) **121.5 MHz** (2) 当該航空機が**航行する区域の** 　**責任航空局**が指示する周波数
航空法第 96 条の 2 第 2 項の規定の 適用を受ける航空機の義務航空機局	交通情報航空局が指示する周波数

Point

　責任航空局とは，航空交通業務が行われている空域で航行中の航空機局が連絡することを義務づけている航空局のことです.

4　前項の責任航空局及びその責任に係る区域並びに交通情報航空局及びその情報の提供に関する通信を行う区域は，別に告示する.

5　電波法第 70 条の 4 の規定による航空機地球局の聴守電波の型式は，G1D，G7D 又は G7W とし，その周波数は，別に告示する.

無線局運用規則 第 147 条（聴守を要しない場合）

　電波法第 70 条の 4 ただし書の規定による航空局，義務航空機局，航空地球局及び航空機地球局が聴守を要しない場合は，次のとおりとする．
　（1）航空局については，現に通信を行っている場合で聴守することができないとき．
　（2）義務航空機局については，責任航空局又は交通情報航空局がその指示した周波数の電波の聴守の中止を認めたとき又はやむを得ない事情により前条第 3 項に規定する 121.5 MHz の電波の聴守をすることができないとき．
　（3）航空地球局については，航空機の安全運航又は正常運航に関する通信を取り扱っていない場合
　（4）航空機地球局については，次に掲げる場合
　　①　航空機の安全運航又は正常運航に関する通信を取り扱っている場合は，現に通信を行っている場合で聴守することができないとき．
　　②　航空機の安全運航又は正常運航に関する通信を取り扱っていない場合

無線局運用規則 第 148 条（運用中止等の通知）

　義務航空機局は，その運用を中止しようとするときは，次条第 1 項の航空局に対し，その旨及び**再開の予定時刻を通知**しなければならない．その予定時刻を変更しようとするときも，同様とする．
　2　前項の航空機局は，その運用を再開したときは，同項の航空局にその旨を通知しなければならない．

5.7.4 航空機局の通信連絡

電波法 第 70 条の 5（航空機局の通信連絡）

　航空機局は，その航空機の航行中は，総務省令（無線局運用規則第 152 条〜第 167 条）で定める方法により，総務省令（無線局運用規則第 149 条）で定める航空局と連絡しなければならない．

無線局運用規則 第 149 条 （航空機局の通信連絡）

　電波法第 70 条の 5 の規定により航空機局が連絡しなければならない航空局は，責任航空局又は交通情報航空局とする．ただし，**航空交通管制**に関する通信を取り扱う航空局で他に適当なものがあるときは，その航空局とする．

2　責任航空局に対する連絡は，やむを得ない事情があるときは，他の**航空機局**を経由して行うことができる.

3　交通情報航空局に対する連絡は，やむを得ない事情があるときは，これを要しない.

5.7.5　準　用

電波法　**第 70 条の 6（準用）**

電波法第 69 条（船舶局の機器の調整のための通信）の規定は，航空局及び航空機局の運用について準用する.

2　電波法第 66 条（遭難通信）及び第 67 条（緊急通信）の規定は，航空局等の運用について準用する.

5.7.6　通信の優先順位

無線局運用規則　**第 150 条（通信の優先順位）第 1 項〜第 2 項**

航空移動業務及び航空移動衛星業務における通信の優先順位は，次の（1）から（7）の順序によるものとする.

(1) 遭難通信

(2) 緊急通信

(3) 無線方向探知に関する通信

(4) 航空機の**安全運航**に関する通信

(5) 気象通報に関する通信（前号に掲げるものを除く.）

(6) 航空機の**正常運航**に関する通信

(7) 前各号に掲げる通信以外の通信

2　ノータム（航空施設，航空業務，航空方式又は**航空機の航行上の障害**に関する事項で，**航空機の運行関係者**に迅速に通知すべきものを内容とする通報をいう.）に関する通信は，緊急の度に応じ，**緊急通信**に次いでその順位を適宜に選ぶことができる.

 Point

ノータム（NOTAM）は notice to airmen の略で，航空機の安全運航に必要な情報です.

5.7.7 121.5 MHz 等の電波の使用制限

|無線局運用規則| **第 153 条（121.5 MHz 等の電波の使用制限）**

121.5 MHz の電波の使用は，次に掲げる場合に限る．

（1）**急迫の危険状態にある航空機**の航空機局と航空局との間に通信を行う場合で，**通常使用する電波**が不明であるとき又は他の航空機局のために使用されているとき．

（2）捜索救難に従事する航空機の航空機局と遭難している船舶の船舶局との間に通信を行うとき．

（3）航空機局相互間又はこれらの無線局と航空局若しくは船舶局との間に共同の捜索救難のための**呼出し，応答又は準備信号の送信**を行うとき．

（4）121.5 MHz 以外の周波数の**電波を使用することができない**航空機局と航空局との間に通信を行うとき．

（5）無線機器の試験又は調整を行う場合で，総務大臣が別に告示する方法により試験信号の送信を行うとき．

（6）前各号に掲げる場合を除くほか，急を要する通信を行うとき．

5.7.8 使用電波の指示

|無線局運用規則| **第 154 条（使用電波の指示）**

責任航空局は，**自局と通信する航空機局**に対し，第 152 条の使用区別の範囲内において，当該通信に使用する電波の指示をしなければならない．ただし，同条の使用区別により当該航空機局の使用する電波が特定している場合は，この限りでない．

2　交通情報航空局は，自局と通信する航空法第 96 条の 2 第 2 項の規定の適用を受ける航空機の航空機局に対し，第 152 条の使用区別の範囲内において，当該通信に使用する電波の指示をしなければならない．ただし，同条の使用区別により当該航空機局の使用する電波が特定している場合は，この限りでない．

3　航空機局は，第 1 項又は第 2 項の規定により指示された電波によることを不適当と認めるときは，その指示をした責任航空局又は交通情報航空局に対し，その指示の変更を求めることができる．

4　航空無線電話通信網に属する責任航空局は，第 1 項の規定による電波の指示に当たっては，**第一周波数**（当該航空無線電話通信網内の通信において一次的に使用する電波の周波数をいう．）**及び第二周波数**（当該航空無線電話通信網内の通信において二次的に使用する電波の周波数をいう．）をそれぞれ区別して指示しなければならない．

227

5　前項の責任航空局は，第1項及び前項の規定により電波の指示をしたときは，所属の航空無線電話通信網内の他の航空局に対し，**その旨及び指示した電波の周波数**を通知しなければならない．使用電波の指示を変更したときも，同様とする．

▌5.7.9　一方送信

　一方送信は，無線局運用規則第161条で「連絡設定ができない場合において，相手局に対する呼出しに引く続いて行う一方的な送信をいう．」と規定されています．

無線局運用規則　第162条（一方送信）

　航空機局は，その受信設備の故障により**責任航空局**と連絡設定ができない場合で一定の**時刻又は場所**における報告事項の通報があるときは，当該**責任航空局**から指示されている電波を使用して一方送信により当該通報を送信しなければならない．

　2　無線電話により前項の規定による一方送信を行うときは，「**受信設備の故障による一方送信**」の略語又はこれに相当する他の略語を前置し，当該通報を反復して送信しなければならない．この場合においては，当該送信に引き続き，次の通報の送信予定時刻を通知するものとする．

▌5.7.10　関係通信の受信と受信証の送信の特例

無線局運用規則　第163条（関係通信の受信等）

　航空無線電話通信網に属する航空局は，当該航空無線電話通信網内の無線局の行うすべての通信を受信しなければならない．

関連知識　航空無線電話通信網

　航空無線電話通信網は，電波法施行規則第2条第1項（92）で「一定の区域において，航空機局及び2以上の航空局が共通の周波数の電波により運用され，一体となって形成する無線電話通信の系統をいう．」と規定されています．従来，洋上を長距離航行する航空機は短波帯の電波を使用して通信を行ってきましたが，短波帯の電波は電離層の状態等が安定しないため通信が不安定になる欠点を有しています．衛星データリンクの発達により，短波を使用した長距離通信に代わりつつあります．

無線局運用規則 **第164条（関係通信の受信等）**

　前条の航空局は，航空機が他の航空局に対して送信している通報で自局に関係のあるものを受信したときは，特に支障がある場合を除くほか，その受信を終了したときから **1分以内** にその通報に係る受信証を当該他の航空局に送信するものとする．

2　前項の受信証を受信した航空局は，当該通報に係るその後の送信を省略しなければならない．

無線局運用規則 **第166条（受信証の送信の特例）**

　無線電話通信においては，通報を確実に受信した場合の受信証の送信は，次の（1）（2）の区別に従い，それぞれに掲げる事項を送信して行うものとする．

　（1）航空機局の場合

　　自局の呼出符号又は呼出名称　1回

　（2）航空局の場合

　　① 相手局が航空機局であるとき．

　　　相手局の呼出符号又は呼出名称（必要がある場合は，自局の呼出符号又は呼出名称1回を付する．）　1回

　　② 相手局が航空局であるとき．

　　　自局の呼出符号又は呼出名称（第164条第1項の規定による場合は，当該航空機局の呼出符号又は呼出名称1回を付する．）　1回

問題 17 ★★★　→ 5.7.1

　次の記述は，航空機局の運用について述べたものである．電波法（第70条の2）及び無線局運用規則（第142条）の規定に照らし，　　　内に入れるべき最も適切な字句の組合せを下の1から4までのうちから一つ選べ．なお，同じ記号の　　　内には，同じ字句が入るものとする．

① 航空機局の運用は，その航空機の　 A 　に限る．但し，受信装置のみを運用するとき，電波法第52条（目的外使用の禁止等）各号に掲げる通信（遭難通信，緊急通信，安全通信，非常通信，放送の受信その他総務省令で定める通信をいう）を行うとき，その他総務省令で定める場合は，この限りではない．

② ①のただし書の規定により　 A 　以外の航空機の航空機局を運用することができる場合は，次の（1）又は（2）のとおりとする．

(1) 無線通信によらなければ他に連絡手段がない場合であって，　B　に送信するとき．

(2) 総務大臣又は総合通信局長（沖縄総合通信事務所長を含む．）が行う無線局の検査に際してその運用を必要とするとき．

③　航空局は，航空機局から自局の運用に妨害を受けたときは，妨害している航空機局に対して，　C　ことができる．

	A	B	C
1	航行中及び航行の準備中	重要な通報を航空交通管制の機関	その運用の停止を命ずる
2	航行中	急を要する通報を航空移動業務の無線局	その運用の停止を命ずる
3	航行中及び航行の準備中	急を要する通報を航空移動業務の無線局	その妨害を除去するために必要な措置をとることを求める
4	航行中	重要な通報を航空交通管制の機関	その妨害を除去するために必要な措置をとることを求める

解説　航空機局の運用は，その航空機の**航行中及び航行の準備中**に限られています．ただし，**急を要する通報を航空移動業務の無線局**に送信するときなどは認められています．

航空局は，航空機局から自局の運用に妨害を受けたときは，妨害している航空機局に対して，**その妨害を除去するために必要な措置をとることを求める**ことができます．

答え▶▶▶3

問題 18 ★　　　　　　　　　　　　　　　　　　　　　　　　　　→5.7.2

次の記述は，義務航空機局等の運用義務時間について述べたものである．電波法（第70条の3）及び無線局運用規則（第143条）の規定に照らし，　　　内に入れるべき最も適切な字句の組合せを下の1から4までのうちから一つ選べ．

①　義務航空機局及び航空機地球局は，総務省令で定める時間運用しなければならない．

②　①による義務航空機局の運用義務時間は，　A　とする．

③　①による航空機地球局で航空機の安全運航又は正常運航に関する通信を行うものの運用義務時間は，その航空機が別に告示する区域を航行中常時とする．

④　航空局及び航空地球局は，　B　運用しなければならない．ただし，総務省令で定める場合は，この限りでない．

	A	B
1	その航空機の航行中常時	常時
2	その航空機の航行中常時	航空機が自局の責任に係る区域を航行している時間中常時
3	責任航空局が指示する時間	常時
4	責任航空局が指示する時間	航空機が自局の責任に係る区域を航行している時間中常時

解説 義務航空機局の運用義務時間は，**その航空機の航行中常時**です．また，航空局及び航空地球局は，**常時**運用しなければいけません．

答え▶▶▶ 1

5
章

問題 19 ★★ ➡ 5.7.3

　次の記述は，航空移動業務の無線局等の聴守義務について述べたものである．電波法（第70条の4）及び無線局運用規則（第146条）の規定に照らし，□□□内に入れるべき最も適切な字句の組合せを下の1から4までのうちから一つ選べ．なお，同じ記号の□□□内には，同じ字句が入るものとする．

① 航空局，航空地球局，航空機局及び航空機地球局は，その運用義務時間中は，総務省令で定める周波数で聴守しなければならない．ただし，総務省令で定める場合は，この限りではない．

② ①による航空局の聴守電波の型式は，□A□とし，その周波数は別に告示する．

③ ①による航空地球局の聴守電波の型式は，G1D又はG7Wとし，その周波数は別に告示する．

④ ①による義務航空機局の聴守電波の型式は，□A□とし，その周波数は，次の表の左欄に掲げる区別に従い，それぞれ同表の右欄に掲げるとおりとする．

区別	周波数
航行中の航空機の義務航空機局	(1) □B□ (2) 当該航空機が □C□
航空法第96条の2第2項の規定の適用を受ける航空機の義務航空機局	交通情報航空局が指示する周波数

⑤ ①による航空機地球局の聴守電波の型式は，G1D，G7D又はG7Wとし，その周波数は，別に告示する．

231

	A	B	C
1	F3E	121.5 MHz 又は 123.1 MHz	航行する区域の責任航空局が指示する周波数
2	F3E	121.5 MHz	適切であると認める周波数
3	A3E 又は J3E	121.5 MHz	航行する区域の責任航空局が指示する周波数
4	A3E 又は J3E	121.5 MHz 又は 123.1 MHz	適切であると認める周波数

解説 航空局の聴守電波の型式は，**A3E 又は J3E** です．

航行中の航空機の義務航空機局の周波数は「**121.5 MHz**」又は「**当該航空機が航行する区域の責任航空局が指示する周波数**」です．

答え▶▶▶ 3

問題 20 ★★　　　　　　　　　　　　　　　　　　　　　　　　➡ 5.7.3

　義務航空機局の運用を中止しようとするときはどのようにしなければならないか．無線局運用規則（第 148 条）の規定に照らし，この規定に定めるところに適合するものはどれか．下の 1 から 4 までのうちから一つ選べ．

1　責任航空局又は交通情報航空局に対し，その旨及び再開の予定時刻を通知しなければならない．その予定時刻を変更しようとするときも，同様とする．

2　通信可能の範囲内にあるすべての航空局に対し，その旨及び再開の予定時刻を通知しなければならない．

3　責任航空局から指示されている周波数の電波により，すべての航空局及び航空機局に対し，その旨及び理由並びに再開の予定時刻を通知しなければならない．

4　当該航空機局のある航空機が航行する区域にあるすべての責任航空局に対し，その旨及び理由並びに再開の予定時刻を通知しなければならない．

答え▶▶▶ 1

問題 21 ★　　　　　　　　　　　　　　　　　　　　　　　→5.7.4

　次の記述は，航空機局の通信連絡について述べたものである．電波法（第 70 条の 5）及び無線局運用規則（第 149 条）の規定に照らし，□□□内に入れるべき最も適切な字句の組合せを下の 1 から 4 までのうちから一つ選べ．なお，同じ記号の□□□内には，同じ字句が入るものとする．

① 航空機局は，その航空機の航行中は，総務省令で定める方法により，責任航空局（当該航空機の　A　に関する通信について責任を有する航空局をいう．以下同じ．）又は交通情報航空局と連絡しなければならない．ただし，　A　に関する通信を取り扱う航空局で他に適当なものがあるときは，その航空局とする．

② 責任航空局に対する連絡は，やむを得ない事情があるときは，他の　B　を経由して行うことができる．

③ 交通情報航空局に対する連絡は，やむを得ない事情があるときは，これを要しない．

	A	B
1	捜索救難	航空局
2	捜索救難	航空機局
3	航空交通管制	航空機局
4	航空交通管制	航空局

解説　航空機の航行中，航空機局は**航空交通管制**の責任を有する責任航空局又は交通情報航空局と連絡しなければいけません．ただし，やむを得ない事情があるときは，他の**航空機局**を経由して行うことができます．

答え▶▶▶ 3

問題 22 ★　　　　　　　　　　　　　　　　　　　　　　　→5.7.6

　次の記述は，航空移動業務及び航空移動衛星業務における通信の優先順位について述べたものである．無線局運用規則（第 150 条）の規定に照らし，□□□内に入れるべき最も適切な字句の組合せを下の 1 から 4 までのうちから一つ選べ．

① 航空移動業務及び航空移動衛星業務における通信の優先順位は，次の各号の順序によるものとする．

（1）遭難通信

（2）緊急通信

（3）無線方向探知に関する通信

（4）航空機の　A　に関する通信

(5) 気象通報に関する通信（（4）に掲げるものを除く.）

(6) 航空機の　B　に関する通信

(7) （1）から（6）までに掲げる通信以外の通信

② ノータムに関する通信は，緊急の度に応じ，　C　に次いでその順位を適宜に選ぶことができる.

	A	B	C
1	正常運航	安全運航	無線方向探知に関する通信
2	正常運航	安全運航	緊急通信
3	安全運航	正常運航	緊急通信
4	安全運航	正常運航	無線方向探知に関する通信

答え▶▶▶ 3

 出題傾向　誤っているものを選ぶ問題の選択肢として，「航空局等は，遭難通信に次ぐ優先順位をもって，緊急通信を取り扱わなければならない.」という文章が出題されますが，遭難通信に次ぐ優先順位は緊急通信なので，この内容は正しいです.

問題 23 ★★　　　　　　　　　　　　　　　　　→ 5.7.6

次の記述は，ノータムに関する通信について述べたものである．無線局運用規則（第150条）の規定に照らし，　　内に入れるべき最も適切な字句の組合せを下の1から4までのうちから一つ選べ.

① ノータムとは，航空施設，航空業務，航空方式又は　A　に関する事項で，　B　に迅速に通知すべきものを内容とする通報をいう.

② ノータムに関する通信は，緊急の度に応じ，　C　に次いでその順位を適宜に選ぶことができる.

	A	B	C
1	航空機の航行上の障害	航空機の運行関係者	緊急通信
2	航空機の航行上の障害	航空交通管制の機関	緊急通信
3	航空路	航空機の運行関係者	航空機の安全運航に関する通信
4	航空路	航空交通管制の機関	航空機の安全運航に関する通信

答え▶▶▶ 1

問題 24 ★★★　　　　　　　　　　　　　　　　　　　　➡ 5.7.7

次の記述は，121.5 MHz の電波の使用制限について述べたものである．無線局運用規則（第 153 条）の規定に照らし，□□□内に入れるべき最も適切な字句の組合せを下の 1 から 4 までのうちから一つ選べ．

121.5 MHz の電波の使用は，次に掲げる場合に限る．

(1) 　　A　　の航空機局と航空局との間に通信を行う場合で，通常使用する電波が不明であるとき又は他の航空機局のために使用されているとき．

(2) 捜索救難に従事する航空機の航空機局と遭難している船舶の船舶局との間に通信を行うとき．

(3) 航空機局相互間又はこれらの無線局と航空局若しくは船舶局との間に共同の捜索救難のための　　B　　を行うとき．

(4) 121.5 MHz 以外の周波数の　　C　　航空機局と航空局との間に通信を行うとき．

(5) 無線機器の試験又は調整を行う場合で，総務大臣が別に告示する方法により試験信号の送信を行うとき．

(6) (1) から (5) までに掲げる場合を除くほか，急を要する通信を行うとき

	A	B	C
1	急迫の危険状態にある航空機	呼出し，応答又は準備信号の送信	電波を使用することができない
2	急迫の危険状態にある航空機	呼出し，応答又は準備信号若しくは通報の送信	電波で通信中の
3	航行中又は航行の準備中の航空機	呼出し，応答又は準備信号の送信	電波で通信中の
4	航行中又は航行の準備中の航空機	呼出し，応答又は準備信号若しくは通報の送信	電波を使用することができない

解説　121.5 MHz の使用が認められているのは，「**急迫の危険状態にある航空機**の航空機局と航空局との間に通信を行う場合で，通常使用する電波が不明であるとき又は他の航空機局のために使用されているとき」，「航空機局相互間又はこれらの無線局と航空局若しくは船舶局との間に共同の捜索救難のための**呼出し，応答又は準備信号の送信**を行うとき」，「121.5 MHz 以外の周波数の**電波を使用することができない**航空機局と航空局との間に通信を行うとき」などです．

答え ▶▶▶ 1

 条文の正誤を問う問題や下線の部分を穴埋めにした問題も出題されています．

問題 25 ★　　　　　　　　　　　　　　　　　　　　　　　⇒ 5.7.8

　次の記述は，航空機に対する使用電波の指示について述べたものである．無線局運用規則（第 154 条）の規定に照らし，□□□内に入れるべき最も適切な字句の組合せを下の 1 から 4 までのうちから一つ選べ．

① 責任航空局は，　A　に対し，無線局運用規則第 152 条（周波数等の使用区別）の使用区別の範囲内において，当該通信に使用する電波の指示をしなければならない．ただし，同条の使用区別により当該航空機局の使用する電波が特定している場合は，この限りでない．

② 航空機局は，①の規定により指示された電波によることを不適当と認めるときは，その指示をした責任航空局に対し，その指示の変更を求めることができる．

③ 航空無線電話通信網に属する責任航空局は，①の規定による電波の指示に当たっては，　B　をそれぞれ区別して指示しなければならない．

④ ③の責任航空局は，①及び③の規定により電波の指示をしたときは，所属の航空無線電話通信網内の他の航空局に対し，　C　を通知しなければならない．使用電波の指示を変更したときも，同様とする．

	A	B	C
1	通信圏内にあるすべての航空機局	第一周波数及び第二周波数	その旨
2	自局と通信する航空機局	呼出し及び応答周波数並びに通信周波数	その旨
3	通信圏内にあるすべての航空機	呼出し及び応答周波数並びに通信周波数	その旨及び指示した電波の周波数
4	自局と通信する航空機局	第一周波数及び第二周波数	その旨及び指示した電波の周波数

解説　責任航空局は，**自局と通信する航空機局**に対し，通信に使用する電波の指示をしなければいけません．また，その指示に当たっては，**第一周波数**（一次的に使用する電波の周波数）及び**第二周波数**（二次的に使用する電波の周波数）をそれぞれ区別して指示しなければいけません．

　また，電波の指示をしたときは，所属の航空無線電話通信網内の他の航空局に対し，**その旨及び指示した電波の周波数**を通知しなければいけません．

答え ▶▶▶ 4

問題 26 ★★ ➡ 5.7.9

　次の記述は，航空機局の一方送信 ^(注) について述べたものである．無線局運用規則（第 162 条）の規定に照らし，____内に入れるべき最も適切な字句の組合せを下の 1 から 4 までのうちから一つ選べ．なお，同じ記号の____内には，同じ字句が入るものとする．

　　注　連絡設定ができない場合において，相手局に対する呼出しに引き続いて行う一方的な通報の送信をいう．

① 　航空機局は，その受信設備の故障により ___A___ と連絡設定ができない場合で一定の ___B___ における報告事項の通報があるときは，当該 ___A___ から指示されている電波を使用して一方送信により当該通報を送信しなければならない．

② 　無線電話により①の規定による一方送信を行うときは，「___C___」の略語又はこれに相当する他の略語を前置し，当該通報を反復して送信しなければならない．この場合においては，当該送信に引き続き，次の通報の送信予定時刻を通知するものとする．

	A	B	C
1	交通情報航空局	時刻	受信設備の故障による一方送信
2	責任航空局	時刻又は場所	受信設備の故障による一方送信
3	交通情報航空局	時刻又は場所	受信設備の故障
4	責任航空局	時刻	受信設備の故障

解説　航空機局は，その受信設備の故障により**責任航空局**と連絡設定ができない場合で一定の**時刻又は場所**における報告事項の通報があるときは，当該**責任航空局**から指示されている電波を使用して一方送信により当該通報を送信しなければいけません．
このとき，「**受信設備の故障による一方送信**」の略語又はこれに相当する他の略語を前置し，当該通報を反復して送信しなければいけません．

答え▶▶▶ 2

問題 27 ★ ➡ 5.7.10

　航空移動業務の無線電話通信に係る次の記述のうち，無線局運用規則（第 163 条，第 164 条及び第 166 条）の規定に照らし，これらの規定に定めるところに適合するものを 1，これらの規定に定めるところに適合しないものを 2 として解答せよ．

> ア 航空無線電話通信網に属する航空局は，当該航空無線電話通信網内の無線局の行うすべての通信を受信しなければならない．
> イ 航空無線電話通信網に属する航空局は，航空機局が他の航空局に対して送信している通報で自局に関係のあるものを受信したときは，特に支障がある場合を除くほか，その受信を終了したときから 30 秒以内にその通報に係る受信証を当該他の航空局に送信するものとする．この受信証を受信した航空局は，当該通報に係るその後の送信を省略しなければならない．
> ウ 無線電話通信においては，通報を確実に受信した場合の受信証の送信は，航空機局の場合には，次の事項を送信して行うものとする．
> 　「自局の呼出符号又は呼出名称」1 回
> エ 無線電話通信においては，通報を確実に受信した場合の受信証の送信は，航空局の場合であって，相手局が航空機局であるときには，次の事項を送信して行うものとする．
> 　「相手局の呼出符号又は呼出名称」1 回．なお，必要がある場合は，「自局の呼出符号又は呼出名称」1 回を付する．
> オ 無線電話通信においては，通報を確実に受信した場合の受信証の送信は，航空局の場合であって，相手局が航空局であるときには，次の事項を送信して行うものとする．
> 　「相手局の呼出符号又は呼出名称」1 回．

解説 イ 「**30 秒以内**」ではなく，正しくは「**1 分以内**」です．

オ 『「**相手局**の呼出符号又は呼出名称」1 回』ではなく，正しくは『「**自局**の呼出符号又は呼出名称」1 回』です．

答え▶▶▶ア－1　イ－2　ウ－1　エ－1　オ－2

5.8 遭難通信

　遭難通信は，「船舶又は航空機が重大かつ急迫の危険に陥った場合に遭難信号を前置する方法その他総務省令で定める方法により行う無線通信である．」と規定されており，遭難呼出し，遭難通報，遭難通信終了の伝送までのすべての通信のことをいいます．遭難通信が行われる具体例として，航空機が墜落の危機，衝突事故や火災にあい，人命の安全が担保できなくなった場合などがあります．

関連知識 遭難通信と遭難通報の違い

「遭難通信」は，遭難呼び出し，通報，遭難通信終了までのすべての通信を表すのに対し，「遭難通報」は，遭難の場所や救助を容易にする情報など，いわば電報本文のようなイメージで，遭難通信の一部を構成するものです．

電波法 **第66条（遭難通信）**

航空局，航空地球局，航空機局及び航空機地球局（以下「航空局等」という.）は，遭難通信を受信したときは，他の一切の無線通信に優先して，直ちにこれに応答し，かつ，遭難している船舶又は航空機を救助するため最も便宜な位置にある無線局に対して通報する等総務省令で定めるところにより救助の通信に関し最善の措置をとらなければならない．

2　無線局は，遭難信号又は第52条（1）の総務省令で定める方法により行われる無線通信を受信したときは，遭難通信を妨害するおそれのある電波の発射を直ちに中止しなければならない．

5.8.1 遭難通信で使用する電波等

無線局運用規則 **第168条（使用電波等）**

遭難航空機局が遭難通信に使用する電波は，**責任航空局**又は交通情報航空局から指示されている電波がある場合にあっては当該電波，その他の場合にあっては航空機局と航空局との間の通信に使用するためにあらかじめ定められている電波とする．ただし，当該電波によることができないか又は不適当であるときは，この限りでない．

2　前項の電波は，遭難通信の開始後において，**救助を受けるため必要と認められる場合**に限り，変更することができる．この場合においては，できる限り，当該電波の変更についての送信を行わなければならない．

3　遭難航空機局は，第1項の電波を使用して遭難通信を行うほか，J3E電波2 182 kHz 又は **F3E電波 156.8 MHz** を使用して遭難通信を行うことができる．

5.8.2 遭難通報のあて先

無線局運用規則 第169条（遭難通報のあて先）

航空機局が無線電話により送信する遭難通報（海上移動業務の無線局にあてるものを除く．）は，**当該航空機局と現に通信を行っている航空局**，責任航空局又は交通情報航空局その他適当と認める航空局にあてるものとする．ただし，状況により，必要があると認めるときは，**あて先を特定しない**ことができる．

5.8.3 遭難通報の送信事項等

無線局運用規則 第170条（遭難通報の送信事項等）第1項

電波法第169条の遭難通報は，**遭難信号**（なるべく3回）に引き続き，できる限り，次に掲げる事項を順次送信して行うものとする．ただし，遭難航空機局以外の航空機局が送信する場合には，その旨を明示して，次に掲げる事項と異なる事項を送信することができる．

(1) 相手局の呼出符号又は呼出名称（遭難通報のあて先を特定しない場合を除く．）

(2) **遭難した航空機の識別**又は遭難航空機局の呼出符号若しくは呼出名称

(3) 遭難の種類

(4) 遭難した**航空機の機長のとろうとする措置**

(5) 遭難した航空機の位置，高度及び針路

5.8.4 遭難通信を受信した航空局等のとるべき措置

遭難通信や緊急通信の規定は受信した無線局によってとるべき措置が定められています．

(1) 航空局

無線局運用規則 第171条の3（遭難通報等を受信した航空局のとるべき措置）

航空局は，自局をあて先として送信された遭難通報を受信したときは，直ちにこれに応答しなければならない．

2 航空局は，自局以外の無線局（海上移動業務の無線局を除く．）をあて先として送信された遭難通報を受信した場合において，これに対する当該無線局の応答が認められないときは，**遅滞なく**，**当該遭難通報に応答**しなければならない．ただし，他の無線局が既に応答した場合にあっては，この限りでない．

3 航空局は，あて先を特定しない遭難通報を受信したときは，**遅滞なく**，**これに応答**しなければならない．ただし，他の無線局が既に応答した場合にあっては，この限りでない．

4 航空局は，前3項の規定により遭難通報に応答したときは，直ちに当該遭難通報を**航空交通管制の機関に通報**しなければならない．

5 航空局は，携帯用位置指示無線標識の通報，衛星非常用位置指示無線標識の通報又は航空機用救命無線機等の通報を受信したときは，直ちにこれを航空交通管制の機関に通報しなければならない．

関連知識 時間的な即時性を示す語句

電波法令において，時間的な即時性を表す語句として「直ちに」「速やかに」「遅滞なく」が出てきますが，「直ちに」＞「速やかに」＞「遅滞なく」の順序で即時性が求められます．

5章

(2) 航空地球局

航空地球局は，「遭難通報を受信したときは，遅滞なく，これに応答し，かつ，当該遭難通報を航空交通管制の機関に通報しなければならない．」と規定されています．

(3) 航空機局

航空機局は航空局の規定（無線局運用規則 第171条の3）と同様です．

5.8.5 遭難通報に対する応答

無線局運用規則 第172条（遭難通報に対する応答）

航空局又は航空機局は，遭難通報を受信した場合において，無線電話によりこれに応答するときは，次に掲げる事項（遭難航空機局と現に通信を行っている場合は，第3号及び第4号に掲げる事項）を順次送信して応答しなければならない．

(1) 遭難通報を送信した航空機局の呼出符号又は呼出名称 1回

(2) 自局の呼出符号又は呼出名称 1回

(3) 了解又はこれに相当する他の略語 1回

(4) 遭難又はこれに相当する他の略語 1回

無線局運用規則 第172条の2（遭難通信の宰領）

　前条の規定により応答した航空局又は航空機局は，当該遭難通信の宰領を行い，又は適当と認められる他の航空局に当該遭難通信の宰領を依頼しなければならない．

　2　前項の規定により遭難通信の宰領を依頼した航空局又は航空機局は，遭難航空機局に対し，その旨を通知しなければならない．

 Point

「遭難通信の宰領」とは，自局が遭難通信に係る無線局に指示し取りまとめを行うことをいいます．

5.8.6　遭難通報に応答した航空局のとるべき措置

無線局運用規則 第172条の3（遭難通報等に応答した航空局のとるべき措置）

　航空機の遭難に係る遭難通報に対し応答した航空局は，次の（1），（2）に掲げる措置をとらなければならない．

　（1）遭難した航空機が海上にある場合には，直ちに最も迅速な方法により，**救助上適当と認められる海岸局**に対し，当該遭難通報の送信を要求すること．

　（2）当該遭難に係る航空機を運行する者に遭難の状況を通知すること．

5.8.7　遭難通信の終了

無線局運用規則 第173条（遭難通信の終了）

　遭難航空機局（遭難通信を宰領したものを除く．）は，その航空機について救助の必要がなくなったときは，遭難通信を宰領した無線局にその旨を通知しなければならない．

無線局運用規則 第174条（遭難通信の終了）

　遭難通信を宰領した航空局又は航空機局は，遭難通信が終了したときは，**直ちに航空交通管制の機関**及び**遭難に係る航空機を運行する者**に**その旨を通知**しなければならない．

問題 **28** ★★★　　　　　　　　　　　　　　　　　　　→5.8.1

　次の記述は，遭難航空機局が遭難通信に使用する電波について述べたものである．無線局運用規則（第168条）の規定に照らし，　□　内に入れるべき最も適切な字句の組合せを下の1から4までのうちから一つ選べ．

① 遭難航空機局が遭難通信に使用する電波は，　A　又は交通情報航空局から指示されている電波がある場合にあっては当該電波，その他の場合にあっては航空機局と航空局との間の通信に使用するためにあらかじめ定められている電波とする．ただし，当該電波によることができないか又は不適当であるときは，この限りでない．

② ①の電波は，遭難通信の開始後において，　B　に限り，変更することができる．この場合においては，できる限り，当該電波の変更についての送信を行わなければならない．

③ 遭難航空機局は，①の電波を使用して遭難通信を行うほか，　C　を使用して遭難通信を行うことができる．

	A	B	C
1	責任航空局	救助を受けるため必要と認められる場合	F3E 電波 156.8 MHz
2	責任航空局	航空機が必要と認める場合	F3E 電波 156.65 MHz
3	正常運航に関する通信を行う航空局	救助を受けるため必要と認められる場合	F3E 電波 156.65 MHz
4	正常運航に関する通信を行う航空局	航空機が必要と認める場合	F3E 電波 156.8 MHz

解説　遭難航空機局が遭難通信に使用する電波は，**責任航空局**又は交通情報航空局から指示されている電波がある場合にあっては当該電波とします．この電波は，遭難通信の開始後において，**救助を受けるため必要と認められる場合**に限り，変更することができます．

　遭難航空機局は，①の電波のほかに，J3E 電波 2 182 kHz 又は **F3E 電波 156.8 MHz** を使用して遭難通信を行うことができます．

答え▶▶▶ 1

➡ 5.8.2

問題 29 ★★

次の記述は，航空移動業務における遭難通報のあて先について述べたものである．無線局運用規則（第 169 条）の規定に照らし，[　　　]内に入れるべき最も適切な字句の組合せを下の 1 から 4 のうちから一つ選べ．

航空機局が無線電話により送信する遭難通報（海上移動業務の無線局にあてるものを除く．）は，[　A　]，責任航空局又は交通情報航空局その他適当と認める航空局にあてるものとする．ただし，状況により，必要があると認めるときは，[　B　]ことができる．

	A	B
1	当該航空機局と現に通信を行っている航空局	二以上の航空局にあてる
2	当該航空機局と現に通信を行っている航空局	あて先を特定しない
3	最も近い距離にある航空局	あて先を特定しない
4	最も近い距離にある航空局	二以上の航空局にあてる

解説　航空機局が無線電話により送信する遭難通報は，「**当該航空機局と現に通信を行っている航空局**」，「**責任航空局**」，「**交通情報航空局**」，「**その他適当と認める航空局**」にあてるものです．ただし，状況により，必要があると認めるときは，**あて先を特定しない**ことができます．

答え ▶▶▶ 2

問題 30 ★★

➡ 5.8.3

次の記述は，航空移動業務における遭難通報の送信事項について述べたものである．無線局運用規則（第 170 条）の規定に照らし，[　　　]内に入れるべき最も適切な字句の組合せを下の 1 から 4 までのうちから一つ選べ．

航空機局が無線電話により送信する遭難通報（海上移動業務の無線局にあてるものを除く．）は，[　A　]（なるべく 3 回）に引き続き，できる限り，次の（1）から（5）までに掲げる事項を順次送信して行うものとする．ただし，遭難航空機局以外の航空機局が送信する場合には，その旨を明示して，次の（1）から（5）までに掲げる事項と異なる事項を送信することができる．

（1）相手局の呼出符号又は呼出名称（遭難通報のあて先を特定しない場合を除く．）

（2）[　B　]又は遭難航空機局の呼出符号若しくは呼出名称

（3）遭難の種類

（4）遭難した[　C　]

（5）遭難した航空機の位置，高度及び針路

	A	B	C
1	警急信号	遭難した航空機の識別	航空機の機長の求める助言
2	警急信号	遭難した航空機の運行者	航空機の機長のとろうとする措置
3	遭難信号	遭難した航空機の運行者	航空機の機長の求める助言
4	遭難信号	遭難した航空機の識別	航空機の機長のとろうとする措置

解説 遭難通報は，**遭難信号**（なるべく3回）に引き続き，「相手局の呼出符号又は呼出名称」，「**遭難した航空機の識別**又は遭難航空機局の呼出符号若しくは呼出名称」，「遭難の種類」，「遭難した**航空機の機長のとろうとする措置**」，「遭難した航空機の位置，高度及び針路」を順次送信します．

答え▶▶▶ 4

5章

問題 31 ★★ ➡5.8.4

次の記述は，遭難通報等を受信した航空局の執るべき措置について述べたものである．無線局運用規則（第171条の3）の規定に照らし，◻◻◻内に入れるべき最も適切な字句の組合せを下の1から4までのうちから一つ選べ．なお，同じ記号の◻◻◻内には，同じ字句が入るものとする．

① 航空局は，自局を宛て先として送信された遭難通報を受信したときは，直ちにこれに応答しなければならない．

② 航空局は，自局以外の無線局（海上移動業務の無線局を除く．）を宛て先として送信された遭難通報を受信した場合において，これに対する当該無線局の応答が認められないときは，◻ A ◻しなければならない．ただし，他の無線局が既に応答した場合にあっては，この限りでない．

③ 航空局は，宛て先を特定しない遭難通報を受信したときは，◻ B ◻しなければならない．ただし，他の無線局が既に応答した場合にあっては，この限りでない．

④ 航空局は，①から③までにより遭難通報に応答したときは，直ちに当該遭難通報を◻ C ◻しなければならない．

⑤ 航空局は，携帯用位置指示無線標識の通報，衛星非常用位置指示無線標識の通報又は航空機用救命無線機等の通報を受信したときは，直ちにこれを◻ C ◻しなければならない．

	A	B	C
1	遅滞なく，当該遭難通報に応答	遅滞なく，これに応答	航空交通管制の機関に通報
2	遅滞なく，当該遭難通報に応答	現に通信中の場合を除き，遅滞なく，これに応答	通信可能の範囲内にあるすべての航空機局に送信
3	当該無線局が応答することができるように，応答をしばらく遅らせて，応答	遅滞なく，これに応答	通信可能の範囲内にあるすべての航空機局に送信
4	当該無線局が応答することができるように，応答をしばらく遅らせて，応答	現に通信中の場合を除き，遅滞なく，これに応答	航空交通管制の機関に通報

解説 遭難通報を受信した場合の措置は以下の表の通りです．

■表 5.2 遭難通報を受信した場合の措置

宛　先	対　応
自局宛て	直ちにこれに応答
自局以外の無線局宛て	遅滞なく，当該遭難通報に応答 （他の無線局が応答した場合は不要）
宛先が未指定	遅滞なく，これに応答 （他の無線局が応答した場合は不要）

　なお，上記のいずれの場合でも，遭難通報に応答した場合は直ちに当該遭難通報を**航空交通管制の機関に通報**しなければいけません．

答え▶▶▶ 1

問題 32 ★★　　　　　　　　　　　　　　　　　　　　➡5.8.4〜5.8.6

　航空機の遭難に係る遭難通報に応答した航空局又は航空機局のとるべき措置に関する次の記述のうち，無線局運用規則（第 171 条の 3，第 171 条の 5，第 172 条の 2 及び第 172 条の 3）の規定に照らし，これらの規定に定めるところに適合するものを 1，これらの規定に定めるところに適合しないものを 2 として解答せよ．

ア　航空機の遭難に係る遭難通報に対し応答した航空局は，当該遭難に係る航空機を運行する者に遭難の状況を通知しなければならない．

イ　航空局は，自局をあて先として送信された遭難通報を受信し，これに応答したときは，直ちに当該遭難通報を航空交通管制の機関に通報しなければならない．

ウ　遭難通報を受信し，これに応答した航空局又は航空機局は，当該遭難通信の宰領を行い，又は適当と認められる他の航空局に当該遭難通信の宰領を依頼しなければならない．

エ　航空機局は，あて先を特定しない遭難通報を受信し，これに応答したときは，無線局運用規則第59条（各局あて同報）に定める方法により，直ちに当該遭難通報を通信可能の範囲内にあるすべての航空機局に対し送信しなければならない．

オ　航空機の遭難に係る遭難通報に対し応答した航空局は，遭難した航空機が海上にある場合には，直ちに最も迅速な方法により，救助上適当と認められる通信可能の範囲内にあるすべての船舶局に対し，当該遭難通報を送信しなければならない．

解説　エ　「通信可能の範囲内にあるすべての航空機局」ではなく，正しくは，「航空交通管制の機関」です．

オ　「救助上適当と認められる**通信可能の範囲内にあるすべての船舶局**」ではなく，正しくは，「救助上適当と認められる**海岸局**」です．

答え▶▶▶ア－1　イ－1　ウ－1　エ－2　オ－2

問題 33 ★★★　　　　　　　　　　　　　　→5.8.7

航空移動業務の遭難通信が終了したときに遭難通信を宰領した航空局又は航空機局が執らなければならない措置に関する次の記述のうち，無線局運用規則（第174条）の規定に照らし，この規定に定めるところに適合するものを1，この規定に定めるものに適合しないものを2として解答せよ．

ア　できる限り遭難に係る航空機の付近を航行中の船舶にその旨を通知しなければならない．

イ　直ちに遭難に係る航空機の付近を航行中の他の航空機にその旨を通知しなければならない．

ウ　直ちに航空交通管制の機関にその旨を通知しなければならない．

エ　直ちに海上保安庁その他の救助機関にその旨を通知しなければならない．

オ　直ちに遭難に係る航空機を運行する者にその旨を通知しなければならない．

解説 遭難通信が終了したときは，直ちに**航空交通管制の機関及び遭難に係る航空機を運行する者**にその旨を通知しなければいけません．

答え▶▶▶ア−2 イ−2 ウ−1 エ−2 オ−1

5.9 緊急通信

緊急通信は，「船舶又は航空機が重大かつ急迫の危険に陥るおそれがある場合その他緊急の事態が発生した場合に緊急信号を前置する方法その他総務省令で定める方法により行う無線通信」です．緊急通信が行われる具体例として，ハイジャック，航空機内での重病人の発生などが予想されます．

電波法 **第 67 条（緊急通信）**

航空局等は，遭難通信に次ぐ優先順位をもって，緊急通信を取り扱わなければならない．

2 航空局等は，緊急信号又は第 52 条（2）の総務省令で定める方法により行われる無線通信を受信したときは，遭難通信を行う場合を除き，その通信が自局に関係のないことを確認するまでの間（総務省令で定める場合には，少なくとも 3 分間）継続してその緊急通信を受信しなければならない．

5.9.1 緊急通報を受信した無線局のとるべき措置

無線局運用規則 **第 176 条の 2（緊急通報を受信した無線局のとるべき措置）**

航空機の緊急の事態に係る緊急通報に対し応答した航空局又は航空機局は，次の（1）から（3）（航空機局にあっては，（1））に掲げる措置をとらなければならない．

(1) 直ちに航空交通管制の機関に緊急の事態の状況を通知すること．
(2) 緊急の事態にある航空機を運行する者に緊急の事態の状況を通知すること．
(3) 必要に応じ，当該緊急通信の宰領を行うこと．

関連知識 安全通信

船舶又は航空機の航行に対する重大な危険を予防するために安全信号を前置して行う無線通信を安全通信といいます．

問題 34 ★★★　　　　　　　　　　　　　　　　　　　　　 ➡ 5.9.1

　航空機の緊急の事態に係る緊急通報に対し，応答した航空局が執らなければなら
ない措置に関する次の記述のうち，無線局運用規則（第 176 条の 2）の規定に照ら
し，この規定に定めるところに適合するものを 1，この規定に定めるところに適合
しないものを 2 として解答せよ．
　ア　直ちに航空交通管制の機関に緊急の事態の状況を通知すること．
　イ　緊急の事態にある航空機が海上にある場合には，付近を航行中の船舶に緊急
　　の事態の状況を通知すること．
　ウ　緊急の事態にある航空機の付近を航行中の他の航空機に緊急の事態の状況を
　　通知すること．
　エ　緊急の事態にある航空機を運行する者に緊急の事態の状況を通知すること．
　オ　必要に応じ，当該緊急通信の宰領を行うこと．

解説　イ，ウについては規定されていません．

答え▶▶▶ア－1　イ－2　ウ－2　エ－1　オ－1

5
章

⑥章　業務書類等

無線局には，「無線局免許状」「免許申請書の写し」「無線業務日誌」などの書類や「正確な時計」などの備付けが必要です．無線局に備え付ける必要のある業務書類について学びます．本章からの出題範囲は限定されています．

　無線局には，正確な時計，無線業務日誌，免許状など所定の業務書類の備付け義務があります．無線業務日誌への記載，保存，免許状の掲示などについても詳細に定められています．

　無線局に選任されている無線従事者は，時計や業務書類を整備するとともに，適切に管理し，保存しなければなりません．

6.1　備付けを要する業務書類等

6.1.1　時　計

　通信や放送においては，正確な時刻を知ること，報知することは大変重要なことです．そのため，無線局には正確に時を刻む時計を備え付けておかねばなりません．そのため，「時計は毎日1回以上中央標準時または協定世界時に照合しておかなくてはならない」とされています．

> **関連知識　協定世界時と中央標準時**
>
> 　時刻の定義として，以前は地球の自転から定義された世界時（UT：Universal Time）を使用していました．しかしながら，世界時は地球のさまざまな影響をうけるため，科学技術の発達につれて不便になってきました．その後，原子時計の開発により，1967年に世界時よりも正確な量子力学的な定義（セシウム133原子の基底状態の2つの超微細構造間の遷移における放射の9 192 631 770周期の継続時間）に改定されました．原子を用いた原子時は世界時と比較すると非常に正確です．この原子時にうるう秒を挿入して，日常生活に用いるようにしたのが，協定世界時（UTC：Coordinated Universal Time）です．なお，略語のUTCはフランス語の語順からきているため，英語の文字の順番と一致しません．
> 　中央標準時（JCST：Japan Central Standard Time）は，協定世界時から9時間進めた時間（東経135度分の時差）で，一般的に日本標準時（JST：Japan Standard Time）ともいわれます．

6.1.2　業務書類

　電波法第60条の規定により備え付けておかねばならない書類は，電波法施行規則第38条で定められています．無線局の種別毎に違いがありますが，航空機局及び航空機地球局（航空機の安全運航又は正常運航に関する通信を行うものに限る．）は，次のような書類を備え付けなければなりません．

| 電波法施行規則 | 第 38 条第 1 項（備付けを要する業務書類）〈抜粋〉 |

電波法第 60 条の規定により，航空機局及び航空機地球局（航空機の安全運航又は正常運航に関する通信を行うものに限る．）が備え付けておかねばならない書類は，次の通りとする．

(一) **免許状**

(二) **無線局の免許の申請書の添付書類の写し**

(三) **無線局の変更の申請（届）書の添付書類の写し**

(四) **国際電気通信連合憲章，国際電気通信連合条約及び無線通信規則並びに国際民間航空機関により採択された通信手続**

問題 1 ★★★　　　　　　　　　　　　　　　　　　　→ 6.1.2

次に掲げる書類のうち，電波法施行規則（第 38 条）の規定に照らし，国際通信を行う義務航空機局に備付けを要するものを 1，これに備付けを要しないものを 2 として解答せよ．

ア　無線従事者選解任届の写し

イ　電波法及びこれに基づく命令の集録

ウ　無線局の免許の申請書の添付書類の写し

エ　国際電気通信連合憲章，国際電気通信連合条約及び無線通信規則並びに国際民間航空機関により採択された通信手続

オ　免許状

解説　正解の選択肢の他に，電波法施行規則第 38 条による備付けを要するものには「無線局の変更の申請（届）書の添付書類の写し」があります．

答え ▶▶▶ ア－2　イ－2　ウ－1　エ－1　オ－1

出題傾向　正しいものとしてよく出題されているのは，「免許状」，「無線局の免許の申請書の添付書類の写し」，「国際電気通信連合憲章，国際電気通信連合条約及び無線通信規則」の 3 つです．確実に覚えておきましょう．また，誤っているものとして「無線測位局及び特別業務の局の局名録」が出題されています．

6.2　無線業務日誌

6.2.1　無線業務日誌の記載事項

電波法施行規則　第 40 条（無線業務日誌）第 1 項〜第 2 項〈抜粋〉

　電波法第 60 条に規定する無線業務日誌には，毎日次に掲げる事項を記載しなければならない．ただし，総務大臣又は総合通信局長において特に必要がないと認めた場合は，記載事項の一部を省略することができる．

(1) 航空移動業務又は航空移動衛星業務を行う無線局

① 　無線従事者（主任無線従事者の監督を受けて無線設備の操作を行う者を含む．）の氏名，資格及び服務方法（変更のあったときに限る．）

② 　通信のたびごとに次の事項（航空機局，航空機地球局にあっては，遭難通信，緊急通信，安全通信その他無線局の運用上重要な通信に関するものに限る．）

(一) 通信の開始及び終了の時刻

(二) 相手局の識別信号（国籍，無線局の名称又は機器の装置場所等を併せて記載することができる．）

(三) 自局及び相手局の使用電波の型式及び周波数

(四) 使用した空中線電力（正確な電力の測定が困難なときは，推定の電力を記載すること．）

(五) 通信事項の区別及び通信事項別通信時間（通数のあるものについては，その通数を併せて記載すること．）

(六) 相手局から通知を受けた事項の概要

(七) 遭難通信，緊急通信，安全通信及び法第 74 条第 1 項に規定する通信の概要（遭難通信については，その全文）並びにこれに対する措置の内容

(八) 空電，混信，受信感度の減退等の通信状態

③ 　発射電波の周波数の偏差を測定したときは，その結果及び許容偏差を超える偏差があるときは，その措置の内容

④ 　**機器の故障の事実，原因及びこれに対する措置の内容**

⑤ 　電波の規正について指示を受けたときは，その事実及び措置の内容

⑥ 　**電波法又は電波法に基づく命令に違反して運用した無線局を認めた場合は，その事実**

2 　次の無線局の無線業務日誌には，第 1 項（1）に掲げる事項のほか，それぞれ当該各号に掲げる事項を併せて記載しなければならない．ただし，総務大臣又は

総合通信局長において特に必要がないと認めた場合は，記載事項の一部を省略することができる．

(1) 海岸局（省略）

　(1の2) 海岸地球局（省略）

(2) 船舶局（省略）

　(2の2) 船舶地球局（省略）

(3) 航空局

　① 電波法第70条の4の規定による聴取周波数

　② （省略）

(3の2) 航空地球局（省略）

(4) 航空機局

　① 電波法第70条の4の規定による聴取周波数

　② 無線局が外国において，あらかじめ総務大臣が告示した以外の運用の制限をされたとき

　③ レーダーの維持の概要及びその機能上又は操作上に現れた特異現象の詳細

(4の2) 航空機地球局（航空機の安全運航又は正常運航に関する通信を行わないものを除く．）

　無線局が外国において，あらかじめ総務大臣が告示した以外の運用の制限をされたとき

6.2.2　時　刻

無線業務日誌に記載する時刻は，次に掲げる区別によるものとします．

電波法施行規則　**第40条（無線業務日誌）第3項**

3　時刻は，次に掲げる区別によるものとする．

(1) 船舶局，**航空機局**，船舶地球局，**航空機地球局又は国際通信を行う航空局においては協定世界時**（国際航空に従事しない航空機の航空機局若しくは航空機地球局であって，協定世界時によることが不便であるものにおいては，中央標準時によるものとし，その旨を表示すること．）

(2) (1) 以外の無線局においては，中央標準時

6.2.3　無線業務日誌の保存期間

[電波法施行規則]　**第 40 条（無線業務日誌）第 4 項**

　4　使用を終わった無線業務日誌は，使用を終わった日から 2 年間保存しなければならない．

[関連知識]　**時計及び無線業務日誌の備付けの省略**

　時計及び無線業務日誌の備付けを省略することのできる無線局は次のとおりです．

(1) 時計の備付けを省略することのできる無線局は次に掲げる無線局以外の無線局です．

　地上基幹放送局，地上基幹放送試験局，海岸局，船舶局，航空局，航空機局，無線航行陸上局，無線標識局，海岸地球局，航空地球局，船舶地球局，航空機地球局，衛星基幹放送局，衛星基幹放送試験局，非常局，基幹放送を行う実用化試験局，標準周波数局，特別業務の局

(2) 無線業務日誌の備付けを省略することのできる無線局は次に掲げる無線局以外の無線局です．

　地上基幹放送局，地上基幹放送試験局，海岸局，船舶局，航空局，航空機局，無線航行陸上局，無線標識局，海岸地球局，航空地球局，船舶地球局，航空機地球局，衛星基幹放送局，衛星基幹放送試験局，非常局，基幹放送を行う実用化試験局

[問題 2]　★　　　　　　　　　　　　　　　　　　　　　　→6.2.1

　次に掲げる事項のうち，電波法施行規則（第 40 条）の規定に照らし，航空機局の無線業務日誌に記載しなければならないものに該当しないものはどれか．下の 1 から 4 までのうちから一つ選べ．

　1　無線機器の試験又は調整をするために行った通信についての概要

　2　レーダーの維持の概要及びその機能上又は操作上に現れた特異現象の詳細

　3　電波法又は電波法に基づく命令の規定に違反して運用した無線局を認めた場合は，その事実

　4　電波法第 70 条の 4（聴守義務）の規定による聴守周波数

[解説]　1 については記載する必要はありません．

答え▶▶▶ 1

問題 3 ★★★ → 6.2.1, 6.2.3

航空機局の無線業務日誌に関する次の記述のうち，電波法施行規則（第40条）の規定に照らし，この規定に定めるところに適合するものを1，この規定に定めるところに適合しないものを2として解答せよ．

ア　レーダーの維持の概要及びその機能上又は操作上に現れた特異現象の詳細は，無線業務日誌に記載しなければならない．

イ　無線局が外国において，あらかじめ総務大臣が告示した以外の運用の制限をされたときは，その事実及び措置の内容を無線業務日誌に記載しなければならない．

ウ　免許人は，使用を終わった無線業務日誌を次の定期検査（電波法第73条第1項の検査をいう.）の日まで保存しなければならない．

エ　免許人は，検査の結果について総合通信局長（沖縄総合通信事務所長を含む.）から指示を受け相当な措置をしたときは，その措置の内容を無線業務日誌の記載欄に記載しなければならない．

オ　電波法第70条の4（聴守義務）の規定による聴守周波数は，無線業務日誌に記載しなければならない．

解説 ウ 「**次の定期検査の日まで保存**しなければならない」ではなく，正しくは，「**2年間保存**しなければならない」です．

エ 「その措置の内容を**無線業務日誌の記載欄に記載**しなければならない」ではなく，正しくは，「その措置の内容を**総合通信局長に報告**しなければならない」です．

答え▶▶▶ ア－1　イ－1　ウ－2　エ－2　オ－1

関連知識 免許人等は，検査の結果について総務大臣又は総合通信局長から指示を受け相当な措置をしたときは，速やかにその措置の内容を総務大臣又は総合通信局長に報告しなければなりません．〔電波法施行規則第39条第3項〕

出題傾向 選択肢が次のようになることもあります．
・国際航空に従事する航空機の航空機局の無線業務日誌に記載する時刻は，協定世界時とする．（○）
・無線機器の試験又は調整をするために行った通信については，その概要を無線業務日誌に記載しなければならない．（×）
・電波法又は電波法に基づく命令の規定に違反して運用した無線局を認めたときは，無線業務日誌に記載しなければならない．（○）
・機器の故障の事実，原因及びこれに対する措置の内容は無線業務日誌に記載しなければならない（○）

7章 監督

この章から **2～3** 問出題

監督には,「公益上必要な監督」「不適法運用等の監督」「一般的な監督」の3種類があります.電波法令違反者に対して,その違反の内容により罰則が定められています.本章は無線局を運用する場合に留意にしなければならない事柄も学びます.

　ここでいう監督は,国が電波法令に掲載されている事項を達成するために,電波の規整,検査や点検,違法行為の予防,摘発,排除及び制裁などの権限を有するものです.また,免許人や無線従事者はこれらの命令に従わなければなりません.監督には**表 7.1**に示すような,「公益上必要な監督」「不適法運用等の監督」「一般的な監督」の3種類があります.

■表 7.1　監督の種類

	監督の種類	内容
①	公益上必要な監督	電波の利用秩序の維持など公益上必要がある場合,「周波数若しくは空中線電力又は人工衛星局の無線設備の設置場所」の変更を命じる.非常の場合の無線通信を行わせる.　　　　　　　　　　　　　　　（電波の規整）
②	不適法運用等の監督	「技術基準適合命令」,「臨時の電波発射停止」,「無線局の免許内容制限,運用停止及び免許取消し」,「無線従事者免許取消し」「免許を要しない無線局及び受信設備に対する電波障害除去の措置命令」などを行う.　　　　　　　　　　　　　　　（電波の規正）
③	一般的な監督（電波法令の施行を確保するための監督）	無線局の検査,報告,電波監視などを実施する.

※上記①は免許人の責任となる事由のない場合,②は免許人の責任となる事由がある場合です.

Point

監督には,「公益上必要な監督」「不適法運用等の監督」「一般的な監督」の3種類があります.

7.1　公益上必要な監督

7.1.1　周波数等の変更

電波法 **71 条（周波数等の変更）第 1 項**

　総務大臣は,**電波の規整その他公益上**必要があるときは,無線局の目的の遂行に支障を及ぼさない範囲内に限り,当該無線局（登録局を除く.）の**周波数若しくは空中線電力**の指定を変更し,又は登録局の周波数若しくは空中線電力若しくは**人工衛星局の無線設備の設置場所**の変更を命ずることができる.

「電波の型式」「識別信号」「運用許容時間」などは，総務大臣の変更命令によって変更することは許されていません．

7.1.2 非常の場合の無線通信

電波法 第74条（非常の場合の無線通信）

総務大臣は，地震，台風，洪水，津波，雪害，火災，暴動その他非常の事態が発生し，又は発生するおそれがある場合においては，人命の救助，災害の救援，交通通信の確保又は秩序の維持のために必要な通信を無線局に行わせることができる．

2 総務大臣が前項の規定により無線局に通信を行わせたときは，国は，その通信に要した実費を弁償しなければならない．

問題 1 ★★ → 7.1.1

総務大臣の行う無線局（登録局を除く．）の周波数等の変更の命令に関する次の記述のうち，電波法（第71条）の規定に照らし，この規定に定めるところに適合するものはどれか．下の1から4までのうちから一つ選べ．

1 総務大臣は，電波の規整その他公益上必要があるときは，無線局の目的の遂行に支障を及ぼさない範囲内に限り，当該無線局の周波数若しくは空中線電力の指定を変更し，又は人工衛星局の無線設備の設置場所の変更を命ずることができる．

2 総務大臣は，電波の規整その他公益上必要があるときは，無線局の目的の遂行に支障を及ぼさない範囲内に限り，当該無線局の電波の型式，周波数若しくは空中線電力の指定を変更し，又は無線局の無線設備の設置場所の変更を命ずることができる．

3 総務大臣は，混信の除去その他特に必要があるときは，無線局の目的の遂行に支障を及ぼさない範囲内に限り，当該無線局の電波の型式，周波数，空中線電力若しくは実効輻射電力の指定を変更し，又は人工衛星局の無線設備の設置場所の変更を命ずることができる．

4 総務大臣は，混信の除去その他特に必要があるときは，無線局の目的の遂行に支障を及ぼさない範囲内に限り，当該無線局の識別信号，電波の型式，周波数若しくは空中線電力の指定を変更し，又は通信の相手方，通信事項若しくは無線局の無線設備の設置場所の変更を命ずることができる．

解説 「電波の型式」「識別信号」「運用許容時間」などは，総務大臣の変更命令によって変更することは許されていません．

答え▶▶▶ 1

問題 2 ★ ➡7.1.1

　次の記述は，総務大臣が行う無線局（登録局を除く．）の免許の内容を変更する命令について述べたものである．電波法（第71条）の規定に照らし，_____内に入れるべき最も適切な字句の組合せを下の1から4までのうちから一つ選べ．なお，同じ記号の_____内には，同じ字句が入るものとする．

① 総務大臣は，_____A_____必要があるときは，無線局の目的の遂行に支障を及ぼさない範囲内に限り，当該無線局の_____B_____の指定を変更し，又は_____C_____の変更を命ずることができる．

② ①の規定により_____C_____の変更の命令を受けた免許人は，その命令に係る措置を講じたときは，速やかに，その旨を総務大臣に報告しなければならない．

	A	B	C
1	電波の規整その他公益上	周波数若しくは空中線電力	人工衛星局の無線設備の設置場所
2	混信の除去その他特に	周波数若しくは実効輻射電力	人工衛星局の無線設備の設置場所
3	混信の除去その他特に	周波数若しくは空中線電力	無線設備の設置場所
4	電波の規整その他公益上	周波数若しくは実効輻射電力	無線設備の設置場所

解説 「総務大臣は，**電波の規整その他公益上**必要があるときは，無線局の目的の遂行に支障を及ぼさない範囲内に限り，当該無線局の**周波数若しくは空中線電力**の指定を変更し，又は**人工衛星局の無線設備の設置場所**の変更を命ずることができる．」と規定されています．変更命令の例には，放送用周波数の変更などがあります．

答え▶▶▶ 1

7.2　不適法運用等の監督

7.2.1　技術基準適合命令

電波法　**第71条の5（技術基準適合命令）**

　総務大臣は，無線設備が第3章に定める技術基準に適合していないと認めるときは，当該無線設備を使用する無線局の免許人に対し，その技術基準に適合するように当該無線設備の修理その他の必要な措置をとるべきことを命ずることができる．

7.2.2　臨時の電波の発射の停止

電波法　**第72条（電波の発射の停止）**

　総務大臣は，無線局の発射する電波の質が電波法第28条の総務省令で定めるものに適合していないと認めるときは，当該無線局に対して臨時に電波の発射の停止を命ずることができる．

　電波の質は，「周波数の偏差及び幅，高調波の強度等」をいいます．

2　総務大臣は，前項の命令を受けた無線局からその発射する電波の質が電波法第28条の総務省令の定めるものに適合するに至った旨の申出を受けたときは，その無線局に電波を試験的に発射させなければならない．

3　総務大臣は，前項の規定により発射する電波の質が電波法第28条の総務省令で定めるものに適合しているときは，直ちに第1項の停止を解除しなければならない．

※電波法第28条：送信設備に使用する電波の周波数の偏差及び幅，高調波の強度等電波の質は，総務省令で定めるところに適合するものでなければならない．

7.2.3　無線局の免許の取消し等

電波法　**第76条（無線局の免許の取消し等）第1項**

　総務大臣は，免許人等が電波法，放送法若しくはこれらの法律に基づく命令又はこれらに基づく処分に違反したときは，3月以内の期間を定めて**無線局の運用の停止**を命じ，又は期間を定めて運用許容時間，周波数若しくは空中線電力を制限することができる．

電波法　第 76 条（無線局の免許の取消し等））第 4 項〈抜粋〉

4　総務大臣は，免許人（包括免許人を除く．）が次の（1）から（4）のいずれか
に該当するときは，その免許を取り消すことができる．

（1）正当な理由がないのに，無線局の運用を引き続き **6 月**以上休止したとき．

> 周波数は有限で貴重なものですので，能率的な利用が求められます．無線
> 局の免許を得ても長く運用を休止しているということは，その無線局自体
> が不要であり，貴重な周波数の無駄使いと認定され免許の取消しの対象に
> なっても当然といえます．

（2）不正な手段により無線局の免許若しくは電波法第 17 条の許可（無線局の目
的，通信の相手方，通信事項，無線設備の設置場所の変更等若しくは**無線設
備の変更の工事**の許可）を受け，又は電波法第 19 条の規定による指定の変更
（識別信号，電波の型式，周波数，空中線電力若しくは運用許容時間の指定の
変更）を行わせたとき．

（3）電波法第 76 条第 1 項の規定による命令又は制限に従わないとき．

（4）免許人が**電波法又は放送法**に規定する罪を犯し罰金以上の刑に処せられ，そ
の執行を終わり，又はその執行を受けることがなくなった日から **2 年**を経過
しない者に該当するに至ったとき．

7.2.4　無線局の免許が効力を失ったときの措置

　無線局の免許等がその効力を失った後，その無線局を運用すると無線局の不法
開設となり，1 年以下の懲役又は 100 万円以下の罰金に処せられます．そのため，
次のように空中線を撤去，免許状を 1 箇月以内に返納しなければなりません．

電波法　第 78 条（電波の発射の防止）

　無線局の免許等がその効力を失ったときは，免許人等であった者は，遅滞なく空
中線の撤去その他の総務省令で定める電波の発射を防止するために必要な措置を講
じなければならない．

電波法　第 24 条（免許状の返納）

　免許がその効力を失ったときは，免許人であった者は，1 箇月以内にその免許状
を返納しなければならない．

免許状を返納しない場合は 30 万円以下の過料とされています.

7.2.5 無線従事者の免許の取消し等

　無線従事者は総務大臣の免許を受けた者ですので，電波法令を遵守しなければなりません．また，主任無線従事者に選任されている場合は，無資格者に無線設備の操作をさせることになりますので，より一層電波法令の遵守が求められます．そのため，無線従事者に法令違反があった場合は罰則の規定があります.

電波法　第 79 条（無線従事者の免許の取消し等）第 1 項

　総務大臣は無線従事者が下記の（1）から（3）の一に該当するときは，**無線従事者の免許を取り消し，又は 3 箇月以内の期間を定めてその業務に従事することを停止**することができる.
　（1）電波法若しくは電波法に基づく命令又はこれらに基づく処分に違反したとき.
　（2）不正な手段により免許を受けたとき.
　（3）著しく心身に欠陥があって無線従事者たるに適しない者.

問題 3　★★　➡ 7.2.2

　次に掲げる場合のうち，総務大臣が無線局に対して臨時に電波の発射の停止を命ずることができるときに該当しないものはどれか．電波法（第 28 条及び第 72 条）の規定に照らし，下の 1 から 4 までのうちから一つ選べ.
　1　無線局の発射する電波の周波数の幅が総務省令で定めるものに適合していないと認めるとき.
　2　無線局の発射する電波の周波数の偏差が総務省令で定めるものに適合していないと認めるとき.
　3　無線局の発射する電波の周波数の安定度が総務省令で定めるものに適合していないと認めるとき.
　4　無線局の発射する電波の高調波の強度等が総務省令で定めるものに適合していないと認めるとき.

解説　「電波の周波数の偏差」，「電波の周波数の幅」，「電波の高調波の強度等」の3つのいずれかが総務省令で定めているものに適合していないとき，総務大臣は無線局に対して臨時に電波の発射の停止を命ずることができます．なお，「電波の周波数の安定度」は関係ありません．

答え▶▶▶ 3

問題 4 ★★　　　　　　　　　　　　　　　　　　　　　　　　➡ 7.2.3

免許人が総務大臣からその無線局の免許を取り消されることがあるときに関する次の記述のうち，電波法（第76条）の規定に照らし，この規定に定めるところに適合するものはどれか．下の1から4までのうちから一つ選べ．

1　電波法第52条（目的外使用の禁止等）の規定に違反して無線局を運用したとき．

2　その発射する電波の質が総務省令で定めるものに適合していないと認めるとき．

3　電波法第73条（検査）第1項の規定による検査（定期検査）の通知を受けた無線局がその検査を拒んだとき．

4　不正な手段により電波法第19条（申請による周波数等の変更）の規定による指定の変更を行わせたとき．

答え▶▶▶ 4

問題 5 ★　　　　　　　　　　　　　　　　　　　　　　　　　➡ 7.2.3

次の記述は，無線局の免許の取消しについて，述べたものである．電波法（第76条）の規定に照らし，　　　内に入れるべき最も適切な字句を下の1から10までのうちからそれぞれ一つ選べ．

総務大臣は，免許人（包括免許人を除く．）が次の各号のいずれかに該当するときは，その免許を取り消すことができる．

(1) 正当な理由がないのに，無線局の運用を引き続き　ア　以上休止したとき．

(2) 不正な手段により無線局の免許若しくは無線局の目的，通信の相手方，通信事項，無線設備の設置場所の変更若しくは　イ　の許可を受け，又は識別信号，電波の型式，周波数，空中線電力若しくは運用許容時間の指定の変更を行わせたとき．

(3) 電波法，放送法若しくはこれらの法律に基づく命令又はこれらに基づく処分に違反したことにより　ウ　を命ぜられ又は運用許容時間，周波数若しくは空中線電力を制限された場合において，それらの命令又は制限に従わないとき．

(4)　エ　に規定する罪を犯し罰金以上の刑に処せられ，その執行を終わり，又はその執行を受けることがなくなった日から　オ　を経過しない者に該当するに至ったとき.

1　1年　　　2　6月　　　3　無線設備の変更の工事
4　無線局の種別の変更　　5　電波の発射の停止
6　無線局の運用の停止　　7　電波法又は電気通信事業法
8　電波法又は放送法　　　9　2年　　10　3年

答え▶▶▶アー2　イー3　ウー6　エー8　オー9

問題 6　★　　　　　　　　　　　　　　　　　　→ 7.2.5

　無線従事者が電波法若しくは電波法に基づく命令又はこれらに基づく処分に違反したときに総務大臣から受けることがある処分に関する次の記述のうち，電波法（第79条）の規定に照らし，この規定に定めるところに適合するものを1，この規定に定めるにところに適合しないものを2として解答せよ.

ア　3箇月以内の期間を定めて行う無線設備の操作の範囲を制限する処分
イ　3箇月以内の期間を定めて行うその業務に従事することを停止する処分
ウ　期間を定めて行うその無線従事者が従事する無線局の運用を停止する処分
エ　期間を定めて行うその無線従事者が従事する無線局の周波数又は空中線電力を制限する処分
オ　無線従事者の免許の取消しの処分

解説　無線従事者が電波法第79条第1項に該当するとき，総務大臣は「**無線従事者の免許を取り消す**」または「**3箇月以内の期間を定めてその業務に従事することを停止する**」処分ができます.

答え▶▶▶アー2　イー1　ウー2　エー2　オー1

7.3　一般的監督（無線局の検査）

　無線局に対する検査には，「新設検査」,「変更検査」,「定期検査」,「臨時検査」の他に「免許を要しない無線局の検査」があります.「新設検査」と「変更検査」は2章の無線局の免許に関することに該当しますので省略し,「定期検査」と「臨時検査」について述べることにします.

7.3.1　定期検査

　定期検査の目的は，無線局が免許を受けたときに検査された条件が，その後も維持されているかを点検することです．平成16年からは検査は民間の事業者の能力も活用されるようになりました．

電波法　第73条（検査）第1～4項〈3, 4項一部改変〉

　総務大臣は，**総務省令で定める時期**ごとに，あらかじめ通知する期日に，その職員を無線局（総務省令で定めるものを除く．）に派遣し，その無線設備等を検査させる．ただし，当該無線局の発射する電波の質又は空中線電力に係る無線設備の事項以外の事項の検査を行う必要がないと認める無線局については，その無線局に電波の発射を命じて，その発射する電波の質又は空中線電力の検査を行う．

2　前項の検査は，当該無線局についてその検査を同項の総務省令で定める時期に行う必要がないと認める場合及び当該無線局のある船舶又は航空機が当該時期に外国地間を航行中の場合においては，同項の規定にかかわらず，その時期を延期し，又は省略することができる．

3　第1項の検査は，当該無線局（人の生命又は身体の安全の確保のためその適正な運用の確保が必要な無線局として総務省令で定めるものを除く．）の免許人から，第1項の規定により総務大臣が通知した期日の1月前までに，当該無線局の無線設備等について登録検査等事業者（無線設備等の点検の事業のみを行う者を除く．）が，総務省令で定めるところにより，当該登録に係る検査を行い，当該無線局の無線設備がその工事設計に合致しており，かつ，その無線従事者の資格及び員数並びに時計及び書類が第60条の規定にそれぞれ違反していない旨を記載した証明書（検査結果証明書）の提出があったときは，第1項の規定にかかわらず，省略することができる．

4　第1項の検査は，当該無線局の免許人から，同項の規定により総務大臣が通知した期日の**1箇月前**までに，当該無線局の無線設備等について登録検査等事業者又は登録外国点検事業者により総務省令で定めるところにより行った当該登録に係る点検の結果を記載した書類（点検結果通知書）の提出があったときは，第1項の規定にかかわらず，その**一部を省略**することができる．

Point

免許人から提出された「無線設備等の点検実施報告書」（「点検結果通知書」を添付）が適正な場合，点検を行った日から3箇月以内に提出された場合，検査の一部が省略されます．

関連知識 検査に関わる用語の定義

■表7.2

用　語	定　義
点検	測定器を利用して無線局の電気的特性等の確認を行うこと
判定	点検の結果が法令の規定に適合しているか確認を行うこと
検査	無線局の点検と判定を含めたもの
登録検査事業者	登録検査等事業者のうち，点検の事業のみを行う事業者を除いた事業者
登録点検事業者	登録検査等事業者のうち，点検の事業のみを行う事業者

（総務省ホームページより）

7.3.2 臨時検査

　定期検査は一定の時期毎に行われる検査ですが，その他に理由がある場合には臨時に検査が行われることがあります．

　臨時に検査が行われるのは次のような場合です．

電波法　第73条（検査）第5項

5　総務大臣は，**第71条の5の無線設備の修理その他の必要な措置をとるべきことを命じたとき，第72条第1項の電波の発射の停止を命じたとき**，同条第2項の申出があったとき，**無線局のある船舶又は航空機が外国へ出港しようとするとき**，その他この法律の施行を確保するため特に必要があるときは，その職員を無線局に派遣し，その無線設備等を検査させることができる．

電波法　第73条（検査）第6項

6　総務大臣は，無線局のある船舶又は航空機が外国へ出港しようとする場合その他この法律の施行を確保するため特に必要がある場合において，当該無線局の発射する電波の質又は空中線電力に係る無線設備の事項のみについて検査を行う必要があると認めるときは，その無線局に電波の発射を命じて，その発射する電波の質又は空中線電力の検査を行うことができる．

7.3.3 報 告

遭難通信，緊急通信，安全通信又は非常通信を行ったとき，電波法令に違反して運用している無線局を認めた場合など，できる限り速やかに文書で総務大臣に報告しなければなりません．電波法令に違反して運用している無線局を認めた場合は免許人等の協力により電波行政の目的達成度合いを向上させようとするものです．

電波法 第80条（報告等）

無線局の免許人等は，次に掲げる場合は，総務省令で定める手続により，総務大臣に報告しなければならない．

(1) **遭難通信，緊急通信，安全通信又は非常通信を行ったとき**．

(2) **電波法又は電波法に基づく命令の規定に違反して運用した無線局を認めたとき**．

(3) 無線局が外国において，**あらかじめ総務大臣が告示した以外の運用の制限をされたとき**．

電波法 第81条（報告等）

総務大臣は，**無線通信の秩序の維持**その他無線局の適正な運用を確保するため必要があると認めるときは，**免許人等**に対し，無線局に関し報告を求めることができる．

電波法施行規則 第42条の4（報告）

免許人等は，電波法第80条各号の場合は，できる限りすみやかに，文書によって，総務大臣又は総合通信局長に報告しなければならない．この場合において，遭難通信及び緊急通信にあっては，**当該通報を発信したとき又は遭難通信を宰領したとき**に限り，安全通信にあっては，総務大臣が別に告示する簡易な手続により，当該通報の発信に関し，報告するものとする．

関連知識 「非常の場合の無線通信」と「非常通信」

7.1.2 にある「非常の場合の無線通信」と「非常通信」は似ていますが，「非常の場合の無線通信」は総務大臣の命令で行わせることに対し，「非常通信」は無線局の免許人の判断で行うものです．混同しないようにしましょう．

➡ 7.3.1

問題 7 ★

次の記述は，航空移動業務の無線局の定期検査（電波法第 73 条第 1 項の検査をいう）について述べたものである．電波法（第 73 条）の規定に照らし，　　　内に入れるべき最も適切な字句を下の 1 から 10 までのうちからそれぞれ一つ選べ．

① 総務大臣は，　ア　，あらかじめ通知する期日に，その職員を無線局に派遣し，その無線設備，無線従事者の資格（主任無線従事者の要件に係るものを含む．）及び　イ　並びに　ウ　（以下「無線設備等」という）を検査させる．

② ①の検査は，当該無線局の免許人から，①により総務大臣が通知した期日の　エ　までに，当該無線局の無線設備等について登録検査等事業者^(注1)又は登録外国点検事業者^(注2)が総務省令で定めるところにより行った当該登録に係る点検の結果を記載した書類の提出があったときは，①にかかわらず，その　オ　を省略することができる．

注 1　電波法第 24 条の 2（検査事業者の登録）第 1 項の登録を受けた者をいう．
注 2　電波法第 24 条の 13（外国点検事業者の登録等）第 1 項の登録を受けた者をいう．

1　総務省令で定める時期ごとに　　2　毎年 1 回
3　員数（無線従事者以外の者であって，主任無線従事者の監督を受けて無線設備の操作を行うものを含む．）
4　員数　　5　時計及び書類　　6　計器及び予備品
7　2 週間前　　8　1 箇月前　　9　一部　　10　全部

解説　**検査**実施報告書を提出した場合は検査が**省略**され，**点検**実施報告書を提出した場合は検査の**一部が省略**されます．「省略」と「一部省略」を間違えないようにしましょう．

答え▶▶▶ア－1　イ－4　ウ－5　エ－8　オ－9

➡ 7.3.2

問題 8 ★★

次に掲げる場合のうち，電波法（第 73 条）の規定に照らし，総務大臣がその職員を無線局に派遣し，その無線設備等を検査させることができるときに該当するものを 1，これに該当しないものを 2 として解答せよ．

ア　無線局のある船舶又は航空機が外国へ出港しようとするとき．

イ　総務大臣が電波法第 71 条の 5（技術基準適合命令）の規定により，その無線設備が電波法第 3 章（無線設備）に定める技術基準に適合していないと認め，当該無線設備を使用する免許人に対し，当該無線設備の修理その他の必要な措置を執るべきことを命じたとき．

ウ　電波利用料を納めないため督促状によって督促を受けた無線局の免許人が，その指定の期限までにその督促に係る電波利用料を納めないとき．

　エ　無線局の免許人が検査の結果について指示を受け相当な措置をしたときに，当該免許人から総務大臣に対し，その旨の報告があったとき．

　オ　総務大臣が電波法第 72 条（電波の発射の停止）の規定により，無線局の発射する電波の質が総務省令で定めるものに適合していないと認め電波の発射の停止を命じた無線局からその発射する電波の質が総務省令で定めるものに適合するに至った旨の申出があったとき．

解説　ウ　電波利用料を納めていない無線局に総務大臣がその職員を派遣することはありません．

エ　検査の結果について指示を受けて措置を行った際は，報告のみで再検査はありません．

答え▶▶▶アー1　イー1　ウー2　エー2　オー1

問題 9 ★★★　　　　　　　　　　　　　　　　　　➡ 7.3.3

　無線局の免許人から総務大臣に対する報告に関する次の記述のうち，電波法（第 80 条）の規定に照らし，この規定に定めるところに適合するものを 1，この規定に定めるところに適合しないものを 2 として解答せよ．

　ア　無線局が外国において，当該外国の主管庁による検査を受け，その検査の結果について指示を受けたとき．

　イ　無線局が外国において，あらかじめ総務大臣が告示した以外の運用の制限をされたとき．

　ウ　電波法又は電波法に基づく命令の規定に違反して運用した無線局を認めたとき．

　エ　航行中の航空機において無線従事者を補充することができないため無線従事者の資格を有しない者が無線設備の操作を行ったとき．

　オ　遭難通信又は緊急通信を行ったとき．

解説　電波法第 80 条において，イ，ウ，オが報告を義務づけられています．

答え▶▶▶アー2　イー1　ウー1　エー2　オー1

問題 10 ★　　　　　　　　　　　　　　　　　　　　　　➡ 7.3.3

　次の記述は，総務大臣に対する報告について述べたものである．電波法（第 80 条及び第 81 条）及び電波法施行規則（第 42 条の 4）の規定に照らし，□□□内に入れるべき最も適切な字句を下の 1 から 10 までのうちからそれぞれ一つ選べ．

① 　航空機局の免許人は，次に掲げる場合は，総務省令で定める手続により総務大臣に報告しなければならない．

　(1) 遭難通信，緊急通信，安全通信又は非常通信を行ったとき．

　(2) 　ア　．

　(3) 無線局が外国において，　イ　とき．

② 　総務大臣は，　ウ　その他無線局の適正な運用を確保するため必要があると認めるときは，　エ　に対し，無線局に関し報告を求めることができる．

③ 　免許人は，①の場合は，できる限り速やかに，文書によって，総務大臣又は総合通信局長（沖縄総合通信事務所長を含む．）に報告しなければならない．この場合において，遭難通信及び緊急通信にあっては，　オ　，安全通信にあっては，総務大臣が別に告示する簡易な手続により，当該通報の発信に関し，報告するものとする．

　1　無線局の運用を引き続き 6 箇月以上休止するとき

　2　電波法又は電波法に基づく命令の規定に違反して運用した無線局を認めたとき

　3　あらかじめ総務大臣が告示した以外の運用の制限をされた

　4　当該外国の主管庁による無線局の検査を受けた

　5　無線通信の秩序の維持

　6　無線通信の円滑な疎通

　7　免許人又は無線従事者　　　　　8　免許人

　9　当該通報を発信したとき又は遭難通信を宰領したときに限り

　10　当該通報を発信したときに限り

解説　エ　免許状の責任者は免許人なので，無線局に関する報告は無線従事者ではなく，免許人に対して求められます．

答え ▶▶▶ ア－2　イ－3　ウ－5　エ－8　オ－9

7.4 罰 則

電波法上の罰則は，「懲役」「禁錮」「罰金」の3種類があり，その他に秩序罰としての「過料」があります（過料は刑ではありません）．

「懲役」「禁錮」「罰金」が科せられる場合のいくつかを**表7.3**に示します．

「過料」の例を挙げると，免許状の返納違反（電波法第24条）については30万円以下の過料（電波法第116条（2）などがあります．

■**表7.3 罰則の具体例**

根拠条文	罰則に該当する行為	法定刑
105条	・無線通信の業務に従事する者が**遭難通信の取扱をしなかったとき，又はこれを遅延させたとき**（遭難通信の取扱を妨害した者も同様）	1年以上の有期懲役
106条	・自己若しくは他人に利益を与え，又は他人に損害を加える目的で，無線設備又は高周波利用設備の通信設備によって**虚偽**の通信を発した者	3年以下の懲役又は150万円以下の罰金
	・船舶遭難又は**航空機遭難の事実がないのに**，無線設備によって遭難通信を発した者	3月以上10年以下の懲役
107条	・無線設備又は高周波利用設備の通信設備によって日本国憲法又はその下に成立した政府を**暴力で破壊す**ることを主張する通信を発した者	5年以下の懲役又は禁固
108条	・無線設備又は高周波利用設備の通信設備によって**わいせつ**な通信を発した者	2年以下の懲役又は100万円以下の罰金
108条の2	・電気通信業務又は放送の業務の用に供する無線局の無線設備又は人命若しくは財産の保護，治安の維持，気象業務，電気事業に係る電気の供給の業務若しくは鉄道事業に係る列車の運行の業務の用に供する無線設備を損壊し，又はこれに物品を接触し，その他その無線設備の機能に障害を与えて無線通信を妨害した者（未遂罪は，罰せられる）	5年以下の懲役又は250万円以下の罰金
109条	・無線局の取扱中に係る**無線通信の秘密を漏らし，又は窃用**した者	1年以下の懲役又は50万円以下の罰金
	・**無線通信の業務に従事する者**がその業務に関し知り得た前項の秘密を漏らし，又は窃用したとき	2年以下の懲役又は100万円以下の罰金
110条	・免許又は登録がないのに，無線局を開設した者	1年以下の懲役又は100万円以下の罰金
	・免許状の記載事項違反	
113条	・無線従事者が業務に従事することを停止されたのに，無線設備の操作を行った場合	30万円以下の罰金

📡 Column 「罰金」と「科料」と「過料」

罰金：財産を強制的に徴収するもので，その金額は **10,000 円以上**です．刑事罰で前科になります．駐車違反などで徴収される反則金は罰金ではありません．

科料：財産を強制的に徴収するもので，その金額は **1,000 円以上**，**10,000 円未満**です．罰金同様，刑事罰で前科になります．軽犯罪法違反など，軽い罪について科料の定めがあります．

過料：行政上の金銭的な制裁で刑罰ではありません．「タバコのポイ捨て禁止条例」などに違反したような場合に過料が課されることがあります．

問題 11 ★★　　　　　　　　　　　　　　　　　　　　　　　　→ 7.4

次の記述は，遭難通信の取扱いをしなかった場合等の罰則について述べたものである．電波法（第 105 条）の規定に照らし，　　　　内に入れるべき最も適切な字句の組合せを下の 1 から 4 までのうちから一つ選べ．

① 　A　 が電波法第 66 条（遭難通信）第 1 項の規定による遭難通信の取扱いをしなかったとき，又はこれを遅延させたときは，　B　 に処する．

② 遭難通信の取扱いを妨害した者も，①と同様とする．

	A	B
1	無線通信の業務に従事する者	1 年以上の有期懲役
2	無線通信の業務に従事する者	1 年以上 10 年以下の懲役
3	免許人及び無線従事者	1 年以上の有期懲役
4	免許人及び無線従事者	1 年以上 10 年以下の懲役

解説　電波法第 105 条において，「**無線通信の業務に従事する者**が遭難通信の取扱をしなかったとき，又はこれを遅延させたときは**1 年以上の有期懲役**に処する」と規定されています．

答え ▶▶▶ 1

7.5 電波利用料

各種の無線局が適正に管理運用されるためには，無線局に関する情報が行政当局に把握されていると共に，不法無線局や違法な運用をする無線局の取締りが必要となります．これらを実現するためには経費が必要で，この経費を「電波利用

共益費用」と呼んでいます．「電波利用共益費用」を無線局の免許人等が負担することになっています．これが，「電波利用料」です．我々が使用している携帯電話も無線局ですので，「電波利用料」の支払いが必要です．

電波利用料の使用用途には，

(1) 電波の監視及び規正並びに不法に開設された無線局の探査

(2) 総合無線局管理ファイルの作成及び管理

(3) 電波の有効利用技術に関する研究開発など

(4) 電波の人体等への影響に関する調査

(5) 特定周波数変更対策業務

(6) 特定周波数終了対策業務

などがあり，身近なものでは，電波時計の時刻自動修正に使える「標準電波の発射」も含まれています．

Column 電波利用料の金額の例（2020年10月現在）

空中線電力10kW以上のテレビジョン基幹放送局：569,208,300円

航空機局：400円

実験等無線局及びアマチュア無線局：300円

8章 国際法規

航空通の国際法規は，国際電気通信連合憲章と無線通信規則から出題されますが，出題範囲は限られていますので，国内電波法規より狭い範囲の学習で済みます．「国際電気通信連合憲章」第45条，第46条，第47条及び「無線通信規則」第15条，第37条，第40条に関する問題が多くを占めています．その中でも「無線通信規則第15条」がしばしば出題されています．

8.1 国際電気通信連合憲章と附属書

電気通信に関する事柄を扱う国際機関が，国際電気通信連合です．その基本文書に，「国際電気通信連合憲章」があり，それを補足するのが「国際電気通信連合条約」です．これらは，国際電気通信の基本事項を規定しています．詳細は，業務規則である「国際電気通信規則」と「無線通信規則」で規定しています．無線通信規則は，陸上，海上，航空，宇宙，放送分野における無線通信業務（周波数の分配と割当て，無線設備の技術基準，無線従事者の資格証明など）を詳細に規定しています．

8.1.1 国際電気通信連合憲章

国際電気通信連合の組織及びその運営並びに通常は改正の対象にならない電気通信に係る基本的事項を規定する文書です．

国際電気通信連合憲章 **第37条（電気通信の秘密）**

1 構成国は，国際通信の秘密を確保するため，使用される電気通信のシステムに適合するすべての可能な措置をとることを約束する．

国際電気通信連合憲章 **第45条（有害な混信）**

1 すべての局は，その目的のいかんを問わず，他の構成国，認められた事業体その他正当に許可を得て，かつ，無線通信規則に従って無線通信業務を行う事業体の**無線通信又は無線業務**に有害な混信を生じさせないように設置し及び運用しなければならない．

2 各構成国は，認められた事業体その他正当に許可を得て無線通信業務を行う事業体に第1項の規定を遵守させることを約束する．

3　構成国は，また，すべての種類の電気機器及び電気設備の運用が第1項の無線通信又は無線業務に有害な混信を生じさせることを防ぐため，実行可能な措置をとることの必要性を認める．

国際電気通信連合憲章　第46条（遭難の呼出し及び通報）

　無線通信の局は，遭難の呼出し及び通報を，**いずれから発せられたかを問わず，絶対的優先順位において**受信し，同様にこの通報に応答し，及び**直ちに必要な措置をとる**義務を負う．

国際電気通信連合憲章　第47条（虚偽の遭難信号，緊急信号，安全信号又は識別信号）

　構成国は，虚偽の遭難信号，緊急信号，安全信号又は識別信号の伝送又は流布を防ぐために有用な措置をとること並びにこれらの信号を発射する**自国の管轄の下にある局を探知し**及び**識別するために**協力することを約束する．

▎8.1.2　附属書

　国際電気通信連合憲章，国際電気通信連合条約及び業務規則で使用される用語の定義が書かれています．

国際電気通信連合憲章　附属書1003（有害な混信）

　無線航行業務その他の**安全業務**の運用を妨害し，又は無線通信規則に従って行う無線通信業務の運用に重大な悪影響を与え，若しくはこれを**反覆的に中断し若しくは妨害する混信**

問題 1　★　　　　　　　　　　　　　　**→ 8.1.1, 8.1.2**

　次の記述は，有害な混信について述べたものである．国際電気通信連合憲章（第45条及び附属書）の規定に照らし，　　　　内に入れるべき最も適切な字句の組合せを下の1から4までのうちから一つ選べ．

① すべての局は，その目的のいかんを問わず，他の構成国，認められた事業体その他正当に許可を得て，かつ，無線通信規則に従って無線通信業務を行う事業体の　A　に有害な混信を生じさせないように設置し及び運用しなければならない．

② 各構成国は，認められた事業体その他正当に許可を得て無線通信業務を行う事業体に①の規定を遵守させることを約束する．

③ 「有害な混信」とは，無線航行業務その他の ☐B☐ の運用を妨害し，又は無線通信規則に従って行う無線通信業務の運用に重大な悪影響を与え，若しくは ☐C☐ をいう．

	A	B	C
1	無線通信又は無線業務	無線通信業務	これに対する許容し得る混信のレベルを超える混信
2	無線通信又は無線業務	安全業務	これを反復的に中断し若しくは妨害する混信
3	国際電気通信業務	無線通信業務	これを反復的に中断し若しくは妨害する混信
4	国際電気通信業務	安全業務	これに対する許容し得る混信のレベルを超える混信

解説 「すべての局は，無線通信規則に従って無線通信業務を行う事業体の**無線通信又は無線業務**に有害な混信を生じさせないように設置し及び運用しなければならない」と規定されています．

また，有害な混信は，「無線航行業務その他の**安全業務**の運用を妨害し，又は無線通信規則に従って行う無線通信業務の運用に重大な悪影響を与え，若しくは**これを反覆的に中断し若しくは妨害する混信**」と規定されています．

答え▶▶▶2

問題 2 ★ ➡8.1.1

次の記述は，遭難の呼出し及び通報並びに虚偽の遭難信号等について述べたものである．国際電気通信連合憲章（第46条及び第47条）の規定に照らし，☐☐☐ 内に入れるべき最も適切な字句を下の1から10までのうちからそれぞれ一つ選べ．

① 無線通信の局は，遭難の呼出し及び通報を，☐ア☐，☐イ☐ 受信し，同様にこの通報に応答し，及び ☐ウ☐ 義務を負う．

② 構成国は，虚偽の遭難信号，緊急信号，安全信号又は識別信号の伝送又は流布を防ぐために有用な措置を執ること並びにこれらの信号を発射する ☐エ☐ 探知し及び ☐オ☐ ために協力することを約束する．

```
  1   いずれから発せられたかを問わず
  2   その属する国の領域内で発せられた場合には
  3   速やかにこれを
  4   絶対的優先順位において
  5   直ちに必要な措置を執る
  6   遭難の呼出し及び通報を妨害する電波の発射を停止する
  7   いずれの国の管轄の下にある局をも
  8   自国の管轄の下にある局を
  9   電波の発射を禁止する
 10   識別する
```

解説　「無線通信の局は，遭難の呼出し及び通報を，**いずれから発せられたかを問わず**，**絶対的優先順位において**受信し，同様にこの通報に応答し，及び**直ちに必要な措置をとる**義務を負う」と規定されています．

　「構成国は，虚偽の遭難信号，緊急信号，安全信号又は識別信号の伝送又は流布を防ぐために有用な措置をとること並びにこれらの信号を発射する**自国の管轄の下にある局を探知し及び識別するために**協力することを約束する」と規定されています．

答え▶▶▶アー1　イー4　ウー5　エー8　オー10

8.2　無線通信規則

　「無線通信に関する用語の定義」「周波数の分配，割当て」「混信の防止」「無線設備の技術基準」「無線局の管理」「無線局の運用」「無線従事者の資格証明」などを規定する文書が「無線通信規則」です．

Point　無線通信規則で主に出題されるのは，第15条，第40条です．

8.2.1　用語及び定義

┌───┐
│ 無線通信規則　第1条〈抜粋〉
└───┘

・主管庁：国際電気通信連合憲章，国際電気通信連合条約及び業務規則の義務を履行するため執るべき措置について責任を有する政府の機関（日本は総務省です）.
・航空移動業務：航空局と航空機局との間又は航空機局相互間の移動業務. 救命浮機局も，この業務に参加することができる. また，非常用位置指示無線標識局も，指定された遭難周波数又は非常用周波数でこの業務に参加することができる.
・航空移動衛星業務：移動地球局が航空機上にあるときの移動衛星業務. 救命浮機局及び非常用位置指示無線標識局も，この業務に参加することができる.
・航空無線航行業務：航空機及びその運航の安全のための無線航行業務.
・航空無線航行衛星業務：地球局が航空機上にあるときの無線航行衛星業務.

8.2.2　周波数の分配

┌───┐
│ 無線通信規則　第5条〈抜粋〉
└───┘

・周波数の分配のため，世界を3の地域に区分する.

Point

日本は第3地域に所属しています.

8.2.3　混　信

┌───┐
│ 無線通信規則　第15条〈抜粋〉
└───┘

A　無線局からの混信
1　すべての局は，**不要な伝送**，過剰な信号の伝送，虚偽の又はまぎらわしい信号の伝送，識別表示のない信号の伝送を禁止する.
2　送信局は，業務を満足に行うために必要な最小限の電力で輻射する.
3　混信を避けるために
（1）送信局の**位置**及び業務の性質上可能な場合には，受信局の**位置**は，特に注意して選定しなければならない.
（2）不要な方向への輻射又は不要な方向からの受信は，業務の性質上可能な場合には，指向性のアンテナの利点をできる限り利用して，**最小**にしなければならない.

B　試験

16　航空無線航行業務においては，既に業務を開始した機器の点検又は調整のための発射に際して通常の識別表示を送信することは，**安全上の理由から望ましくない**．もっとも，識別表示のない発射は，最小限に制限するものとする．

17　試験又は調整のための信号は，この規則又は国際信号書に定める特別の意義をもつ**信号，略語等との混同が生じないように**選定しなければならない．

C　違反の通告

19　憲章，条約又は無線通信規則の違反は，**これを認めた管理機関，局又は検査官から各自の主管庁**に報告する．

20　局が行った重大な違反に関する申入れは，これを認めた主管庁から**この局を管轄する国の主管庁**に行わなければならない．

21　主管庁は，その権限が及ぶ局によって条約又は無線通信規則の違反が行われたことを知った場合には，事実を確認して責任を定め，**必要な措置をとる**．

▌8.2.4　許可書

無線通信規則　第 18 条〈抜粋〉

1　送信局は，その属する国の政府が適当な様式で，かつ，この規則に従って発給する許可書がなければ，個人又はいかなる団体においても，設置し，又は運用することができない．

4　許可書を有する者は，国際電気通信連合憲章及び国際電気通信連合条約の関連規定に従い，電気通信の秘密を守ることを要する．さらに，許可書には，局が受信機を有する場合には，受信することを許可された無線通信以外の通信の傍受を禁止すること及びこのような通信を偶然に受信した場合には，これを再生し，第三者に通知し，又はいかなる目的にも使用してはならず，その存在さえも漏らしてはならないことを明示又は参照の方法により記載していなければならない．

▌8.2.5　局の識別

無線通信規則　第 19 条〈抜粋〉

1　すべての伝送は，識別信号その他の手段によって識別され得るものでなければならない．

2　虚偽の又はまぎらわしい識別表示を使用する伝送は，全て禁止する．

17 識別信号を伴う伝送については，局が容易に識別されるため，各局は，その伝送（試験，調整又は実験のために行うものを含む．）中にできる限りしばしばその識別信号を伝送しなければならない．もっとも，この伝送中，識別信号は，少なくとも1時間ごとに，なるべく毎時（UTC）の5分前から5分後までの間に伝送しなければならない．ただし，通信の不当な中断を生じさせる場合は，この限りでなく，この場合には，識別表示は，伝送の始めと終わりに示さなければならない．

8.2.6 通信士の証明書

無線通信規則 第37条〈抜粋〉

1 すべての**航空機局及び航空機地球局**の業務は，**局の属する政府が発給し，又は承認した証明書**を有する通信士によって管理されなければならない．局がこのように管理されるときは，証明書を有する者以外の者も，その無線電話機器を使用することができる．

3 （1）各主管庁は，**証明書の不正使用**をできる限り防止するために必要な措置を執る．このため，証明書は，所有者の署名を付けて，これを発給した主管庁が確認する．主管庁は，自己の意思で，写真，指紋等の識別法を採用することができる．

（2）証明書は，その検査を容易にするため，必要なときには，自国語の文のほか，**連合の業務用語の一である訳文**を付けることができる．

4 各主管庁は，通信士を18条第4項に規定する**通信の秘密を守る**義務に服させるために必要な措置を執る．

8.2.7 局の検査

無線通信規則 第39条〈抜粋〉

1 航空機局又は航空機地球局を検査する国の政府又は権限のある主管庁の検査職員は，検査のため，**許可書の提示**を要求することができる．**局の通信士又は責任者**は，この検査を容易に行うことができるようにする．許可書は，要求がある場合には提示することができるように保管する．

2 検査職員は，権限のある当局が交付した証票又は記章を所持しなければならず，航空機の責任者の請求があるときは，これを提示しなければならない．

3　**許可書**が提示されないとき又は明白な違反が認められるときは，政府又は主管庁は，無線設備がこの規則によって課される条件に適合していることを自ら確認するため，**その設備を検査**することができる．

8.2.8　局の執務時間

無線通信規則　第40条〈抜粋〉

1　航空移動業務及び航空移動衛星業務の各局は，**協定世界時（UTC）**に正しく調整した正確な時計を備え付ける．

UTCについては6.1.1を参照してください．

2　航空局又は航空地球局の執務は，その局が飛行中の航空機との無線通信業務に対して責任を負う全時間中無休とする．

3　飛行中の航空機局及び航空機地球局は，航空機の**安全及び正常な飛行**に不可欠な通信上の必要性を満たすために業務を維持し，また，権限のある機関が要求する聴守を維持する．さらに，航空機局及び航空機地球局は，安全上の理由がある場合を除くほか，**関係の航空局又は航空地球局**に通知することなく聴守を中止してはならない．

問題 ❸ ★★★　　　　　　　　　　　　　　　　　　　→8.2.3

　次の記述は，無線局からの混信を防止するための措置について述べたものである．無線通信規則（第15条）の規定に照らし，□□□内に入れるべき最も適切な字句の組み合わせを下の1から4までのうちから一つ選べ．なお，同じ記号の□□□内には，同じ字句が入るものとする．

① すべての局は，│ A │，過剰な信号の伝送，虚偽の又はまぎらわしい信号の伝送，識別表示のない信号の伝送を行ってはならない（無線通信規則第19条（局の識別）に定める場合を除く．）．

② 送信局は，業務を満足に行うため必要な最小限の電力で輻射する．

③ 混信を避けるために，送信局の│ B │及び，業務の性質上可能な場合には，受信局の│ B │は，特に注意して選定しなければならない．

④ 混信を避けるために，不要な方向への輻射又は不要な方向からの受信は，業務の性質上可能な場合には，指向性のアンテナの利点をできる限り利用して，│ C │にしなければならない．

	A	B	C
1	不要な伝送	位置	最小
2	長時間の伝送	無線設備	最小
3	不要な伝送	無線設備	最大
4	長時間の伝送	位置	最大

解説 すべての局は，**不要な伝送**，過剰な信号の伝送，虚偽の又はまぎらわしい信号の伝送，識別表示のない信号の伝送を禁止されています．

　混信を避けるために，送信局の**位置**及び業務の性質上可能な場合には，受信局の**位置**は，特に注意して選定しなければなりません．また，不要な方向への輻射又は不要な方向からの受信は，**最小**にしなければなりません．

答え▶▶▶ 1

8章

問題 4 ★★　　　　　　　　　　　　　　　　　　　　→ 8.2.3

　次の記述は，国際電気通信連合憲章等に係る違反の通告について述べたものである．無線通信規則（第 15 条）の規定に照らし，　　　　内に入れるべき最も適切な字句の組合せを下の 1 から 4 までのうちから一つ選べ．

① 国際電気通信連合憲章，国際電気通信連合条約又は無線通信規則の違反を認めた局は，その違反について　 A 　に報告しなければならない．

② 局が行った重大な違反に関する申入れは，これを認めた主管庁が　 B 　に行わなければならない．

③ 主管庁は，その管轄の下にある局が国際電気通信連合憲章，国際電気通信連合条約又は無線通信規則（特に，国際電気通信連合憲章第 45 条（有害な混信）及び無線通信規則第 15 条（無線局からの混信）15.1）の違反を行ったことを知った場合には，事実を確認して　 C 　ならない．

	A	B	C
1	その局の属する国の主管庁	その違反を行った局	国際電気通信連合の事務総局長に通告しなければ
2	その局の属する国の主管庁	その局を管轄する国の主管庁	必要な措置を執らなければ
3	その違反を行った者の属する国の主管庁	その違反を行った局	必要な措置を執らなければ
4	その違反を行った者の属する国の主管庁	その局を管轄する国の主管庁	国際電気通信連合の事務総局長に通告しなければ

解説　　国際電気通信連合憲章等の違反を認めた局は，**その局の属する国の主管庁**に報告しなければなりません．また，局が行った重大な違反に関する申入れは，これを認めた主管庁から**その局を管轄する国の主管庁**に行わなければなりません．

　主管庁は，その権限が及ぶ局によって条約又は無線通信規則の違反行われたことを知った場合には，事実を確認して責任を定め，**必要な措置を執らなければなりません**．

答え ▶ ▶ ▶ 2

出題傾向　条文の正誤を問う問題も出題されています．

問題 5 ★★　　　　　　　　　　　　　　　　　　　→ 8.2.6

　次の記述は，通信士の証明書について述べたものである．無線通信規則（第37条）の規定に照らし，　　　内に入れるべき最も適切な字句を下の1から10までのうちからそれぞれ一つ選べ．

① すべての　ア　の業務は，　イ　証明書を有する通信士によって管理されなければならない．局がこのように管理されるときは，証明書を有する者以外の者も，その無線電話機器を使用することができる．

② 各主管庁は，　ウ　をできる限り防止するために必要な措置を執る．このため，証明書は，所有者の署名を付けて，これを発給した主管庁が確証する．

③ 証明書は，その検査を容易にするため，必要なときには，自国語の文のほか，　エ　を付けることができる．

④ 各主管庁は，通信士を無線通信規則第18条（許可書）に規定する　オ　義務に服させるために必要な措置を執る．

　　1　航空機局及び航空機地球局
　　2　航空機局
　　3　局の所属する国の政府が発給し，又は承認した
　　4　局の所属する国の政府が発給し，かつ，国際電気通信連合が承認した
　　5　証明書の不正使用
　　6　国際電気通信連合の承認しない証明書の使用
　　7　他の国の主管庁の使用する語による文
　　8　国際電気通信連合の業務用語の一でその訳文
　　9　有害な混信を防止する
　　10　通信の秘密を守る

解説　すべての**航空機局及び航空機地球局**の業務は，**局の属する政府が発給し，又は承認した**証明書を有する通信士によって管理されなければなりません．

　各主管庁は，**証明書の不正使用**をできる限り防止するために必要な措置を執ります．

　証明書は，その検査を容易にするため，必要なときには，自国語の文のほか，**国際電気通信連合の業務用語の一である訳文**を付けることができます．

　各主管庁は，通信士を18条第4項に規定する**通信の秘密を守る**義務に服させるために必要な措置を執ります．

答え▶▶▶ア－1　イ－3　ウ－5　エ－8　オ－10

➡ 8.2.7

問題 6 ★

　次の記述は，航空機局又は航空機地球局の検査について，国際電気通信連合憲章に規定する無線通信規則（第39条）の規定に沿って述べたものである．　□□□　内に入れるべき最も適切な字句の組合せを下の1から4までのうちから一つ選べ．なお，同じ記号の　□□□　内には，同じ字句が入るものとする．

① 　航空機局又は航空機地球局を検査する国の政府又は権限のある主管庁の検査職員は，検査のため，　A　の提示を要求することができる．　B　は，この検査を容易に行うことができるようにする．　A　は，要求がある場合には提示することができるように保管する．

② 　　A　が提示されないとき又は明白な違反が認められるときは，政府又は主管庁は，無線設備がこの規則によって課される条件に適合していることを自ら確認するため，　C　ことができる．

	A	B	C
1	無線通信規則に適合する旨の証明書	局の通信士又は責任者	設備に係る資料の提示を求める
2	許可書	航空機の責任者	設備に係る資料の提示を求める
3	許可書	局の通信士又は責任者	その設備を検査する
4	無線通信規則に適合する旨の証明書	航空機の責任者	その設備を検査する

解説　航空機局又は航空機地球局が検査を受ける際，**局の通信士又は責任者**は，この検査を容易に行うことができるようにしなければいけません．検査の際，**許可書**の提示を要求されることがありますので，すぐに提示できるように保管します．

　許可書が提示されないとき又は明白な違反が認められるときは，政府又は主管庁は，無線設備がこの規則によって課される条件に適合していることを自ら確認するため，**その設備を検査**することができます．

答え ▶▶▶ 3

問題 7 ★★ → 8.2.8

　次の記述は，航空移動業務等の局の執務時間について述べたものである．無線通信規則（第40条）の規定に照らし，＿＿＿内に入れるべき最も適切な字句の組合せを下の1から4までのうちから一つ選べ．

① 航空移動業務及び航空移動衛星業務の各局は，　A　に正しく調整した正確な時計を備え付けなければならない．

② 航空局又は航空地球局の執務は，その局が飛行中の航空機との無線通信業務に対して責任を負う全時間中無休としなければならない．

③ 飛行中の航空機局及び航空機地球局は，航空機の　B　に不可欠な通信上の必要性を満たすために業務を維持し，また，権限のある機関が要求する聴守を維持しなければならない．さらに，航空機局及び航空機地球局は，安全上の理由がある場合を除くほか，関係の　C　に通知することなく聴守を中止してはならない．

	A	B	C
1	所属する国又は地域の標準時	安全及び正常な飛行	運航管理機関
2	所属する国又は地域の標準時	効率的な飛行	航空局又は航空地球局
3	協定世界時（UTC）	効率的な飛行	運航管理機関
4	協定世界時（UTC）	安全及び正常な飛行	航空局又は航空地球局

解説　6.2.2（電波法施行規則第40条）において，「船舶局，航空機局，船舶地球局，航空機地球局又は国際通信を行う航空局の時刻は協定世界時とする」とありますが，無線通信規則第40条においても，「航空移動業務及び航空移動衛星業務の各局も，**協定世界時（UTC）**に正しく調整した正確な時計を備え付けなければならない．」とされています．

　飛行中の航空機局及び航空機地球局は，航空機の**安全及び正常な飛行**に不可欠な通信上の必要性を満たすために業務を維持し，安全上の理由がある場合を除くほか，**関係の航空局又は航空地球局**に通知することなく聴守を中止してはいけません．

答え▶▶▶ 4

付　　録

1章 英語

英語の試験は「筆記試験」と「英会話試験」です．筆記試験は5問構成で，第1問〜第2問は英文和訳，第3問〜第5問は和文英訳が出題されます．英会話試験は試験会場で流される英文の問題文と設問文を聴いて，解答をマークシートに記入する形式で7問出題されます．内容は，一般的内容3問と航空及び航空通信関係4問で，英会話試験の合格には最低3問の正解が必要です．

1.1 英語の試験内容と出題傾向

1.1.1 英語の試験内容

英語の試験は「筆記試験」と「英会話試験（リスニング）」で構成され，それらの内容は，無線従事者規則で，次のように規定されています．

- （1）文書を適当に理解するために必要な英文和訳
- （2）文書により適当に意思を表明するために必要な和文英訳
- （3）口頭により適当に意思を表明するに足りる英会話

1.1.2 出題内容と合格点

区　分	内　容	出題数	解答方法	配　点	合　計	合格点
筆記試験	長文の英文和訳（一般的な内容）	5問	三者択一	4点×5	20点	60点※
	短文の英文和訳（航空通信に関する国際文書の内容）	4問	三者択一	5点×4	20点	
	和文英訳（一般的な内容）	5問	10個の選択肢から5箇所の穴埋めを選ぶ	2点×5	10点	
	和文英訳（航空関連の内容）	5問	10個の選択肢から5箇所の穴埋めを選ぶ	2点×5	10点	
	和文英訳（航空通信に関する内容）	5問	10個の選択肢から5箇所の穴埋めを選ぶ	2点×5	10点	
英会話	一般的な内容	3問	四者択一	5点×3	35点	
	航空通信等に関する内容	4問	四者択一	5点×4		

105点

※英会話が15点未満の場合は不合格

1.2 航空及び航空通信に関する用語

　英語の「筆記試験」の問題②④⑤及び「英会話」の問題④〜⑦で過去に出題された，航空及び航空通信関係の用語を次に示します．

1.2.1 国際機関の語句及び無線局と業務の種類

英　語	日本語
appropriate authority	適切な機関
competent authority	権限ある機関
IATA（international air transport association）	国際航空運送協会
ICAO（international civil aviation organization）	国際民間航空機関
ITU（international telecommunication union）	国際電気通信連合
international aeronautical telecommunication service	国際航空電気通信業務
Member State	国際電気通信連合の構成国
aeronautical station	航空局（航空機局と通信を行うため陸上に開設する移動中の運用を目的としない無線局）
aircraft station	航空機局（航空機の無線局のうち，無線設備がレーダーのみのもの以外のもの）
aircraft earth station	航空機地球局（航空機に開設する無線局であって，人工衛星局の中継によってのみ無線通信を行うもの）
aeronautical broadcasting service	航空放送業務（航法に関する情報の送信を行う業務）
aeronautical mobile service	航空移動業務（航空機局と航空局との間又は航空機局相互間の無線通信業務）
aeronautical radio navigation service	航空無線航行業務（航空機のための無線航行業務）
aeronautical fixed service	航空固定業務
air-ground communication service	対空通信業務

maritime mobile service	海上移動業務（船舶局と海岸局の間，船舶局相互間，船舶局と船上通信局との間，船上通信局相互間又は遭難自動通報局と船舶局若しくは海岸局との間の無線通信業務）
maritime mobile-satellite service	海上移動衛星業務（船舶地球局と海岸地球局との間又は船舶地球局相互間の衛星通信の業務）

1.2.2　航空交通管制

英　語	日本語
abbreviation	略語
acknowledgement of receipt	受信証
air-ground communication	対空通信
air-ground control radio station	対空管制無線局
air-to-air communication	空対空通信
air traffic	航空交通
air traffic center	航空交通センター
air traffic controller	航空交通管制官
air traffic control clearance	航空交通管制承認
air traffic control unit	航空交通管制機関
air way（air route）	航空路
ATC（Air Traffic Control）	航空交通管制
ATS（air traffic service）	航空交通業務
ATSC（Air Traffic Services Communication）	航空交通業務通信
altitude	高度
call sign	呼出名称
certificate	免許
clearance	承認
communication failure	通信不能
controlled flight	管制下の飛行
designated channel	指定されたチャネル
distress	遭難
distress call	遭難呼出

distress communication	遭難通信
distress message	遭難通報
destination	目的地
DSC（digital selective calling）	デジタル選択呼出
engine failure	エンジンの故障
flight crew member	運航乗務員
flight safety message	飛行安全通報
frequency	周波数
frequency of the distress communication	遭難通信周波数
IFR（instrument flight rules）	計器飛行方式
interference	混信，妨害
international morse code	国際モールス符号
inter-pilot	パイロット相互間
landing	着陸
latitude	緯度
longitude	経度
message	通報
NOTAM（notice to airmen）	ノータム（航空施設，航空業務，航空方式又は航空機の航行上の障害に関する事項で，航空機の運行関係者に通知すべき通報）
operation crew	運航乗務員
operational information	運航情報
point of departure	出発地点
primary frequency	第1周波数（航空無線電話通信網内の通信において一次的に使用する電波の周波数）
read back the message	通報を復唱する
reasons of safety	安全上の理由
route of flight	飛行経路
safety and regularity flight	安全及び正常な飛行
safety-related matters	避難の方法
scheduled operation	定期運航
secondary frequency	第2周波数（航空無線電話通信網内の通信において二次的に使用する電波の周波数）

two-way communication	双方向通信
take-off	離陸
urgency communication	緊急通信
urgency message	緊急通報
UTC（Universal Coordinated Time）	協定世界時
VFR（visual flight rules）	有視界飛行方式
verification for the receiving station	受信局の確認
watch	聴守

1.2.3　空港及び航空機

英　語	日本語
aeroplane，airplane	飛行機
aircraft	航空機（飛行機，飛行船，気球などを含む）
aerodrome	飛行場
airport	空港
air-port duty-free shop	空港型免税店
check-in counter	チェックインカウンター
duty-free shop	免税店
electronic ticket	電子航空券
international airport	国際空港
low-cost carrier（LCC）	格安航空会社
metal detector	金属探知機
passenger plane	旅客機
pilot-in-command（captain）	機長
regional airport（local airport）	地方空港
runway	滑走路
taxiway	誘導路

1.2.4　気象

英　語	日本語
adverse weather	悪天候
aeronautical meteorological station	航空気象観測所

ceiling	シーリング（雲高：雲の最下部までの高さ）
cumulonimbus clouds	積乱雲
dense fog	濃霧
thunderstorm	雷雨
turbulence	乱気流

1.2.5 航法無線及び証明書類

英　語	日本語
ACAS（Air Collision Avoidance System）	航空機衝突防止装置
aeronautical radio operator	航空無線通信士
ARSR（Air Route Surveillance Radar）	航空路監視レーダー
ASR（Airport Surveillance Radar）	空港監視レーダー
ASDE（Airport Surface Detection Equipment）	空港面探知レーダー
automatic communication device	自動通信装置
certificates of competency and licenses	技能証明書及び免状
data transfer system	データ伝送機器
DME（Distance Measuring Equipment）	距離測定装置
ELT（Emergency Locator Transmitter）	救命無線機
GPS（Global Positioning System）	全世界測位システム
ILS（Instrument Landing System）	計器着陸装置
radio communication equipment	無線通信機器
radiotelephone	無線電話
radio regulations	無線通信規則
register	登録する
regulation	規則
SELCALL（selective calling system）	選択呼出装置
SSR（Secondary Surveillance Radar）	二次レーダー
valid airworthiness certificate	有効な耐空証明
valid license	有効な免許証
VHF grand station VHF	地上局
VOR（VHF Omni-directional radio-Range）	超短波全方向無線標識

1.2.6 「英語」で出題された航空関連のキーワード（英日）

英語	日本語	英語	日本語
abbreviation	略語	altitude	高度
acknowledgement of receipt	受信証	appropriate authority	適切な機関
adverse weather	悪天候	ATS（Air Traffic Service）	航空交通業務
aerodrome	飛行場	automatic communication device	自動通信装置
aeronautical broadcasting service	航空放送業務	call sign	呼出名称
aeronautical fixed service	航空固定業務	ceiling	シーリング（雲高）
		certificate	免許
aeronautical meteorological station	航空気象観測所	certificates of competency and licenses	技能証明書及び免状
aeronautical mobile service	航空移動業務	check-in counter	チェックインカウンター
aeronautical radio navigation service	航空無線航行業務	clearance	承認
aeronautical radio operator	航空無線通信士	communication failure	通信不能
aeronautical station	航空局	competent authority	権限ある機関
aeroplane, airplane	飛行機	controlled flight	管制下の飛行
aircraft	航空機	cumulonimbus clouds	積乱雲
aircraft earth station	航空機地球局	data transfer system	データ伝送機器
aircraft station	航空機局	dense fog	濃霧
air-ground communication	対空通信	designated channel	指定されたチャネル
air-ground communication service	対空通信業務	destination	目的地
air-ground control radio station	対空管制無線局	distress	遭難
		distress call	遭難呼出
airport	空港	distress communication	遭難通信
air-port duty-free shop	空港型免税店	distress message	遭難通報
air-to-air communication	空対空通信	DSC（Digital Selective Calling）	デジタル選択呼出
air traffic	航空交通	duty-free shop	免税店
air traffic center	航空交通センター	electronic ticket	電子航空券
air traffic control	航空交通管制	emergency position indicating radio beacon（EPIRB）	非常用位置指示無線標識
air traffic control clearance	航空交通管制承認	engine failure	エンジンの故障
air traffic control unit	航空交通管制機関	flight crew member	運航乗務員
air traffic controller	航空交通管制官	flight safety message	飛行安全通報
air way（air route）	航空路	frequency	周波数
altimeter	高度計	frequency of the distress communication	遭難通信周波数

英語	日本語
IATA (International Air Transport Association)	国際航空運送協会
ICAO (International Civil Aviation Organization)	国際民間航空機関
IFR (Instrument Flight Rules)	計器飛行方式
interference	混信，妨害
international aeronautical telecommunication service	国際航空電気通信業務
international airport	国際空港
international morse code	国際モールス符号
inter-pilot	パイロット相互間
ITU (International Telecommunication Union)	国際電気通信連合
landing	着陸
latitude	緯度
longitude	経度
low-cost carrier (LCC)	格安航空会社
maritime mobile service	海上移動業務
maritime mobile-satellite service	海上移動衛星業務
Member State	国際電気通信連合の構成国
message	通報
metal detector	金属探知機
NOTAM (notice to airmen)	ノータム
operation crew	運航乗務員
operational information	運航情報
passenger plane	旅客機
pilot-in-command (captain)	機長
point of departure	出発地点
primary frequency	第1周波数
radio communication equipment	無線通信機器
radio regulations	無線通信規則
radiotelephone	無線電話
radiotelephone alarm signal	無線電話による警急信号

英語	日本語
RCC (Rescue Coordination Center)	救難調整本部
read back the message	通報を復唱する
reasons of safety	安全上の理由
regional airport (local airport)	地方空港
register	登録する
regulation	規則
route of flight	飛行経路
runway	滑走路
safety and regularity flight	安全及び正常な飛行
safety-related matters	避難の方法
SAR (Search And Rescue)	捜索救助
scheduled operation	定期運航
search and rescue operation	捜索救助活動
secondary frequency	第2周波数
SELCALL (selective calling system)	選択呼出装置
survival craft station	生存艇局（救命浮機局）
take-off	離陸
taxiway	誘導路
thunderstorm	雷雨
turbulence	乱気流
two-way communication	双方向通信
urgency communication	緊急通信
urgency message	緊急通報
UTC (Universal Coordinated Time)	協定世界時
valid airworthiness certificate	有効な耐空証明
valid license	有効な免許証
verification for the receiving station	受信局の確認
VFR (Visual Flight Rules)	有視界飛行方式
VHF grand station	VHF地上局
watch	聴守

1.2.7 「英語」で出題された航空関連のキーワード（日英）

日本語	英語	日本語	英語
VHF 地上局	VHF grand station	航空機	aircraft
悪天候	adverse weather	航空機局	aircraft station
安全及び正常な飛行	safety and regularity flight	航空気象観測所	aeronautical meteorological station
安全上の理由	reasons of safety	航空機地球局	aircraft earth station
緯度	latitude	航空局	aeronautical station
運航乗務員	flight crew member, operation crew	航空交通	air traffic
運航情報	operational information	航空交通管制	air traffic control
エンジンの故障	engine failure	航空交通管制官	air traffic controller
管制下の飛行	controlled flight	航空交通管制機関	air traffic control unit
海上移動衛星業務	maritime mobile-satellite service	航空交通管制承認	air traffic control clearance
海上移動業務	maritime mobile service	航空交通業務	ATS(Air Traffic Service)
格安航空会社	low-cost carrier (LCC)	航空交通センター	air traffic center
滑走路	runway	航空固定業務	aeronautical fixed service
規則	regulation	航空放送業務	aeronautical broadcasting service
機長	pilot-in-command (captain)	航空無線航行業務	aeronautical radio navigation service
技能証明書及び免状	certificates of competency and licenses	航空無線通信士	aeronautical radio operator
協定世界時	UTC（Universal Coordinated Time）	航空路	air way（air route）
緊急通信	urgency communication	高度	altitude
		国際空港	international airport
緊急通報	urgency message	国際航空運送協会	IATA(International Air Transport Association)
金属探知機	metal detector	国際航空電気通信業務	international aeronautical telecommunication service
空港	airport		
空港型免税店	air-port duty-free shop	国際電気通信連合	ITU（international telecommunication union）
空対空通信	air-to-air communication	国際電気通信連合の構成国	Member State
計器飛行方式	IFR（Instrument Flight Rules）	国際民間航空機関	ICAO(International Civil Aviation Organization)
経度	longitude	国際モールス符号	International morse code
権限ある機関	competent authority	混信，妨害	interference
航空移動業務	aeronautical mobile service	指定されたチャネル	designated channel

日本語	英語
自動通信装置	automatic communi-ation device
周波数	frequency
受信局の確認	verification for the receiving station
受信証	acknowledgement of receipt
出発地点	point of departure
承認	clearance
シーリング（雲高）	ceiling
積乱雲	cumulonimbus clouds
選択呼出装置	SELCALL（selective calling system）
遭難	distress
遭難通信	distress communication
遭難通信周波数	frequency of the distress communication
遭難通報	distress message
遭難呼出	distress call
双方向通信	two-way communication
第1周波数	primary frequency
第2周波数	secondary frequency
対空管制無線局	air-ground control radio station
対空通信	air-ground communication
対空通信業務	air-ground communi-cation service
チェックインカウンター	check-in counter
地方空港	regional airport (local airport)
着陸	landing
聴守	watch
通信不能	communication failure
通報	message

日本語	英語
通報を復唱する	read back the message
定期運航	scheduled operation
定期国際航空業務	scheduled inter-national air service
適切な機関	appropriate authority
電子航空券	electronic ticket
デジタル選択呼出	DSC（Digital Selective Calling）
データ伝送機器	data transfer system
登録する	register
濃霧	dense fog
ノータム	NOTAM（notice to airmen）
パイロット相互間	inter-pilot
避難の方法	safty-related matters
飛行安全通報	flight safety message
飛行機	aeroplane, airplane
飛行経路	route of flight
飛行場	aerodrome
無線通信機器	radio communication equipment
無線通信規則	radio regulations
無線電話	radiotelephone
免許	certificate
免税店	duty-free shop
目的地	destination
有効な耐空証明	valid airworthiness certificate
有効な免許証	valid license
有視界飛行方式	VFR（Visual Flight Rules）
誘導路	taxiway
呼出名称	call sign
雷雨	thunderstorm
乱気流	turbulence
略語	abbreviation
旅客機	passenger plane
離陸	take-off

1.3　実際の試験問題

1.3.1　筆記試験

(1)　長文の英文和訳（A1 ～ A5）

省略（350 ～ 400 語程度の一般的内容の問題が出題されています）．

(2)　英文和訳（A6 ～ A9）

航空通信に関する国際文書の規定文が出題されています．

> **問題 1**
>
> 　Aircraft may communicate, for distress and safety purposes, with stations of the maritime mobile service. Aircraft, when conducting search and rescue operations, are also permitted to operate digital selective-calling（DSC）equipment on the VHF DSC frequency 156.525 MHz（channel70）, and automatic identification system（AIS）equipment on the AIS frequencies 161.975 MHz and 162.025 MHz.
>
> （設問）　In what cases are aircraft permitted to use the AIS frequencies 161.975 MHz and 162.025 MHz?
>
> 　1　Aircraft may use these frequencies for digital selective-calling.
>
> 　2　Aircraft are allowed to use these frequencies when involved in search and rescue operations.
>
> 　3　Aircraft are only permitted to use these frequencies when DSC equipment is not available.

　問題　航空機は，遭難及び安全の目的のために，海上移動業務の局と通信できます．**航空機が捜索や救難活動を行っているときは，VHF 帯の DSC 周波数 156.525 MHz（channel 70）でデジタル選択呼出装置（DSC），並びに AIS 周波数 161.975 MHz（87ch）及び 162.025 MHz（88ch）で船舶自動識別装置（AIS）を運用することも許**可されます．

　設問　航空機が AIS 周波数 161.975 MHz 及び 162.025 MHz の使用を許可されるのはどのような場合ですか？

　1　航空機は，デジタル選択呼出のためにこれらの周波数を使用できます．

　2　航空機は，捜索や救難活動をしている場合にこれらの周波数の使用が許されます．

　3　航空機は，DSC 装置が利用できないときにこれらの周波数の使用が許されます．

distress：遭難，purposes：目的，maritime mobile service：海上移動業務，search and rescue operations：捜索及び救難活動，permit：許可する，involved in：〜に関わる・関与する，allow：許される，AIS（Automatic Identification System）：船舶自動識別装置

答え▶▶▶ 2

関連知識 156.525 MHz（70ch）は，遭難及び安全の目的のためのデジタル選択呼出用の周波数で．電波型式は F2B です．

問題 2

The urgency communications have priority over all other communi-cations, except distress, and all stations shall take not to interfere with the transmission of urgency traffic.

（設問） Which type transmissions take precedence over all others?

1 Urgency communications have the higher priority.

2 Distress communications must always take precedence.

3 Transmissions that stop interference precede all other form of transmissions.

問題 緊急通信は，遭難通信を除いて，他のすべての通信に優先します．また，すべての局は緊急通信に妨害を与えてはなりません．

設問 すべてに優先されるのはどのような通信ですか？

1 緊急通信は，高い優先権を持ちます．

2 遭難通信は，常に優先されなければなりません．

3 受信障害を抑える送信はほかのすべての送信よりも優先されます．

urgency communications：緊急通信，priority：優先，interfere：妨害する，precedence：〜より優先する，priority：優先権，precede：優る

解説 問題文より，「緊急通信は，遭難通信を除いて，他のすべての通信に優先する」とありますので，**遭難通信が一番優先**（それに次ぐのが緊急通信）となります．

答え▶▶▶ 2

問題 3

When an aircraft station is unable to establish communication due to receiver failure, it shall transmit reports at the scheduled times, or position, on the channel in use, preceded by the phrase "TRANSMITTING BLIND DUE TO RECEIVER FAILURE".

（設問）　In which situations should an aircraft station use the phrase "TRANSMITTING BLIND DUE TO RECEIVER FAILURE"?

1　This phrase should be used at the end of a message.

2　This phrase can be used when visibility is very poor for the aircraft station.

3　This phrase is used before sending reports at the designated times and positions when unable to receive massage.

問題　受信設備の故障により**航空機局が連絡設定できない場合**において，一定の時刻又は場所における報告事項の通報があるときは，指示されている電波を使用して，"TRANSMITTING BLIND DUE TO RECEIVER FAILURE"（受信設備の故障による一方送信）の**略語を前置し一方送信により通報を送信**しなければいけません．

設問　航空機局が「受信設備の故障による一方送信」の略語を使用するのはどのような事態ですか．

1　この略語は，通報の終わりに使われるべきです．

2　この略語は，航空機局にとって，視界が大変悪いときに使われます．

3　この略語は，通報を受信できないとき，一定の指定された時刻及び場所における報告事項を送信する前に使われます．

establish communication：連絡設定する，receiver failure：受信設備の故障，TRANSMITTING BLIND DUE TO RECEIVER FAILURE：受信設備の故障による一方送信，phrase：略語・熟語 visibility：視界，designate：指定する

答え▶▶▶3

問題 4

When an aircraft station fails to establish contact with the appropriate aeronautical station on the designated channel, it shall attempt to establish contact on the previous channel used and, if not successful, on another channel appropriate to the route.

（設問） What should an aircraft station do if it is unable to establish contact with an aeronautical station on the designated channel?

1 The aircraft station must request other aeronautical stations to listen on those channels.

2 The aircraft station should first attempt to make contact on the channel used most recently.

3 The aircraft station must change the route and establish contact with an appropriate aeronautical station.

問題 航空機局が指定されたチャネルで適切な航空局との交信を設定することができないときは，**直前まで使用していたチャネル**（もし，交信に成功しなければ，その経路（飛行通路）に適切な別のチャネル）**で交信を設定しようと試みなければいけません.**

設問 航空機局は，指定されたチャネルで航空局と交信を設定することができないときはどうしますか.

1 航空機局は，他の航空局にそれらのチャネルを聴守するよう要求しなければいけません.

2 航空機局は，直前まで使用したチャネルで交信を設定しようと試みなければいけません.

3 航空機局は，経路を変更して適切な航空局と交信を設定しなければいけません.

Point

aircraft station：航空機局, establish contact：交信を設定する, previous channel：直前まで使用していたチャネル, aeronautical station：航空局, designated：指定された, recently：最近の, attempt：試みる, channel used most recently：直前まで使用していたチャネル, appropriate：適切な・ふさわしい

答え ▶▶▶ 2

問題 5

　The radiotelephone alarm signal, when generated by automatic means, shall be sent continuously for a period of at least thirty seconds but not exceeding one minute; when generated by other means, the signal shall be sent as continuously as practicable over a period of approximately one minute.

（設問）　What is the appropriate duration for an automatically generated radio-telephone alarm signal?

　1　Such a signal should continue for between 30 and 60 seconds.

　2　Automatic alarm generating systems must last for at least one minute.

　3　The length of an automatic radiotelephone alarm signal must never exceed 30 seconds.

問題　無線電話による警急信号は，この信号を自動機により送信するときは，**少なくとも（最短）30 秒間，最長 1 分間継続して送信**しなければいけません．その他の方法によるときは，1 分間継続することとされています．

設問　自動機により送信する無線電話による警急信号の適切な期間はどれですか？

　1　その信号は，30 秒〜 60 秒継続しなければいけません．

　2　自動信号生成システムは，少なくとも 1 分間は継続しなければいけません．

　3　自動機の無線電話による警急信号の長さは，30 秒を超えてはいけません．

Point

radiotelephone alarm signal：無線電話による警急信号，automatic means：自動方式，exceed：超える，上回る，continuously：連続して，絶え間なく，period：期間，practicable：可能な限り，approximately：概ね，appropriate：適切な，ふさわしい，duration：継続時間，last：継続する，at least：最短，少なくとも

解説　問題文より，「警急信号を最短 30 秒間，最長 1 分間継続して送信」とあります．1 分（one minute）＝ 60 秒（60 seconds）なので，正しくは 1 となります．

答え ▶ ▶ ▶ 1

問題 6

The frequency 156.3 MHz may be used by stations on board aircraft for safety purposes. It may also be used for communication between ship stations and stations on board aircraft engaged in coordinated search and rescue operations. The frequency 156.8 MHz may be used by stations on board aircraft for safety purposes only.

（設問） What is the main difference between frequencies 156.3 MHz and 156.8 MHz?

1　156.8 MHz is a multipurpose frequency but 156.3 MHz has only a single use.

2　156.3 MHz can be used by stations on board aircraft for safety purposes but, unlike 156.8 MHz, may also be used in other circumstances.

3　Both frequencies are allowed for search and rescue activities as well as safety purposes, so there is no significant difference between them.

問題　周波数 **156.3 MHz** は，**航空機局が安全目的で通信**するために使用できます．それは，また，**共同の捜索救助活動に従事している船舶局と航空機局との間の通信にも使用**できます．周波数 **156.8 MHz** は，**航空機局が安全目的のためにのみ**使用できます．

設問　周波数 156.3 MHz と 156.8 MHz の主な違いは何ですか？

1　156.8 MHz は多目的，156.3 MHz は一つの使用目的にのみ使われる．

2　156.3 MHz は 156.8 MHz と違って，航空機局が安全目的のためだけでなく，他の事態のためにも使用できる．

3　2つの周波数は安全目的だけでなく捜索救助活動にも認められている．そのため，それら2つの周波数の間には重要な違いはない．

safety purpose：安全目的，between ship stations and stations on board aircraft：船舶局と航空機局間，engaged in：従事する，coordinated search and rescue operations：共同の捜索救助活動，unlike：と違って，circumstances：事態，状況，allowed：認める，許す，search and rescue activity：活動，A as well as B：B だけでなく A も，significant：重要な，重大な

解説　156.3 MHz は，「共同の捜索救助活動に従事している船舶局と航空機局との間の通信にも使用できる」とありますので，正しくは2となります．

答え ▶ ▶ ▶ 2

(3) 和文英訳（B-1）

一般的な内容が出題されています.

問題 7

次の設問の日本文に対応する英訳文の空欄（ア）から（オ）までに入る最も適切な語句を，その設問に続く選択肢 1. から 9. までの中からそれぞれ一つずつ選びなさい.

先日，母親が私の初めての娘に会うために信州から上京してきたので，最寄りの地下鉄の駅に母を迎えに行った. 母は，30 分ほど遅れて到着した. 東京の地下鉄網は複雑なので，母は電車を間違えていた.

The other day, my mother came up ［ ア ］ Tokyo from Shinshu to see my first daughter and I ［ イ ］ her at the subway station near my house. She arrived about 30minutes ［ ウ ］. The subway ［ エ ］ in Tokyo is complicated and she had caught the ［ オ ］ train.

1. in　　2. late　　3. lately　　4. lost　　5. met
6. strange　　7. system　　8. to　　9. wrong

Point

先日：other day, 私の初めての娘：my first daughter, 上京してきた：came up to Tokyo, 地下鉄の駅：subway station, 東京の地下鉄網：subway system in Tokyo, 複雑な：complicated , 間違った：wrong

解説 オ 「catch the wrong train」で「違った電車に乗る」という意味になります. 同じ catch を使った表現として，catch the last train（最終電車に間に合う）といったものもあります.

答え▶▶▶ア－8　イ－5　ウ－2　エ－7　オ－9

1

章

(4) 和文英訳（B-2）

一般的な内容が出題されています.

問題 8

次の設問の日本文に対応する英訳文の空欄（ア）から（オ）までに入る最も適切な語句を，その設問に続く選択肢 1. から 9. までの中からそれぞれ一つずつ選びなさい.

福島県庁は，完全自律型ドローンを使った飛行試験を実施し，海岸に沿って 12 キロメートル先まで食料を配達した. これまで荷物を携えた自己制御型のドローンが 10 キロメートルを超えて飛行したという例はなかったと同県庁は説明している.

The Fukushima Prefectural Government 　ア　 a test flight with a fully 　イ　 drone to deliver food across a distance of 12 kilometers 　ウ　 the coast. The prefectural government explained that 　エ　 previous self-controlled drone had 　オ　 for more than 10 kilometers with cargo.

1. along　　2. any　　3. autonomous　　4. flown　　5. no
6. performed　　7. prepared　　8. self-consistent　　9. through

Point

福島県庁：Fukushima Prefectural Government，完全自律型ドローン：a fully autonomous drone，飛行実験：test flight，〜に沿って：along，（実験などを）行う：perform，配達する：deliver，自己制御型のドローン：self-controlled drone，荷物：cargo

解説　イ 「autonomous」は「自動運転の」という意味です.
オ 「flown」は fly の過去分詞です（fly‐flew‐flown）.

答え▶▶▶アー6　イー3　ウー1　エー5　オー4

（5）和文英訳（B-3）

航空通信に関する内容が出題されています．

問題 9

　次の設問の日本文に対応する英訳文の空欄（ア）から（オ）までに入る最も適切な語句を，その設問に続く選択肢 1. から 9. までの中からそれぞれ一つずつ選びなさい．

　飛行中の航空機局及び航空機地球局は，航空機の安全及び正常な飛行に不可欠な通信上の必要性を満たすために業務を維持し，また，権限のある機関が要求する聴守を維持する．さらに，航空機局及び航空機地球局は，安全上の理由がある場合を除くほか，関係の航空局又は航空地球局に通知することなく聴守を中止してはならない．

Aircraft station and aircraft earth station ⎡　ア　⎤ flight shall maintain service to ⎡　イ　⎤ the essential communications needs of the aircraft with respect ⎡　ウ　⎤ safety and regularity of flight and shall maintain watch as required by the competent authority and shall not cease watch, ⎡　エ　⎤ for reasons of safety, ⎡　オ　⎤ informing the aircraft station or aircraft earth station concerned.

1. although　2. at　3. except　4. expect　5. in
6. meet　7. see　8. to　9. without

航空機局：aircraft station，航空機地球局：aircraft earth station，権限のある機関：competent authority，聴守を維持する：maintain watch，聴守を中止してはならない：shall not cease watch，通知する：inform，関係の：concerned

解説　ア　「in flight」は「飛行中」という意味です．
　　エ　「expect for reasons of safety」は「安全上の理由を除いて」という意味です．

答え▶▶▶ア－5　イ－6　ウ－8　エ－3　オ－9

問題 10

次の設問の日本文に対応する英訳文の空欄（ア）から（オ）までに入る最も適切な語句を，その設問に続く選択肢 1. から 9. までの中からそれぞれ一つずつ選びなさい.

無線通信の局は，遭難の呼出し及び通報を，いずれから発せられたかを問わず，絶対的優先順位において受信し，同様にこの通報に応答し，及び直ちに必要な措置をとる義務を負う.

Radio stations shall be 　ア　 to accept, with 　イ　 priority, distress calls and messages regardless of their 　ウ　, to 　エ　 in the same manner to such messages, and immediately to take such 　オ　 in regard thereto as may be required.

1. absolute　　2. action　　3. compulsory　　4. installation
5. obliged　　6. origin　　7. relay　　8. reply　　9. unanimous

 Point

遭難の呼出し及び通報：distress calls and messages，〜を問わず：regardless of ～，同様に：in the same manner，直ちに：immediately，それに関して：in regard thereto

解説 ア 「be obliged to」は「義務を負う」という意味です.

イ 「absolute priority」は「絶対的優先順位」という意味です.

ウ 「origin」は「起源，発端，原因」という意味ですが，この文章では「遭難の呼出し及び通報の発信元」となります.

エ 「reply」は「応答する」という意味です.

オ 「such action 〜 as may be required」は「必要な措置」という意味です.

答え ▶▶▶ アー5　イー1　ウー6　エー8　オー2

問題 11

　次の設問の日本文に対応する英訳文の空欄（ア）から（オ）までに入る最も適切な語句を，その設問に続く選択肢 1. から 9. までの中からそれぞれ一つずつ選びなさい．

　航空移動業務は航空地上局と航空機局，又は航空機局相互間の移動業務として定義され，生存艇局（救命浮機局）もその業務に参加することができる，また，非常用位置指示無線標識局も，指定された遭難周波数及び非常用周波数を用いて参加することができる．

　Aeronautical mobile service is ［　ア　］ as a mobile service between aeronautical stations and aircraft stations, or between aircraft stations, in which survival craft stations may ［　イ　］ ;emergency position- ［　ウ　］ radiobeacon stations may also ［　イ　］ in this service ［　エ　］ designated distress and emergency ［　オ　］.

　1. above　　2. accompany　　3. defined　　4. displaying
　5. frequencies　　6. indicating　　7. on　　8. participate　　9. power

---

解説　ア　「be defined as ～」は「～として定義される」という意味です．

イ　「participate in A」は「A に参加する」という意味です．

ウ　「emergency position-indicating radiobeacon station」は略して「EPIRB」といい，「非常用位置指示無線標識局」のことです．

オ　「designated distress and emergency frequencies」は「指定された遭難周波数及び非常用周波数」という意味です．

答え▶▶▶アー3　イー8　ウー6　エー7　オー5

1.3.2　英会話試験〔(1)～(7)〕

　英会話（リスニング）の試験の 7 問題のうち，3 問題は一般的な内容，4 問題は航空通信に関する内容です．実際の試験では問題文が 3 回流されます．

問題 12

A movement of extremely high pressure air is generated when an airplane exceeds the speed of sound. What do you call this kind of wave?

1. A light wave　　2. A radio wave　　3. A shock wave　　4. A tidal wave

訳例 航空機が音速を超えるとき，きわめて高圧の空気の動きが発生します．このような波を何と呼びますか．

1. 光波　　2. 電波　　3. 衝撃波　　4. 津波

Point

movement：動き，移動，動作，extremely：きわめて，非常に，exceed：超える，上回る，speed of sound：音速

解説 飛行機が音速を超えたとき，**衝撃波**が発生します．

答え ▶ ▶ ▶ 3

問題 13

She bought a genuine leather coat though it was rather expensive. What is a genuine leather coat?

1　A coat made of thin leather

2　A coat made of real leather

3　A coat made of durable leather

4　A coat made of artificial leather

訳例 彼女はかなり高価だったにもかかわらず本革のコートを買いました．本革のコートとは何ですか．

1　薄い革で作られたコート

2　本物の革で作られたコート

3　耐久性がある革で作られたコート

4　人工の革で作られたコート

Point

genuine：本物の，真の，though：～にもかかわらず，expensive：高価な
thin：薄い，real：本物の，durable：耐久性がある，artificial：人工の

答え ▶ ▶ ▶ 2

問題 14

　BMI, the body mass index, is calculated from an adult person's weight and height. A BMI of 22 is said to be ideal and levels of 25 and over are considered overweight. How would you describe a person whose BMI is less than 18?

1　The person is very fat.

2　The person is underweight.

3　The person is not too fat but a little overweight.

4　It is impossible to judge without information on the person's height.

訳例　BMI（Body Mass Index）は，成人の体重と身長から計算されたものです．BMI が 22 は理想的と言われ，25 以上は太りすぎと見なされています．BMI が 18 より少ない人はどのように言い表しますか．

1　その人は大変太りすぎです．

2　その人は痩せぎみです．

3　その人は太りすぎではないが，少し体重オーバーです．

4　人の身長についての情報なしでは判定できません．

BMI（Body Mass Index）：身長と体重から算出した肥満度（ボディマス指標とも言う），calculate：計算する，weight：体重，height：身長，consider：見なす，考える，overweight：太りすぎの，describe：言い表す，less than ～：～より少ない，～未満，fat：太った，underweight：やせて，impossible：できない，不可能な

答え▶▶▶2

問題 15

You are the radio operator of an aeronautical station. You can receive various messages from aircraft stations. Which messages should take the top priority?

1 Meteorological messages

2 Distress messages

3 Flight safety messages

4 Urgency messages

訳例 貴方は航空局の無線通信士で，航空機局からの様々な通報を受信できます．最優先で取り扱わなければならない通報は何ですか．

1 気象通報　　2 遭難通報　　3 飛行安全通報　　4 緊急通報

解説 通信の優先順位は次のとおりです．

(1) **遭難通信**（「遭難信号」「遭難呼出し」「**遭難通報**」などすべてを含んだもの）

(2) 緊急通信

(3) 無線方向探知に関する通信

(4) 航空機の安全運航に関する通信

(5) 気象通報に関する通信

以下略

したがって，最優先なのは2の**遭難通報**です．

答え▶▶▶2

関連知識　遭難通信と緊急通信

　遭難通信は船舶又は航空機が重大かつ急迫の危険に陥った場合に遭難信号（MAYDAY）を前置する方法により行う無線通信のことです．

　緊急通信は船舶又は航空機が重大かつ急迫の危険に陥る恐れがある場合その他緊急の事態が発生した場合に緊急信号（PAN PAN）を前置する方法により行う無線通信のことです．

問題 16

You are an air traffic controller. An airplane is waiting for your take-off clearance on the runway but you have noticed pieces of tire on the runway. What should you do?

1　I should tell the pilot to go.

2　I should tell the pilot to take off without delay.

3　I should tell the pilot to hold on the runway for a while.

4　I should issue the take-off clearance in accordance with the pilot's request

訳例 ▶ 貴方は航空管制官です．航空機が滑走路上で離陸承認を待っていますが，滑走路上にタイヤの破片があることに気付きました．どうすべきですか．

1　操縦士に行く（滑走路を進む）よう伝えるべきです．

2　操縦士に遅れることなく離陸するよう伝えるべきです．

3　操縦士にしばらく滑走路上で待つよう伝えるべきです．

4　操縦士の要求に従って，離陸承認を出すべきです．

Point

take-off clearance：離陸承認（離陸許可），runway：滑走路，delay：遅れ，hold on：待つ・～の状態を保つ，issue：出す・発する，in accordance with：～に従って

解説 ▶ 滑走路にタイヤの破片がある状態での離陸は危険なので，**滑走路上で待つように指示**すべきです．

答え▶▶▶3

問題 17

You are the pilot of an aircraft. You receive a call but aren't sure of the identity of the calling station. How should you reply?

1　I should transmit the following："Read back."

2　I should transmit the following："Stand by on VHF."

3　I should transmit the following："I could read you good."

4　I should transmit the following："Say again your call sign."

訳例 ▶ 貴方は飛行機の操縦士です．呼出を受信しましたが，呼出局の呼出名称が確実ではありません．どのように応答すべきですか．

1 「Read back.」（復唱して下さい）を送信すべきです.
2 「Stand by on VHF.」（VHF で待機して下さい）を送信すべきです.
3 「I could read you good.」（私は貴局が良く聞こえます）を送信すべきです.
4 「Say again your call sign.」（呼出名称を再送して下さい）を送信すべきです.

Point calling station：呼出局，reply：応答する，call sign：呼出名称

解説 呼出局の呼出名称が確実ではなかったので，**呼出名称を再度送信**してもらう必要があります. よって 4 となります.

答え▶▶▶ 4

問題 18

You are an air traffic controller. There is dense fog at the airport but the latest weather report says the fog will clear soon. What should you tell planes which want to land?
1 I should cancel their take-off clearance.
2 I should issue the take-off clearance.
3 I should tell them about the fog and instruct them to hold until it clears.
4 I should tell them to go back to their airport of origin.

訳例 貴方は航空管制官です. 空港は濃い霧ですが，最新の天気予報は霧は間もなく晴れると言っています. 着陸を望む航空機に何を伝えるべきですか.
1 離陸承認を取り消すべきです.
2 離陸承認を出すべきです
3 霧が晴れるまで待つように伝えるべきです.
4 出発空港に引き返すよう伝えるべきです.

Point dense：濃い，fog：霧，weather report：天気予報，land：着陸する，take-off clearance：離陸承認，airport of origin：出発空港

解説 濃い霧の中での着陸は危険です. ただ，間もなく霧が晴れる予報なので，**霧が晴れるまで待つように指示**すべきです.

答え▶▶▶ 3

問題 19

Which flight rules are more vulnerable to the weather conditions, IFR, the Instrument Flight Rules, or VFR, the Visual Flight Rules?

1 IFR

2 VFR

3 There is no difference.

4 It depends on the aircraft.

訳例 気象状況の影響を受けやすい飛行方式は IFR（計器着陸方式）と VFR（有視界方式）のどちらですか.

1 IFR

2 VFR

3 違いはありません.

4 航空機によって異なります.

Point flight rule：飛行方式, vulnerable：弱い, 脆弱, weather conditions：気象状況, 気象状態, depend on ～：～によって異なる（～次第）

解説 IFR（Instrument Flight Rule）は計器飛行方式のことで, VFR（Visual Flight Rule）は有視界飛行方式のことです. **VFR は計器に頼らず目視で飛行するため, 気象条件の影響を受けます**.

答え▶▶▶ 2

2章 電気通信術

電気通信術の試験は，分速50字の速度で2分間の送話と受話を行う実技試験です．送話は試験官の前で個別試験，受話は教室で一斉に流される問題を聞き取り，受話用紙に記入する試験です．欧文通話表を覚えて繰り返し練習して試験に臨みましょう．

2.1 航空無線通信士の電気通信術試験

無線従事者試験における電気通信術の試験には，「モールス電信」「直接印刷電信」と「電話」があります．航空無線通信士では，無線従事者規則第5条によって，次に示す「電話」の電気通信術の試験が課せられています．

「1分間50字の速度の欧文（無線局運用規則別表第5号の欧文通話表によるものをいう.）による約2分間の送話及び受話」

2.2 欧文通話表

無線局運用規則別表第5号には「和文通話表」と「欧文通話表」があります．「欧文通話表」は（1）「文字」と（2）「数字及び記号」で構成されています．航空無線通信士の電気通信術の試験では，アルファベット5文字ずつで構成された暗語と呼ばれる形式で出題されます．無線局運用規則別表第5号欧文通話表（1）文字を**表 2.1** に示します．

Point 表2.1の文字とその発音（Aはアルファーなど）を正確に覚えましょう．

■表 2.1　無線局運用規則別表第5号欧文通話表（1）文字

文字	使用する語	発　音
A	ALFA	<u>AL</u> FAH　　　（アルファー）
B	BRAVO	<u>BRAH</u> VOH　　（ブラボー）
C	CHARLIE	<u>CHAR</u> LEE　又は　<u>SHAR</u> LEE　（チャーリー）（シャーリー）
D	DELTA	<u>DELL</u> TAH　　（デルタ）
E	ECHO	<u>ECK</u> OH　　　（エコー）
F	FOXTROT	<u>FOKS</u> TROT　（フォックストロット）

G	GOLF	GOLF	（ゴルフ）
H	HOTEL	HOH TELL	（ホテール）
I	INDIA	IN DEE AH	（インディア）
J	JULIETT	JEW LEE ETT	（ジュリエット）
K	KILO	KEY LOH	（キーロー）
L	LIMA	LEE MAH	（リーマー）
M	MIKE	MIKE	（マイク）
N	NOVEMBER	NO VEM BER	（ノーベンバー）
O	OSCAR	OSS CAH	（オスカー）
P	PAPA	PAH PAH	（パアパア）
Q	QUEBEC	KEH BECK	（ケベック）
R	ROMEO	ROW ME OH	（ロミィオ）
S	SIERRA	SEE AIR RAH	（シイエラ）
T	TANGO	TANG GO	（タンゴ）
U	UNIFORM	YOU NEE FORM　又は　OO NEE FORM	（ユニフォーム）
V	VICTOR	VIK TAH	（ビクター）
W	WHISKEY	WISS KEY	（ウイスキー）
X	X-RAY	ECKS RAY	（エクスレイ）
Y	YANKEE	YANG KEY	（ヤンキー）
Z	ZULU	ZOO LOO	（ズールー）

注）下線部分は語勢の強いことを示します．

2.3　試験方法

電気通信術の試験は送話と受話の試験があります．

2.3.1　送話の試験

　送話とは，アルファベットに対応した語句（表2.1の「使用する語」）を順に読み上げる試験です．受験者は試験官がいる別室に1人ずつ呼ばれ，試験官に渡された電話送信文を読み上げます．電話送信文はアルファベット5文字（例えば，CSFDX. 5文字ひとまとめを1語という）で構成されています．

　次に電話送信文の例を示します．

電話送信文の例

(始めます. 本文)

C S F D X	Z H T V K	I T U S J	T D L J R	Q P M E J
C B E J K	N W O R C	C O L O R	P L K Q W	H U Y X Z
P H A L E	V A R T Y	D Z U E N	F N S G I	M X O G S
J T W B I	Y G S E S	K B Z L I		

(終わり)

送話の試験は次のように行います.

「始めます」「**本文**」「CSFDX(チャーリー, シイエラ, フォックストロット, デルタ, エクスレイ) ZHTVK ITUSJ TDLJR QPMEJ … KBZLI (合計 100 字)」「**終わり**」

CSFDX と次の ZHTVK を送話するまで少し間隔を空けます.

間違って送話した場合,「訂正」といい, 間違った文字の 2 ～ 3 字前の正しく送話した文字から送話し直します.

「始めます」といってから時間が計測されます.

2.3.2 受話の試験

受話の試験は, 受験会場にテープレコーダなどで流された問題を聴き, あらかじめ配布された受話用紙に記入します. 例えば,「チャーリー, シイエラ, フォックストロット, デルタ, エクスレイ」と読み上げられたら, 解答用紙に「CSFDX」と記入します. 文章は, 送話と同様アルファベット 5 文字ずつで構成された 20 語 (100 字) です.

2.4 電気通信術の採点基準

　電気通信術の採点基準を**表2.2**に示します．送話，受話とも誤字（文字の誤り），脱字（文字の抜け），冗字（不要な文字の追加）は大きく減点されますので，焦ることなく正確に送話又は受話することが大切です．

■表2.2　電気通信術の採点基準

採点区分		点　数
送話	誤字，脱字，冗字	1字ごとに　　　3点
	発音不明りょう	1字ごとに　　　1点
	未送話字数	2字までごとに　1点
	訂正	3回までごとに　1点
	品位	15点以内
受話	誤字，冗字	1字ごとに　　　3点
	脱字，書体不明りょう	1字ごとに　　　1点
	抹消，訂正	3字までごとに　1点
	品位	15点以内

品位は，送話又は受話についての全般的な評価点です．例えば，送話では訂正が多すぎる場合，受話では読みにくい文字や紛らわしい文字などが多い場合，減点される可能性があります．

2.5 電気通信術の合格基準

　航空無線通信士の電気通信術の合格基準を**表2.3**に示します．送話，受話とも試験時間2分間で，それぞれ100字を送話，受話し，80点以上が合格です．なお，採点は表2.2に基づき減点方式で採点されます．

■表2.3　電気通信術の合格基準

問題の形式		問題の字数	満点	合格点	試験時間
送話	欧文暗語	100	100	80	各2分
受話	欧文暗語	100	100	80	

参 考 文 献

（1） 情報通信振興会編：「学習用電波法令集」（令和 2 年版），情報通信振興会（2020）

（2） 今泉至明：「電波法要説（改訂第 11 版）」，情報通信振興会（2020）

（3） 一之瀬優：「一陸技　無線工学 A【無線機器】完全マスター（第 4 版）」，情報通信振興会（2015）

（4） 一之瀬優：「一陸技　無線工学 B【アンテナと電波伝搬】完全マスター（第 4 版）」，情報通信振興会（2014）

（5） 情報通信振興会：「航空無線通信士用　英語（第 8 版）」，情報通信振興会（2007）

（6） 倉持内武，吉村和昭，安居院猛：「身近な例で学ぶ　電波・光・周波数」，森北出版（2009）

（7） TONY JONES，松浦俊輔訳：「原子時計を計る」，青土社（2001）

（8） 吉村和幸，古賀保喜，大浦宣徳：「周波数と時間」，電子情報通信学会（1989）

（9） 奥澤隆志：「空中線系と電波伝搬」，CQ 出版（1989）

（10） 宇田新太郎：「無線工学 I　伝送編」，丸善（1974）

（11） 宇田新太郎：「無線工学 II　エレクトロニクス編」，丸善（1974）

（12） 中島将光：「電気学会大学講座　基本電子回路」，オーム社（2004）

（13） 安居院猛，吉村和昭，倉持内武：「エッセンシャル電気回路（第 2 版）」，森北出版（2017）

（14） 吉村和昭，倉持内武，安居院猛：「電波と周波数の基本と仕組み（第 2 版）」，秀和システム（2010）

（15） 吉村和昭，倉持内武：「これだけ！電波と周波数」，秀和システム（2015）

（16） 吉村和昭：「電波受験界　航空通　無線工学講座」，情報通信振興会（2017.9 〜 2018.12）

索 引

◀ **タ　行** ▶

ナ　行

ハ　行

〈著者略歴〉

吉 村 和 昭（よしむら　かずあき）

学　歴　東京商船大学大学院博士後期課程修了
　　　　博士（工学）
職　歴　東京工業高等専門学校
　　　　桐蔭学園工業高等専門学校
　　　　桐蔭横浜大学電子情報工学科
　　　　芝浦工業大学工学部電子工学科（非常勤）
　　　　国士舘大学理工学部電子情報学系（非常勤）

　　　　第一級陸上無線技術士，第一級総合無線通信士，航空無線通信士

〈主な著書〉

「第一級陸上無線技術士試験　やさしく学ぶ　法規（改訂2版）」
「やさしく学ぶ　第一級陸上特殊無線技士試験（改訂2版）」
「やさしく学ぶ　第二級陸上特殊無線技士試験（改訂2版）」
「やさしく学ぶ　第三級陸上特殊無線技士試験」
「やさしく学ぶ　航空特殊無線技士試験」
「やさしく学ぶ　第一級アマチュア無線技士試験」
「やさしく学ぶ　第二級海上特殊無線技士試験」
以上オーム社

やさしく学ぶ
航空無線通信士試験（改訂2版）

2016 年 6 月 20 日　　第 1 版第 1 刷発行
2020 年 11 月 20 日　　改訂 2 版第 1 刷発行
2021 年 11 月 30 日　　改訂 2 版第 3 刷発行

著　　者　吉 村 和 昭
発 行 者　村 上 和 夫
発 行 所　株式会社 オーム社
　　　　　郵便番号　101-8460
　　　　　東京都千代田区神田錦町 3-1
　　　　　電話　03(3233)0641(代表)
　　　　　URL　https://www.ohmsha.co.jp/

© 吉村和昭 2020

組版　新生社　　印刷・製本　平河工業社
ISBN978-4-274-22635-9　Printed in Japan

本書の感想募集　https://www.ohmsha.co.jp/kansou/
本書をお読みになった感想を上記サイトまでお寄せください．
お寄せいただいた方には，抽選でプレゼントを差し上げます．